超分辨率图像视频
复原方法及应用

Super-Resolution Image and
Video Restoration Method
and Application

■ 徐梦溪 杨芸 著

U0345109

人民邮电出版社
北京

图书在版编目（CIP）数据

超分辨率图像视频复原方法及应用 / 徐梦溪，杨芸
著. -- 北京：人民邮电出版社，2020.9
ISBN 978-7-115-54246-5

Ⅰ．①超… Ⅱ．①徐… ②杨… Ⅲ．①高分辨率图形
－图像恢复－研究 Ⅳ．①TN911.73

中国版本图书馆CIP数据核字(2020)第099309号

内 容 提 要

近年来，在工业成像检测、视频监控、卫星遥感和航空摄影测量、医疗成像诊断、视频娱乐系统、拍照增强和数字高清等许多领域，超分辨率图像/视频复原技术（包括基于机器学习的技术）已成为解决领域应用问题和提升系统性能的重要技术手段。本书系统性介绍超分辨率图像/视频复原技术的有关概念、方法和应用，共分为 9 章，内容包括绪论、超分辨率图像/视频复原研究与进展、改进保真项与自适应双边全变分的正则化方法、基于像素流和时间特征先验的视频超分辨率方法、稀疏字典学习与超分辨率复原、自适应稀疏表示结合正则化约束的超分辨率方法、卷积神经网络与超分辨率复原、ESPCN 超分辨率技术在车辆牌照识别中的应用和光流法结合 ESPCN 的视频超分辨率方法。

本书内容新颖，理论联系实际，可作为计算机应用、电子信息工程、自动化、机械电子、仪器仪表等相关专业的研究生和高年级本科生、科研人员、工程技术人员的参考书。

◆ 著　　　　　徐梦溪　杨 芸
　　责任编辑　　王 夏
　　责任印制　　彭志环

◆ 人民邮电出版社出版发行　　北京市丰台区成寿寺路 11 号
　　邮编　100164　　电子邮件　315@ptpress.com.cn
　　网址　https://www.ptpress.com.cn
　　北京市艺辉印刷有限公司印刷

◆ 开本：700×1000　1/16
　　印张：13.5　　　　　　　　　2020 年 9 月第 1 版
　　字数：265 千字　　　　　　　2020 年 9 月北京第 1 次印刷

定价：129.00 元

读者服务热线：(010) 81055493　印装质量热线：(010) 81055316
反盗版热线：(010) 81055315

前　言

近年来，在工业成像检测、视频监控、卫星遥感和航空摄影测量、医疗成像诊断、视频娱乐系统、拍照增强和数字高清等许多领域，超分辨率图像/视频复原技术已成为解决领域应用问题和提升系统性能的重要技术手段。

超分辨率图像/视频复原是指融合多帧低分辨率图像、单帧图像（或视频）序列的信息，通过软件算法的方式恢复高分辨率图像（或视频）的技术。超分辨率图像/视频复原技术是随着应用需求的驱动和信息技术的发展而发展的。20 世纪 80 年代，Tsai 和 Huang 提出由多帧低分辨率图像复原单帧高分辨率图像的方法，历经 30 多年来的研究发展历程，经历了兴起、发展、低潮、热点等阶段，现已发展成为图像处理和计算机应用领域一个活跃的技术方向。

基于重建的一类经典超分辨率技术可以应用在特定的物理退化降质过程及服从特定噪声分布的计算机视觉测量、特定谱段及偏振光学成像监测、多时相遥感变化检测等领域，对于多帧序列的低分辨图像采集处理，基于重建的一类经典方法在降低繁杂矩阵操作所需的计算复杂度和加速算法的改进方面做了许多有效的工作，以数字信号处理器、定制片上系统、可编程片上系统等集成电路芯片组成硬件架构，嵌入基于重建的算法配置于测量系统前端装置的应用，相比需要大量样本数据进行神经网络一类隐式模型训练的机器学习方法，仍然有着应用需求市场。基于重建的一类经典方法也可在施测现场对成像探测特定目标进行超分辨率增强，提高目标检测与跟踪精度，同时可避免大容量图像数据处理和存储的困难。基于重建的一类经典超分辨率技术还可用于多时相遥感数据的星上超分辨率实时处理等。

近年来，随着人工智能与深度学习的研究发展，超分辨率图像/视频复原技术再次成为解决领域应用问题和提升系统性能的研究热点。例如，使用超分辨率复原技术可提升视频娱乐系统视觉体验，在移动终端上实现极轻量级的图像超分辨率计算；在接收的终端或者云端上通过超分辨率技术，恢复超高质量视频，为个人用户带来极致的视频体验；使用超分辨率复原技术对连续多个视频帧来重构单一帧画面的细节，实现对整段视频的修复和增强，提高视频分辨率，并去掉颗粒、色块等视频瑕疵，能有效增强晃动视频的稳定性，特别是满足了刑侦分析的需求；手机设计中使用超分辨率复原技术可提升手机拍照质量等。

本书系统性地介绍了超分辨率图像/视频复原技术的有关概念、方法和技术的应用。结合作者及其研究团队近年来在超分辨率复原技术的研究与应用实践，本书在内容上既选择了有代表性的基于重建的超分辨率经典方法与技术内容，也选择了基于浅层学习和近年来发展的基于深度学习的超分辨率方法与技术内容。选取的内容具有一定的广度、深度和新颖性。

本书共分 9 章，主要包括绪论、超分辨率图像/视频复原研究与进展、改进保真项与自适应双边全变分的正则化方法、基于像素流和时间特征先验的视频超分辨率方法、稀疏字典学习与超分辨率复原、自适应稀疏表示结合正则化约束的超分辨方法、卷积神经网络与超分辨率复原、高效的亚像素卷积神经网络（ESPCN）超分辨率技术在车辆牌照识别中的应用和光流法结合 ESPCN 的视频超分辨率方法等内容。

第 1 章介绍超分辨率图像/视频复原的基本概念、超分辨率复原方法分类、复原质量的评价等内容。

第 2 章综述和介绍有关基于重建的经典方法、基于浅层学习和基于深度学习的方法、视频超分辨率复原方法和其他超分辨率复原方法以及技术的研究与进展，并介绍超分辨率复原技术的应用。

第 3 章介绍一种基于改进保真项与权值自适应双边全变分的正则化超分辨率图像复原算法，并介绍基于统计学 M-稳健估计中的 Tukey 范数，构建最大后验概率估计框架中的保真项，同时考虑图像的局部灰度特征，在双边全变分模型中设置自适应权值矩阵实现超分辨率复原等内容。

第 4 章介绍一种基于像素流和时间特征先验的视频超分辨率复原算法，并分析讨论该算法在空间解模糊且有效消除运动模糊及提高插值帧保真度等方面的有效性等内容。

第 5 章介绍稀疏表示与稀疏字典学习的基本知识和基于稀疏表示的单帧图像超分辨率复原方法，并介绍和分析基于全局分析性稀疏先验的单帧图像超分辨率复原方法等内容。

第 6 章介绍一种基于自适应稀疏表示结合改进的非局部自相似正则化算法，并介绍采用自适应稀疏表示和改进非局部自相似正则化约束的策略，对基于经典稀疏字典学习的超分辨图像复原方法所做的改进等内容。

第 7 章介绍有关卷积神经网络的基本知识，并介绍公开的图像和视频样本数据集；介绍基于深度的卷积神经网络的超分辨复原方法、基于高效的亚像素卷积神经网络超分辨率复原方法、基于深度递归卷积网络的超分辨率复原方法等内容。

第 8 章介绍通过采用 ESPCN 模型，对单帧的车辆牌照图像进行超分辨率复原的技术方法，以及在交通车辆牌照识别中的应用等内容。

第 9 章介绍有关光流法的基本概念、计算方法及光流法的应用，并介绍光流法帧间运动估计结合 ESPCN 模型的视频帧超分辨率复原方法。针对视频分辨率与帧率的扩增，介绍光流法插帧结合 ESPCN 视频帧重构的视频分辨率与帧率扩增技术等内容。

本书第 1 章、第 2 章由徐梦溪编写，第 3 章由杨芸、徐梦溪编写，第 4 章由徐梦溪、徐枫编写，第 5 章由徐梦溪、王欣编写，第 6 章由徐梦溪、杨芸编写，第 7 章、第 8 章由徐梦溪编写，第 9 章由徐梦溪、杜心宇、王丹华编写。全书由徐梦溪统稿。

成书之际，作者由衷地感谢博士生导师孙权森教授多年来对自己的精心培养和悉心指导，有幸在孙老师领导的研究室参加学术研究并受到锻炼，受益一生。

衷心感谢南京工程学院黄陈蓉教授多年来给予的关心、指导和帮助，感谢黄老师领导的计算机工程学院为作者提供了优良的学习条件和科研工作环境。

感谢国家自然科学基金项目（No.61401195、No.61563036）、江苏省高校自然科学基金项目（No.13KJB520009）和南京工程学院科研基金项目（No.ZKJ201907）的资助。

向所有的参考文献作者及为本书出版付出辛勤劳动的老师和同仁们表示感谢。

限于作者的水平，书中难免有缺点和不完善之处，恳请读者批评指正。

徐梦溪
于南京工程学院
2020 年 1 月 10 日

目　录

第1章 绪论

1.1 引言

在图像和视频采集及传输过程中，由于受到诸如成像条件、自然场景变化、采集设备的时间、空间分辨率以及传输带宽等因素的限制，图像及视频采集系统难以无失真地获取自然场景中的信息。尽管成像及视频采集设备飞速发展和硬件性能提高，但在卫星遥感观测及航空摄影测量、工业成像监测、刑侦分析、医疗图像分析、社会公共安全视频监控、视频娱乐系统与多媒体通信等应用领域，高质量、高时空分辨率图像的获取与传输仍受到许多因素的限制，如成像系统受摄像传感器阵列排列密度和像元尺寸的限制；光照、大气影响及成像系统和场景目标间的相对运动，使成像产生模糊和降质；欠采样效应会造成图像的频谱交叠，使获取的图像因混叠效应而发生降质；摄像机的帧速率和曝光时间确定了时间分辨率，相应地也限制了被观测的视频序列图像质量、视频中动态事件的最大变化速度；时间维和空间维量化等噪声使图像（或图像（视频）序列）的质量下降；视频压缩编码与传输失真等。

一种有效提高图像时间、空间分辨率的途径是在不改变原有系统硬件的前提下，采用基于软件的方式（即信号与信息处理算法的方式）。超分辨率图像/视频复原是指融合多帧低分辨率（Low Resolution，LR）图像或单帧图像（视频）序列的信息，通过软件算法的方式恢复出高分辨率（High Resolution，HR）图像（或视频）的技术。

超分辨率图像/视频复原方法和技术的发展始于 20 世纪 80 年代，30 多年来，许多研究机构和学者围绕超分辨率图像/视频复原做了大量研究[1-14]，现已经发展成信号与信息处理领域一个活跃的研究方向。

通过美国 Web of Science（世界上有较大影响的多学科学术文献文摘索引数据库）对标题包含 "super-resolution"（超分辨率）的论文进行检索统计发现，2015 年之后的论文数量和引文数量与 2000 年前后的相比均呈现大幅增长趋势。表 1-1 中所示的引文数量从 1996 年的几十篇，到 2010 年的 1 600 多篇、2015 年的 7 900 多篇，再到 2018 年的 13 800 多篇。这从另一侧面也说明了有关超分辨率图像/视频复原技术具有日益重要的研究意义。

表 1-1 Web of Science 对标题包含"super-resolution"的论文的统计数据

文献的统计年度	发表论文数量/篇	引文数量/篇
1996 年	< 20	< 100
2005 年	> 50	> 420
2007 年	> 60	> 940
2010 年	> 110	> 1 600
2013 年	> 260	> 4 900
2015 年	> 370	> 7 900
2017 年	> 510	> 11 300
2018 年	> 560	> 13 800

目前，超分辨率图像/视频复原技术在基于重建方法的超分辨率、基于学习方法的超分辨率以及视频超分辨率等方面已取得了显著的系列成果。基于重建一类方法的复原技术比基于学习一类方法的复原技术发展时间更长，也较经典。在基于学习方法的超分辨率方面，近年来发展的深度学习方法是目前超分辨率的研究热点，与经典的超分辨率技术相比，运用深度学习方法的研究已取得了令人瞩目的长足发展，特别是在单帧图像复原（如人脸识别等）以及视频娱乐系统的超分辨率性能上有很大提升。

在实际应用领域，超分辨率图像/视频复原技术在工业成像监测、卫星遥感观测和航空摄影测量、人脸识别及刑侦分析、医疗图像分析、监控视频复原、视频娱乐系统、拍照增强，及以图像和视频为主要信息载体的互联网和移动通信网络等领域，已得到越来越多的实际应用。

① 工业成像监测方面,在一些特定的物理退化降质过程及服从特定噪声分布的计算机视觉测量、特定谱段及偏振光学成像监测、多时相遥感变化检测等应用领域，对于多帧序列的 LR 图像采集处理，基于重建的经典方法在降低繁杂矩阵操作所需的计算复杂度和加速算法的改进方面做了许多有成效的工作，以数字信号处理器（Digital Signal Processor，DSP）、片上系统（System on Chip，SoC）、可编程片上系统（System on a Programmable Chip，SoPC）等集成电路芯片组成硬件架构，嵌入基于重建的超分辨率算法配置于系统前端装置的技术方案，相比需要大量样本数据进行神经网络一类隐式模型训练的机器学习方法，仍然有着应用需求市场。另外，基于重建的经典方法也可在施测现场对成像探测特定目标做超分辨率或增强，提高目标检测与跟踪精度，同时可避免大容量图像数据处理和存储的困难。

② 在卫星遥感观测和航空摄影测量数据处理的高精度性能方面,有多时相遥感数据的星上超分辨率实时处理技术的应用等。

③ 视频修复软件 vReveal 使用超分辨率复原技术，对连续多个视频帧来重构

单一帧画面的细节，实现对整段视频的修复和增强，可提高视频分辨率，去掉颗粒、色块等视频瑕疵，并能有效增强晃动视频的稳定性，特别是满足了刑侦分析需求。

④ 视频网站使用视频超分辨率技术来提升视频娱乐系统的视觉体验。

⑤ 安防、城市交通等领域使用监控视频超分辨率复原技术实现监控视频复原。

⑥ 手机相关公司大都使用超分辨率复原技术提升手机拍照质量。

⑦ 美国 Google 公司 2016 年推出了被当时认为代表信息与通信技术（Information and Communication Technology，ICT）业界的标杆性新技术，即 RAISR（Rapid and Accurate Image Super-Resolution）技术。该项技术利用机器学习实现 LR 图像到 HR 图像的转化，能够避免混叠效应的产生，在节省 75%带宽的情况下复原效果达到甚至超过原始图像，且计算速度大大提升，可在移动终端上实现极轻量级的图像超分辨率计算。

⑧ 继美国 Google 公司 RAISR 技术之后，华为公司开发了一款用于移动端的海思 HiSR（Hisilicon Super-Resolution）超分辨率技术，通过 Kirin 970 芯片的 HiAI（Hisilicon Artificial Intelligence）移动人工智能平台加速，采用专门设计的七层深度卷积神经网络，解决了图像超分辨率时出现的块效应、细节丢失、边缘纹理不清晰等问题，在同样的标准下，处理效果相比美国 Google 公司 RAISR 技术又有较大提升。

1.2 超分辨率复原的概念

1. 光学成像的退化降质过程

在光学成像系统采集自然场景（HR 图像或视频）过程中，受到成像的光学环境、成像传感器的分辨率指标、成像系统和场景目标间的相对运动、欠采样造成的频谱混叠效应等因素的影响，实际上光学成像系统所获得的观测图像是降质的图像或图像（视频）序列。自然场景 HR 图像被光学成像系统所观测得到的图像，其退化降质过程环节主要包括模糊降质、欠采样降质和噪声污染的降质。光学成像退化降质的图像明显损失了具有高像素密度的自然场景 HR 图像中所包含的更多高频细节。

（1）模糊降质

由于成像光学环境（如大气湍流扰动、自然光线变化）、镜头的光学散焦或成像传感器的点扩散函数（Point Spread Function，PSF）引起的光学模糊、快门的响应性能、摄像角度以及与场景目标间的相对运动造成每帧 LR 图像在空间和时间差异引起的扭曲等多种因素，造成了成像系统获取的图像或图像（视频）序列模糊降质。

（2）欠采样降质

根据 Nyquist 采样定理（又称香农采样定律），当对带限信号进行采样时，若采样频率高于原始信号频带的两倍，则可以由采样数据来恢复原始信号。但问题是，通常采用电荷耦合元件（Charge Coupled Device，CCD）或互补金属氧化物半导体（Complementary Metal Oxide Semiconductor，CMOS）的摄像传感器会受到诸如元尺寸和阵列排列密度等设计与制造工艺上的限制，以及模拟信号在 A/D（模/数）转换过程中不可避免地会带来信号失真，这种欠采样会造成图像的混叠效应，不能无失真地恢复原始信号，使获取的图像发生降质。在实际应用中，被观测的场景往往不是带限的，因此失真是必然的。由于失真的影响，被观测场景图像丢失了一些信息，仅仅通过诸如单帧线性插值或双线性插值等一类普通的图像处理技术对其进行"清晰"的效果是有限的。

（3）噪声污染的降质

由于受到光电噪声、量化噪声、色彩滤波噪声、存储或传输中的压缩以及在对多帧 LR 图像配准中产生的误差等影响，因此去除这些噪声应设计合理的噪声模型。

图 1-1 为成像降质过程。根据图 1-1 可知，成像系统的原始输入为带限信号表征的连续观测场景，在超分辨率图像/视频复原中，理想情况下，要复原的理想 HR 图像（序列）可看成是依据 Nyquist 采样定理，对原始带限场景信号进行采样而生成的以离散信号形式表征的图像，这个环节上无频谱混叠效应。但实际情况是，由于成像光学环境（如大气湍流扰动、自然光线变化）、镜头的光学散焦和快门的响应性能、摄像角度以及与场景目标间的相对运动造成每帧 LR 图像在空间和时间差异引起的扭曲等多种因素，造成了成像系统获取的图像或图像（视频）序列模糊降质。进一步地，由于成像传感器分辨率等技术性能的限制，以及模拟信号在 A/D 转换过程中所谓欠采样效应造成的频谱混叠，观测的 LR 图像不可避免地产生信号失真。另外，LR 图像还会受到光电噪声、热敏噪声、量化噪声、存储或传输中的压缩以及在对多帧 LR 图像配准中产生的误差等影响。

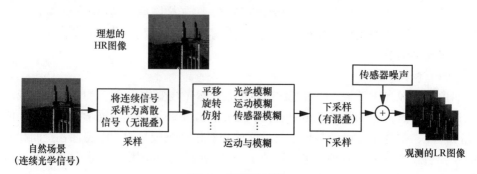

图 1-1 成像降质过程

因此，实际的光学成像系统所获得的观测图像是经扭曲、模糊、频谱混叠和噪声污染的降质图像（图像序列、视频）。光学成像数字系统的物理概化如图 1-2 所示。

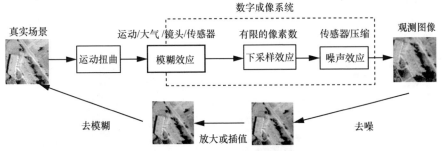

图 1-2 光学成像数字系统的物理概化

2. 超分辨率复原的概念

超分辨率复原最早源于光学工程领域，是指试图复原光学衍射极限以外信息的过程。20 世纪 50 年代就有了超分辨率的概念。1984 年，Tsai 等[1]提出了一种基于频域的超分辨率方法，由多帧或序列 LR 图像去实现单帧 HR 图像的复原。在 Tsai 等发表论文之后，超分辨率图像/视频复原（Super-Resolution Image/Video Restoration，SRIVR）技术得到广泛关注，目前已成为图像工程领域的一个重要研究方向。

光学成像退化降质的图像/视频复原涉及图像增强、滤除噪声、消去模糊、增强分辨率等几个方面。超分辨率复原与图像增强、滤除噪声和单帧插值等概念不同。图像增强（如图像的平滑和锐化）是针对图像的局部而不是图像整体，仅能够改善图像的局部特性；通过诸如维纳滤波、中值滤波或加权递推平均滤波等方法滤除噪声虽然能改善模糊有噪的图像质量，但不能恢复和重构自然场景图像/视频的高频信息；单帧插值仅仅是将图像进行放大，不能解决欠采样所造成的图像频谱混叠效应。超分辨率图像复原是针对图像整体，通过建立退化降质模型并定义关于图像的先验信息/知识作为约束条件求解，或者通过机器学习的方法来恢复和重构 HR 图像（或图像（视频）序列）。

图像分辨率是一组用于评估图像中蕴含细节信息丰富程度的性能参数，包括时间分辨率、空间分辨率和色阶分辨率等，体现了成像或显示系统对细节的分辨能力。分辨率的单位为 PPI（Pixel per Inch)，反映了每英寸图像内的像素点个数。图像的大小由像素的多少决定，面积尺寸小、像素多，说明分辨率高。一般情况下，图像分辨率越高，图像中包含的细节越多，信息量也越大。通常，分辨率被表示成每一个方向上的像素数量，例如 64 像素×64 像素的二维图像。但是，分辨率的高低并不等同于像素数量的多少，例如一个通过插值放大了 5 倍的图像并不表示它包含的细节增加了多少，而图像超分辨率复原更关注的是恢复图像中丢失的细节（高频信息）。

图 1-3 为在空间域上由 LR 观测图像恢复和重构 HR 图像的过程。图 1-3（a）表示的是高像素密度的自然场景 HR 图像，图 1-3（b）表示的是低像素密度的 LR 观测图像。图 1-4 表示的是通过对多帧同一自然场景的亚像素位移图像（LR 图像）的求解计算能够实现单帧 HR 图像复原的具体过程。

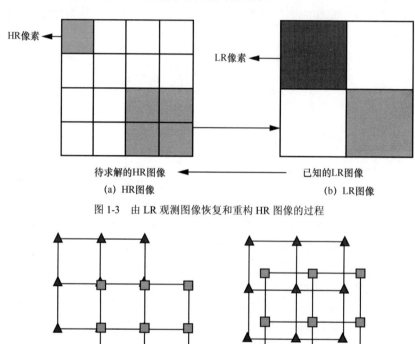

图 1-3　由 LR 观测图像恢复和重构 HR 图像的过程

(a) 像素的整体位移　　　　　　　(b) 亚像素相对位移

图 1-4　多帧亚像素相对位移图像能够实现单帧 HR 图像复原的具体过程

图 1-4 中多帧互有亚像素位移的同一自然场景的 LR 图像序列是超分辨率复原的前提，即 LR 图像序列不仅存在欠采样频谱混叠，而且相互之间需存在亚像素位移。图 1-4（a）表示在像素整体位移的多帧图像之间不能为复原提供有效的信息，LR 图像网格上采样点的信息无差异，整体像素的位移并不包含自然场景中的新信息。图 1-4（b）表示可以通过各帧空间平移与时间差异的信息互补为超分辨率复原提供有效信息。假设每帧图像亚像素相对位移关系已知，通过融合 LR 图像序列以消除频谱混叠效应，频谱混叠图像可以处理成非混叠图像，进一步地，如果采样率满足 Nyquist 采样定理，就可以复原出能精

确代表自然场景的 HR 图像。

1.3　超分辨率复原方法分类

超分辨率图像/视频复原（SRIVR）在有些文献中也称为超分辨率重建（Super-Resolution Reconstruction，SRR）或分辨率增强（Resolution Enhancement，RE）。按照超分辨率图像/视频复原输入输出的不同类型组合，超分辨率复原方法可以分为以下几种。

① 基于重建的超分辨率复原（Reconstruction Based Super-Resolution Restoration）方法。输入为多帧 LR 图像，参考多帧图像或多个视频帧的超分辨率，输出为单帧 HR 图像的超分辨率复原。

② 基于学习的超分辨率复原（Learning Based Super-Resolution Restoration）方法。输入为单帧或多帧 LR 图像，输出为单帧 HR 图像的超分辨率复原。单帧的超分辨率只参考当前 LR 图像，不依赖其他相关图像。

③ 视频超分辨率复原（Video Super-Resolution Restoration）方法。输入与输出均为视频的超分辨率复原。

④ 其他超分辨率复原方法等[2, 8, 10]。

超分辨率图像/视频复原方法的分类如图 1-5 所示。

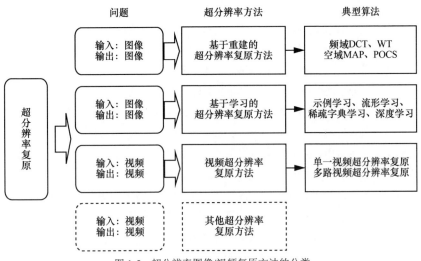

图 1-5　超分辨率图像/视频复原方法的分类

基于重建的典型算法主要包括基于离散余弦变换（Discrete Cosine Transform，DCT）、基于小波变换（Wavelet Transform，WT）的频域算法以及基于最大后验概率（Maximum A Posteriori，MAP）估计算法、凸集投影（Projection Onto Convex Set，POCS）的空域算法等。基于学习的典型算法主要包括示例学习、流形学习、稀疏字典学习、深度学习算法等。视频超分辨率典型算法主要包括面向单一视频超分辨率算法和面向多路视频超分辨率算法。

1.4　超分辨率复原质量的评价

图像/视频质量评价（Image/Video Quality Assessment，IVQA）是超分辨率复原技术中的一个重要方面。SRIVR 是使恢复和重构后的图像（或图像（视频）序列）尽可能地接近自然场景 HR 图像/视频，恢复截止频率之外的信息，获得更多的高频细节，这需要有一个合理的图像/视频质量评价。图像/视频质量的评价包括主观评价和客观评价[15]。

1. 主观评价

主观质量评分法（Mean Opinion Score，MOS）是通过目视分析，观察者主观评价图像/视频质量并给出相应评分的一种方法。成熟的主观评价国际标准有国际电信联盟（International Telecommunication Union，ITU）标准体系中 ITU-T Rec.P.910 有关多媒体应用的主观评价方法和 ITU-R BT.500-11 中有关电视图像的主观评价方法等。

2. 客观评价

客观评价方法是根据具体的计算式对图像/视频质量优劣进行客观的定量化评价。目前常用的客观评价指标有 5 个，具体介绍如下。

（1）均方误差（Mean Square Error，MSE）

MSE 定义为待评价图像与自然场景 HR 图像像素误差平方和的均值，其值越小表示待评价图像与自然场景 HR 图像间的偏离越小，超分辨率复原质量越优。

（2）归一化均方误差（Normalized Mean Square Error，NMSE）

NMSE 定义为 MSE 的能量归一化度量，其值越小表示超分辨率复原质量越优。

（3）峰值信噪比（Peak Signal to Noise Ratio，PSNR）

PSNR 定义为待评价图像与自然场景 HR 图像的 MSE 相对于图像像素灰度值最大值平方的对数值，其值越大表示超分辨率复原质量越优。

（4）均方根误差（Root Mean Square Error，RMSE）

RMSE 定义为 MSE 的平方根，同样地，其值越小表示超分辨率复原质量越优。

（5）结构相似性（Structural Similarity，SSIM）

SSIM 在单帧图像复原质量评价、广播和有线电视衡量视频质量以及图像去模糊中都有广泛应用，是一种衡量两帧图像相似度的评价指标。

1.5 超分辨率复原技术的应用

超分辨率复原技术的典型应用包括工业成像监测、卫星遥感观测和航空摄影测量、人脸识别及刑侦分析、医疗图像分析、监控视频复原、多媒体通信与视频娱乐系统、数字高清、拍照增强、超分辨率技术的嵌入式应用等方面。

（1）工业成像监测

针对特定的物理退化降质过程及服从特定噪声分布（如伽马（Gamma）分布、泊松（Poisson）分布等），以及难以获取大量样本图像的一类应用，如计算机视觉测量、基于高帧频成像的小（微）尺度计算机视觉测量、特定谱段及偏振光学成像监测、合成显微镜下 LR 序列图像得到 HR 的显微成像、多时相遥感变化检测、消除十字伪影的遥感影像复原等，经典的基于重建的方法相比需要大量样本数据进行模型训练的学习方法，仍然有着应用场合。例如，对于多帧序列的 LR 图像采集处理，改良不同降质退化机制的图像观测模型（物理退化过程的精准解析与刻画），优化设计嵌入式并行–高效求解算法，基于重建的方法与基于学习的方法相结合，进一步提升系统输入/输出过程噪声干扰下的重构性能等。另外，也可对工业现场或施测作业现场成像探测特定目标（如微小目标）进行超分辨率复原或增强，提高目标检测与跟踪精度，同时可解决现场设备的大容量图像数据处理和存储的困难。

（2）卫星遥感观测和航空摄影测量

在地球资源调查、灾害监测、土地利用、超大尺度的摄影测量及对地军事侦察等方面，空间分辨率作为一项重要的技术指标，通过使用超分辨率复原技术可用于提升观测和测量精度。

① 在多时相遥感数据处理方面，过去受限于多时相遥感影像的获取，有效载荷为线阵推扫相机的低轨遥感卫星的重复观测周期（重复观测周期是指航天遥感器对地面上一个固定的观测区域进行再次观测所需要的最短间隔时间，一般以同一区域被观测两次所间隔的天数、小时数或分钟数来度量，也称重返周期）较长，例如早期的欧洲空间局 ENVISAT 卫星对地观测的重复周期为 35 天，美国陆地观测卫星系列重复周期一般为 16 天。如果获取多帧同一场景的影像需要很长的时间，那么在这期间，地物的场景很可能会发生变化，因而基于时间跨度较大的多时相数据实现超分辨率是不可行的。近年来，地球同步轨道遥感技术、光学遥感星座组网技术和基于单星面阵 CMOS 相机技术的发展，为分钟级甚至秒级获取多时相数据提供了条件，因而超分辨率技术实现星上实时处理将迎来新的发展机遇。

② 德国徕卡（Leica）公司和德国航空太空中心（Deutsches Zentrum für Luft- und Raumfahrt，DLR）共同开发的 ADS40 商用数字航空摄影测量系统。

③ 2019 年，我国启动的国家自然科学基金重大项目"海洋监测多维高分辨光学成像理论与方法"，围绕复杂海况下海洋目标精准监测的新型光学成像理论与方法开展研究，并开展理论与方法的实验验证。其中多维信息场的"生成–传输–获取"全链路图像退化模型和复原重构方法研究是该项目的重要内容，这从另一侧面说明了结合我国复杂海况下海洋环境监测和海洋国土安全重大战略需求开展遥感观测数据超分辨率复原技术应用的重要性。

（3）人脸识别及刑侦分析

通过对某个时间段连续的多帧图像序列进行超分辨率复原，提高感兴趣区域的时间–空间分辨率，以满足人脸识别、车辆牌照识别等特定应用需求。例如，2017 年，Google 公司通过训练超分辨率深度神经网络来消除人脸视频图像中的马赛克。在刑侦分析方面，应用于刑侦分析的视频修复软件 vReveal，拥有犯罪现场调查（Crime Scene Investigation，CSI）式的超分辨率专利技术，其主要功能是修复视频中诸如色彩、模糊或抖动等问题。通过分析连续多个视频帧，利用超分辨率重构单一帧画面的细节，实现对整段视频的修复和增强，可提高视频分辨率，并去掉颗粒、色块等视频瑕疵，能够有效增强晃动视频的稳定性。

（4）医疗图像分析

利用超分辨率复原技术提高医疗成像系统，如 CT（电子计算机断层扫描）、核磁共振成像设备、X 射线设备和超声波仪器等的图像质量和精度，在染色体分析、血球的自动分类、胸部 X 射线照片的鉴别、眼底照片的处理、利用荧光染料的血管造影分析、病体阴影边缘及异物占位大小与位置的 CT 和核磁共振拍片等方面，辅助医生进行病变目标的检测，减少误诊和漏诊的概率。

（5）监控视频复原

由于前端摄像装置分辨率受限或者监视目标与摄像装置相距较远，监控视频超分辨率复原技术可提升系统跟踪及捕获重要监视目标的能力。例如，在安防、城市交通等领域使用监控视频超分辨率复原技术实现监控视频复原；国内许多中小公司采用基于 ARM+DSP 架构 DM81XX 系列芯片（如 DM8127 芯片）的技术方案，开发了现场前端设备实现安防、城市交通等监控视频的超分辨率复原。

（6）多媒体通信与视频娱乐系统

视频超分辨率技术可用于视频编解码系统中，提升视频编解码效率，降低多媒体通信网络传输负担。

使用视频超分辨率技术，实现对低分辨率–低帧率视频的"修复"，例如，视频网站通过视频超分辨率技术得到高清晰的视频，给终端用户带来了更高性能的视觉体验。此外，点播直播和实时音视频等技术在接收的终端或者云端上通过超分辨率技术恢复超高质量视频，为个人用户带来极致的视频体验。

（7）数字高清

数字高清是超分辨率复原技术在 NTSC、PAL 普通制式，SDTV 标准清晰度制式，HDTV 高清制式电视信号的转化及性能匹配的信号、去除频域混叠效应、增强 LR 影像与高清晰度显示设备兼容性方面的应用。

（8）拍照增强

拍照增强是利用拍摄的多帧图像来重构一帧更高分辨率清晰图像的应用。

（9）超分辨率技术的嵌入式应用

① CEVA-MM3101 处理器（成像和视觉平台）能够处理 4 个 500 万像素的图像，并在几分之一秒内将它们融合进单一 2 000 万像素的图像中，功耗低于 30 mW，且能够在低功率移动设备上具备与 PC 台式机同等的成像性能。

② 海思 HiSR 通过 Kirin970 芯片的 HiAI 移动人工智能平台加速，实现了超分辨率复原技术的嵌入式应用。

③ 2017 年推出的 TSR（Tencent Super Resolution）超分辨率复原新技术采用深度神经网络识别图片内容并进行图像内容的细节重构，能够实现高清重构，并能够在图像尺寸只有原始图像 25%的情况下将图像还原到与原始图像同等的效果，开发的多核异构 GPU（Graphic Processing Unit）/CPU（Central Processing Unit）加速技术，在空间的应用上可节省用户 75%的流量。该项技术被认为达到了 NTIRE2017 超分辨率挑战赛所关注的业界领先水平。

参考文献

[1]　TSAI R Y, HUANG T S. Multiframe image restoration and registration[J]. Advances in Computer Vision and Image Processing, 1984, 1: 317-339.

[2]　MILANFAR P. Super-resolution imaging[M]. Boca Raton: CRC Press, 2010.

[3]　TIAN J, MA K K. A survey on super-resolution imaging[J]. Signal, Image and Video Processing, 2011, 5(3): 329-342.

[4]　YUE L, SHEN H, LI J, et al. Image super-resolution: the techniques, applications, and future[J]. Signal Processing, 2016, 128: 389-408.

[5]　WANG Z, CHEN J, HOI S C H. Deep learning for image super-resolution: a survey[J]. arXiv Preprint, arXiv:1902.06068, 2019.

[6]　GONG R, WANG Y, CAI Y, et al. How to deal with color in super resolution reconstruction of images[J]. Optics Express, 2017, 25(10): 11144-11156.

[7] ROMANO Y, ISIDORO J, MILANFAR P. RAISR: rapid and accurate image super resolution[J]. IEEE Transactions on Computational Imaging, 2017, 3(1): 110-125.

[8] 苏衡, 周杰, 张志浩. 超分辨率图像重建方法综述[J]. 自动化学报, 2013, 39(8): 1202-1213.

[9] 肖亮, 韦志辉, 邵文泽. 基于图像先验建模的超分辨增强理论与算法——变分 PDE 稀疏正则化与贝叶斯方法[M]. 北京: 国防工业出版社, 2017.

[10] 石爱业, 徐枫, 徐梦溪. 图像超分辨率重建方法及应用[M]. 北京: 科学出版社, 2016.

[11] 黄淑英. 基于正则化先验模型的图像超分辨率重建[M]. 上海: 上海交通大学出版社, 2014.

[12] 杨欣. 图像超分辨率技术原理及应用[M]. 北京: 国防工业出版社, 2013.

[13] 张良培, 沈焕锋, 张洪艳, 等. 图像超分辨率重建[M]. 北京: 科学出版社, 2012.

[14] 卓力, 王素玉, 李晓光. 图像/视频的超分辨率复原[M]. 北京: 人民邮电出版社出版, 2011.

[15] 王周, 阿兰博维克. 现代图像质量评价[M]. 张勇, 马东玺, 译. 北京: 国防工业出版社, 2015.

第2章　超分辨率图像/视频复原研究与进展

本章主要介绍有关基于重建的超分辨率复原方法、基于浅层学习和基于深度学习的超分辨率复原方法、视频超分辨率复原方法、其他超分辨率复原方法及技术的研究与进展。

2.1　基于重建的超分辨率复原方法

2.1.1　概述

基于重建的超分辨率复原方法属于较经典的技术。基本思路是，首先对光学成像系统采集过程的图像降质进行物理概化并建立数学表达的图像观测模型，然后通过求解观测模型的反问题来实现超分辨率复原，即从多帧的 LR 图像恢复出 HR 图像。

图像观测模型为 $y = Hx + n$，其中，y 为观测图像，也称退化图像，H 为退化函数，x 为自然场景图像，n 为噪声，该模型反映了成像系统从自然场景（HR 图像或图像（视频）序列）获取 LR 观测图像的过程。

通过求解观测模型的反问题来实现超分辨率复原是图像处理中典型的不适定问题。数学和物理学中的不适定问题研究由来已久，不适定问题的概念最早由法国数学家阿达玛在 19 世纪提出。图像处理中不适定问题包括图像去噪、去模糊、增强、修补、去马赛克等，以及超分辨图像复原可能包含的图像去噪、去模糊、增强、修补、去马赛克等所有处理环节的组合。解决图像处理中不适定问题的有效途径通常是引入诸如平滑性、峰值、观测数据的一致性、梯度轮廓、非负性和能量有界等先验信息或知识，以保证求解图像观测模型的反问题成为或接近良态。

基于重建的超分辨率复原方法通常包括配准、复原（即恢复和重构）两个步骤（如图 2-1 所示），即高精确的亚像素配准、设计合适的先验信息/知识作为约束求解的条件，以及选择迭代求解方法等过程。所有的重建算法都只能在保证解的稳定性的前提下，尽可能地提高重构 HR 图像的质量。

基于重建的超分辨率复原方法过程中的运动估计和配准过程是实现超分辨率的前提，其目的是求出两帧存在重叠关系的图像之间的变换关系，也就是求同一目标在两帧图像间的相对位移，参考图像和待配准图像在几何上一一对应，使同一目标在不同帧上具有相同的空间坐标位置。用二维数组 $I_1(x, y)$ 和 $I_2(x, y)$ 表示两帧存在平移、旋转和缩放等关系的图像，若只关注空间上的坐标变换 T，并假设选定 $I_1(x,y)$ 为参考图像，则两帧图像的配准关系可描述为 $I_2(x, y) = I_1(T(x, y))$，T 也称空间变换函数，反映了一帧图像与其变形后的图像中各点之间的映射关系。配准就是求解空间变换函数 T，设法找到一个最佳的 T 变换，使参考图像和待配准图像达到最佳拟合。常用的变换模型有刚体变换、仿射变换、投影变换、多项式变换等。

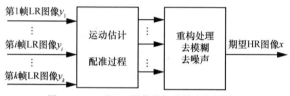

图 2-1　LR 到 HR 图像的超分辨率复原过程

　　超分辨率的配准过程有着比普通图像配准更高的要求。图像序列的配准，即对图像序列之间的运动进行估计，估计精度要求达到亚像素级。在复原中，对于 LR 图像序列投影到参考帧上的修正处理，必须保证 LR 图像中的点投影到参考帧中正确位置的运动估计精度达到低于单个像素的运动估计精度。典型的图像配准方法包括基于泰勒展开的、基于特征的、基于光流的空域方法；将图像从空间域映射到频率域，在频率域对帧值和相位相关性进行运动估计的频域方法；利用小波多分辨分析理论的空域频域结合的方法。

2.1.2　基于频域的超分辨率复原方法

　　由于图像的卷积、平移、镜像、缩放、旋转等运算在频域可以方便地转化为易于处理的算术运算形式，基于频域的超分辨率复原方法是研究人员最早提出的基于重建的超分辨率复原方法之一。基于重建的超分辨率复原方法主要包括基于傅里叶变换、基于离散余弦变换和基于小波变换的频域方法。

　　Tsai 和 Huang[1]是首先明确超分辨率复原方法的学者，其基本思想是通过解混叠改善图像的空间分辨率，从而实现超分辨率复原。许多文献沿着这一技术路线，扩展了许多方法[2]。Kim 等[3]通过考虑观测噪声以及空间模糊对 Tsai-Huang 方法进行了扩展。为减少超分辨率处理过程中的存储需求和计算量，Rhee 等[4]采用基于离散余弦变换代替离散傅里叶变换，同时采用多通道自适应确定正则系数以克服欠定系统的病态性。Katsaggelos 等[5]提出了一种泛化的基于频域变换的算法框架。

　　频域法在理论推导和计算上有一定的优势，具有直观的消除变形超分辨率机制，但存在的缺点是显而易见的。由于频域与空域之间复杂的变换关系，传统的频域法局限于处理全局整体运动，即全局平移，难以处理场景中相对运动物体的局部运动情况，且在处理过程中较难嵌入空域先验信息；另外，传统的频域法基于线性空间不变系统（Linear Spatially Invariant System，LSIS）降质模型，模型中没有考虑光学系统的点扩散函数（Point-Spread Function，PSF）、运动模糊及观测噪声，在处理更复杂的图像退化问题上的能力有限。

因而，传统的频域法作为研究热点在 20 世纪 90 年代之后多转向了在空域进行超分辨率复原研究。2000 年之后小波变换的引入，部分地弥补了傅里叶变换的不足，频域法的研究成果又多有报道。Nguyen 等[6]利用小波变换刻画图像局部性质，使传统频域法可以较好地处理图像局部的不同情况。Ji 等[7]采用基于小波变换的超分辨率算法，有效提高了复原图像的局部质量。Chopade 等[8]分别利用离散小波变换（Discrete Wavelet Transform，DWT）和静态小波变换（Stationary Wavelet Transform，SWT）实现超分辨率复原，并指出了利用正交小波基的图像复原性能较好[8]。周靖鸿等[9]提出了一种利用傅里叶变换零填充重采样代替双三次插值（Bicubic Interpolation，BIC）的改进算法。Sun 等[10]提出了一种基于小波变换域自相似结构的超分辨率复原算法，在算法实现中，首先通过分形编码确定相邻子带链接不同区域的关系，然后利用此关系结合超分辨率分形解码估计高频子带遥感影像，并通过主观视觉评价和峰值信噪比（Peak Signal to Noise Ratio，PSNR）指标说明了该算法具有的优越性。

2.1.3　基于空域的超分辨率复原方法

空域超分辨率图像/视频复原方法是目前超分辨率技术的主流方法之一。空域方法的 SRIVR 是在空域实现的，主要包括非均匀插值（Non-Uniform Interpolation，NUI）方法、MAP 估计方法、POCS 方法、混合 MAP/POCS 方法等。表 2-1 给出了频域法和空域法超分辨率复原的比较。

表 2-1　频域法和空域法超分辨率复原的比较

比较项	频域法	空域法
超分辨率复原的域	频域	空域
降质模型	受限，LSIS	LSIS 或 LSVS
运动模型	全局整体运动	全局整体运动/局部运动
噪声模型	有限，空间不变噪声	适应不同噪声模型
超分辨率机制	消除变形	消除变形，嵌入先验信息
先验信息	受限	可灵活定义
正则化	受限	不受限
运算要求	较低	较高

　　频域法和空域法都是基于线性空间的降质模型，但频域法多基于 LSIS 降质模型，而空域法基于线性空间可变系统（Linear Space Variable System，LSVS）降质模型，能够适应全局整体运动和局部运动、运动模糊、空间变化点光学系统的 PSF、非理想采样，可嵌入线性或非线性的空域先验信息。

　　1. 非均匀插值方法

　　非均匀插值方法是最简单直观的一种超分辨率复原方法。它将运动估计、非均匀插值、去模糊 3 个步骤按顺序依次执行，主要有最近邻插值（Nearest Neighbor Interpolation，NNI）法、双线性插值（Bilinear Interpolation，BIL）法、双三次插值法等。

　　在 LR 图像（或图像（视频）序列）中携带有自然场景原始图像的部分相同信息，通过这些信息可以对 LR 图像缺失的像素位置进行预估。插值法的核心思想是利用图像先验信息，形成 LR-HR 图像像素映射关系，重构 HR 图像，实现超分辨率复原。基于常规插值法的超分辨率复原图像是基于直观的像素信息，或基于简单的图像先验信息的方法。因为利用的图像信息有限，放大倍数一般不会超过 2 倍，最终重构和恢复出的图像容易产生较严重的边缘或非连续点处被过度平滑的效应。

　　（1）最近邻插值法

　　最近邻插值法可应用于超分辨率复原，其易于实现且算法复杂度较低。最近邻插值是以周围 4 个相邻像素点中欧氏距离最短的一个邻点的灰度值作为插值点的灰度值，由于仅考虑最近邻、影响最大的邻点灰度值作为插值，没有考虑其他相邻像素的影响，因此插值后得到的图像容易产生块效应，造成图像模糊，放大效果一般不够理想。最近邻插值核函数的空间波形、频谱及内插计算过程，通过像素的复制或抽取可以实现图像的放大或缩小，但最近邻内插容易产生影像的块状效应。此外，最近邻插值法的偏移误差最大可达到正负 0.5 个像素。这里需要提到另外一个概念——密度，即在显示区域里每平方英寸的像素点个数，每个像素点可以近似看作屏幕上的一个发光点，点的密度越大，则显示效果越清晰，在单位面积下显示的内容越多。最近邻插值运算中，在图像放大的过程中所产生的待插值像素点，可以使用距离待填补像素点最近的像素点来直接赋值，最近邻插值的原理可表示为

$$H(i+u, j+v) = H(i, j) \tag{2.1}$$

其中，$H(i+u, j+v)$ 是待插值的像素点，$H(i, j)$ 是 LR 图像在 (i, j) 位置上的像素点，u、v 是值在 0 到 1 的小数。

　　图 2-2 是以四点像素值说明最近邻插值法的示例。图中 (i, j)，$(i+1, j)$，$(i, j+1)$，$(i+1, j+1)$ 是原始的 4 个相邻像素点，如果 $(i+u, j+v)$ 落在 A 区域内，即把 (i, j) 赋值给该待求像素，同理，如果待求像素落在其他区域，即把相对应最

近的像素点赋值给待求像素。

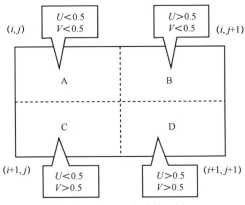

图 2-2　最近邻插值法示例

最近邻插值法虽然不需要计算，实现简单，但会使重构图像产生严重的锯齿效应，如果放大倍数过大，用最近邻插值法所得图像会出现马赛克效应。

（2）双线性插值法

双线性插值法又称为双线性内插法，其核心思想是在两个方向分别进行一次线性插值。双线性插值作为数值分析中的一种插值算法，广泛应用在信号处理、数字图像和视频处理等方面。双线性插值的原理是待插点像素值取原图像中与其相邻的 4 个点像素值的水平和垂直两个方向上的线性内插，即根据待采样点与周围 4 个邻点的距离确定相应的权重，从而计算出待采样点的像素值。相对于仅利用单一像素信息的最近邻插值法而言，双线性插值法针对同一待插值像素则利用其相邻的 4 个像素点，将这 4 个像素点在水平和垂直方向均做线性插值运算。

将插值模型拓展到三维，根据线性变化的灰度关系原理，可以得到有关像素点 $(i, j + v)$ 的计算式为

$$H(i, j + v) = vH(i, j + 1) - vH(i, j) + H(i, j) \tag{2.2}$$

像素点 $(i + 1, j + v)$ 的计算式为

$$H(i + 1, j + v) = vH(i + 1, j + 1) - vH(i + 1, j) + H(i + 1, j) \tag{2.3}$$

假设像素点 $(i, j + v)$ 与 $(i + 1, j + v)$ 之间的变化也为线性关系，可以得到插值像素的计算式为

$$H(i + u, j + v) = (1 - u)(1 - v)H(i, j) +$$
$$(1 - u)vH(i, j + 1) + u(1 - v)H(i + 1, j) + uvH(i + 1, j + 1) \tag{2.4}$$

与最近邻插值法相比，双线性插值法克服了其灰度不连续的弊端，锯齿的问题得到了解决，但双线性插值本质上属于"低通滤波"，重构效果依旧不高，复原图像较模糊。

（3）双三次插值法

双三次插值是一种更加复杂的插值方式，也称双立方插值，是应用于图像中"插值"或增加"像素"数量/密度的一种方法，能够增大分辨率或显示面积。双三次插值将待插值像素点的信息区域再次扩大，利用待插值像素周围 4×4 个单位的所有像素信息进行权重叠加。

假设 (x, y) 为待插值像素点，则 $H(i + u, j + v)$ 的计算式为

$$H(i + u, j + v) = ABC \tag{2.5}$$

其中，A、B、C 分别为

$$A = [w(1 + u)w(u)w(1 - u)w(2 - u)]$$

$$B = \begin{bmatrix} f(i-1, j-1) & f(i-1, j+0) & f(i-1, j+1) & f(i-1, j+2) \\ f(i+0, j-1) & f(i+0, j+0) & f(i+0, j+1) & f(i+0, j+2) \\ f(i+1, j-1) & f(i+1, j+0) & f(i+1, j+1) & f(i+1, j+2) \\ f(i+2, j-1) & f(i+2, j+0) & f(i+2, j+1) & f(i+2, j+2) \end{bmatrix}$$

$$C = [w(1 + v)w(v)w(1 - v)w(2 - v)]^{\mathrm{T}}$$

插值核 $w(x)$ 为

$$w(x) = \begin{cases} 1 - 2|x|^2 + |x|^3, & |x| < 1 \\ 4 - 8|x| + 5|x|^2 - |x|^3, & 1 \leqslant |x| < 2 \\ 0, & |x| \geqslant 2 \end{cases} \tag{2.6}$$

双三次插值的重构效果比最近邻插值和双线性插值均好，图像的高频保留相对完整，细节更平滑，但是因为需要对 16 个像素点的信息进行权值计算，重构效率相对较慢。

非均匀插值方法典型的成果包括加权最近邻插值和采用维纳滤波以减少模糊和噪声的方法[11]。Lertrattanapanich 等[12]提出基于 Delaunay 三角剖分的非均匀插值方法。Sanchez-Beato 等[13]提出基于 Delaunay 三角剖分和加入预滤波环节的去除频谱混叠方法。Zhang 等[14]提出通过对 LR 图像每个小邻域进行学习，建立二维的分段自回归模型，并以此模型估计 HR 图像网格上丢失像素的方法。Nasonov 等[15]提出一种引入加权中值滤波以提高常规 NUI 的稳健性能的方法。NUI 方法的主要优点是简单直观，计算复杂度相对较低。但由于其难以处理输入图像中的模糊现象、噪声引入等问题，也没有利用先验信息，不能保证复原质量达到最优[16]。

2. 迭代反向投影方法

迭代反向投影（Iterative Back-Projection，IBP）方法是由 Irani 等[17]在 1991 年率先提出的。该方法首先用输入图像的一个初始估计作为当前结果，通常由参

考帧的插值得到初始估计；然后模拟图像的降质过程，产生模拟的 LR 图像，并将模拟的 LR 图像和观测图像相减的插值反向投影到估计的 HR 图像上；最后根据模拟误差不断地更新当前估计，当误差小于给定的误差阈值时停止迭代，输出迭代结果[17-18]。

迭代反向投影方法的数学计算式为

$$\hat{f}^{n+1} = \hat{f}^{n} - \lambda \sum_{i=1}^{p} H_i^{\text{BP}}(\hat{y}_i - y_i) \tag{2.7}$$

其中，n 为迭代次数，$\hat{f}^{n+1}$ 和 $\hat{f}^{n}$ 分别为 n 和 $n+1$ 次迭代的 HR 图像，$\hat{y}_i$ 和 y_i 分别为模拟 LR 图像和实际 LR 图像，λ 为梯度步长，H_i^{BP} 为反向投影模型。

迭代反向投影方法基于"假设"的 LR 图像和原始 LR 图像存在的残差，通过对降质投影矩阵 $\boldsymbol{H}$ 进行反复迭代，当残差收敛到一定程度时，最终输出迭代结果，实现对输入 LR 图像的重构和恢复。迭代反向投影方法思路较简单，迭代算法经证明是收敛的，也能够处理模糊和去噪，但这种超分辨率复原结果不唯一，不能得到稳定的重构图像，而且不易引入先验信息。

迭代反向投影方法在视频监控系统中是实际应用的案例之一。例如，在安防、交通监控视频复原中，以 ARM+DSP 架构 DM81XX 系列芯片（如 DM8127 芯片）组成硬件架构，嵌入基于 IBP 的超分辨率复原算法配置于系统前端装置的技术方案，在现场前端设备即可实现监控视频的超分辨率复原。实际应用中，对 IBP 的改进方法还包括针对 IBP 方法的重构存在边缘锯齿和模糊问题，采用基于新边缘导向插值（New Edge-Directed Interpolation，NEDI）的 IBP 方法；针对重构算法计算量大、图像边缘存在伪影问题，采用基于曲率迭代插值（Iterative Curvature Based Interpolation，ICBI）的 IBP 方法等。

3. 凸集投影方法

凸集投影（POCS）方法是从集合论视角采用迭代的超分辨率图像复原方法，它将图像的先验信息转化为对图像的凸集限制，能够处理图像复原的病态、不适定问题。POCS 方法解决超分辨率复原问题的原理是在一个矢量空间内定义一些闭合的凸形约束集合，目标 HR 图像就包含在这些约束集合中。Stark 等[19]是首先提出 POCS 方法的学者。随后的研究多关注于处理空间可变点扩散函数、传感器模糊、运动模糊、欠采样频谱混叠效应、改善目标解的不唯一性以及复原图像的质量和算法稳健性等方面[20-21]。

POCS 方法主要针对多帧 LR 图像重构和恢复单帧 HR 图像，该方法将需要重构的 HR 图像隐含在一些自定义矢量空间内的凸约束集合中。这些凸约束交集所在的点即被定义为 HR 图像的一个估计，把任意一个估计向凸集约束投影即可获得重构的 HR 图像。

POCS 方法的基本步骤是，给定一组运动的 LR 图像，首先选择一个参考帧设为 K，基于 K 对插值后的 LR 图像进行运动估计，然后进行运动补偿并选出一帧图像作为初始估计，最后使用反复的投影迭代使其符合凸集约束收敛，即

$$x_{n+1} = p_m p_{m-1} \cdots p_2 p_1 x_{n+1} \qquad (2.8)$$

其中，x_{n+1} 为当前的 HR 图像，p_m 到 p_1 为所有的凸集约束投影算子。当迭代结果收敛时，当前的 x_{n+1} 即可作为最终的重构超分辨率图像输出。POCS 方法一般流程如算法 2-1 所示。

算法 2-1 POCS 方法

Step1 选择一个参考帧 K。

Step2 运动估计：

① 把 LR 图像 $y^{(l)}(i,j)$ 双线性插值到 HR 网格上；

② 采用高斯函数对插值放大后的 LR 图像进行平滑处理；

③ 估计插值后的 LR 帧与参考帧之间的运动。

Step3 如果点 (i,j) 处的运动估计是准确的，则可以定义集合 $G^{(l)}(i,j)$，并计算该点处的模糊函数 $A^{(l,k)}(r,s;i,j)$。

Step4 选择一帧插值后的图像，经运动补偿后作为初始估计 $\hat{z}_0^{(k)}(r,s)$。采用类似方法对其他 LR 图像进行运动补偿，并以此估计 $\hat{z}_0^{(k)}(r,s)$ 的边缘。

Step5 对定义过约束集合 $G^{(l)}(i,j)$ 的所有点 (i,j)，进行运算：

① 计算残余项 $r_t^l(i,j)$；

② 采用投影算子 $p^{(l)}(i,j)$ 进行残余项 $r_t^l(i,j)$ 的反投影运算。

Step6 利用幅度约束投影算子进行帧度约束。

Step7 如果满足停止准则，则停止迭代过程，否则转到 Step6。

POCS 通过迭代计算求解复杂优化问题的优势在于算法思路比较简单，也易于先验信息的嵌入[19]。但计算复杂度较高，收敛速度也较慢，另外它的目标解一般不唯一，而是一个可行解的集合[22]。

4. 最大后验概率估计方法

基于统计学贝叶斯理论的 MAP 估计方法属统计学一类方法，基于 MAP 的超分辨率复原方法是目前研究成果中最多的一类超分辨率图像复原方法，其基本思想是，依据 $y = Hx + n$ 观测模型，从观测到的 LR 退化图像 y 估计出 HR（成像系统获取的自然场景图像）清晰无噪（或低噪）图像 x，使 HR 图像 x 的后验概率达到最大。

MAP 法依据的准则是贝叶斯公式，其直接利用图像的先验知识，应用概率统计的方法求得重构图像的最佳结果。通过对图像数据推导无法观察的数据点估计，

正好符合反问题的求解这一超分辨率重构和恢复问题，也可以很好地利用图像的先验信息。基本计算式为

$$X_{\text{map}} = \arg \max_x [P(x|y)] = \arg \max_x \frac{P(x|y)P(x)}{p(y)} \qquad (2.9)$$

其中，$P(x)$ 为 HR 图像的先验概率，$p(y)$ 为 LR 图像的先验概率，$P(x|y)$ 为当 HR 图像为 x 时，对应的 LR 图像为 y 的概率，式（2.9）可以转换为

$$X_{\text{map}} = \arg \min_x [-\log P(y|x) - \log P(x)] \qquad (2.10)$$

基于 MAP 求解框架的超分辨率方法将病态问题转化为求解最优化问题，因此具备唯一解。同时 MAP 方法对于图像先验信息的利用也使重构复原的效果较优秀，并且具有更好的稳定性和灵活性。但由于对约束函数和先验信息的求解非常复杂，MAP 法的计算量较大。

由于未知的退化过程和成像中的噪声及环境扰动等，使退化函数 $\boldsymbol{H}$ 一般是奇异或接近奇异的，这就导致了估计的结果对于微小扰动极其敏感，使估计求解的结果难以接受甚至还不如观测图像 y，而且估计求解的 x 不唯一。从本质上讲，利用 LR 观测图像复原 HR 目标图像是估计求解图像降质过程模型，其数学本质属病态、不适定问题求解。从严格数学意义上讲，对病态、不适定问题的求解几乎难以得到准确解答。解决的办法可以有多种，主要策略如下。

① 当方程解不存在时，可设法逼近最佳解或求最小二乘解。

② 当方程解不是唯一解时，可通过设置一些附加限制条件，转化为单值性解后再对问题进行求解。

③ 通过施加一定的先验附加条件对解空间加以限制或约束（如局部平滑、边缘保持和有界性），采用一组与原不适定问题相"邻近"的适定问题的解去逼近原问题的解，以得到一个接近准确的答案，使病态、不适定问题转化为一个最小化代价函数最优化的、可解的适定问题。

施加一定的先验附加条件，即设计合适的先验信息/知识对解空间加以限制或约束是求解超分辨率复原的病态、不适定问题的可行方法。现有文献中已提出了几种不同的自然图像先验模型，但它们各有优缺点。常用的模型主要有以下几个。① 高斯马尔可夫随机场（Gaussian Markov Random Field，GMRF），由于 MRF（Markov Random Field）与 GRF（Gibbs Random Field）的等价性，MRF 模型成为描述 HR 图像先验概率的常用模型。② Huber 马尔可夫随机场（Huber Markov Random Field，HMRF），较之高斯，HMRF 概率分布具有重尾特性，吉布斯势能取决于 Huber 函数，它可以通过对图像梯度分布的建模来改善 GMRF 存在的问题。③ 全变分（Total Variation，TV）模型（也称总变分模型），作为一个梯度罚函数，全变分范数在图像去噪、去模糊中非常流行。TV 准则判罚的是图像的总变化量，

其大小按梯度的 L_1 范数来衡量。TV 准则的 L_1 范数支持稀疏的渐变，在促进局部平滑的同时能够保留陡峭的局部梯度。在全变分模型基础上，研究人员又发展了双边全变分（Bilateral Total Variation，BTV）模型等。

Tikhonov[23]于 1963 年提出的 Tikhonov 正则化理论是一种典型的用以解决反问题的不适定性方法。正则化技术正是通过采用正则化函数作为一种图像的先验信息来约束恢复图像的强度分布，在解模糊的过程中尽可能减少噪声的影响。MAP 方法的求解框架通过引入正则化函数作为解决病态问题的一种有效手段。实现估计求解 HR 图像的 MAP 正则化算法公式，通常由表示超分辨率复原的数据保真项（如欧氏范数形式）和反映先验约束的正则项组成。保真项起到保证超分辨率结果的真实性，正则项体现加入的图像先验属性信息，对控制复原图像的质量起到关键作用。

相对来说，MAP 方法具有较好的灵活性和稳健性[24-25]。MAP 的求解框架中可以容易地加入对具体问题的具体先验知识或信息。因此如何设计一个有效的正则化函数是 MAP 方法的研究焦点。有关正则化建模与正则化函数设计包括两类途径：利用偏微分方程理论建立图像处理模型；基于能量泛函最优的变分方法。已有的研究成果多集中于基于能量泛函最优的变分方法，如 Hennings-Yeomans 等[26]建立的 2-范数形式的 Tikhonov 正则化模型、Babacan 等[27]建立的 1-范数形式的全变分正则化模型、Farsiu 等[28]建立的双边全变分正则化模型及局部自适应的双边全变分（Locally Adaptive BTV，LABTV）正则化模型等[29-30]。综合分析已有的研究成果来看，变分法这类模型对于精准表征纹理和有效抑制噪声还有待深入研究。

有关正则化的相关研究还包括减少图像边缘等细节信息损失[31-35]、正则化参数的选取[36-37]、多帧 LR 图像的精确配准[38-39]及未知图像生成模型的光学系统点扩散函数情况下进行所谓盲复原[40]等方面的研究。2012 年，安耀祖等[41]提出一种自适应正则化的图像超分辨率重建算法，通过利用局部残差均值计算各通道的权值参数矩阵，并利用正则项局部误差均值平衡正则项和保真项的正则化参数矩阵，实现了较高峰值信噪比、结构相似度及边缘、纹理等细节区域均较好的重建效果。2017 年，路陆等[42]将 LR 图像约束引入基于双边全变分模型的图像去模糊优化，提出结合 LR 图像约束的双边全变分算法，其复原图像质量的目视主观评价和客观评价指标均优于全变分法和双边全变分法。2018 年，Laghrib 等[43]在不同于传统 TV 总依赖于 L_1 或 L_2 范数及凸函数和非凸函数选择策略的基础上，建立一种新的非凸分数阶变分模型，在分数阶正则化条件下，能有效地降低脉冲类复杂噪声且能够更好地保留图像的边缘和纹理等特征。

超分辨率复原的质量不仅取决于高精确的亚像素配准、设计等与实际情况相符的模糊参数估计模型以保证图像观测建模的精确性，还取决于定义合理的先验信息/知识作为求解的约束条件。由于 MAP 求解框架中引入正则化项作为先验约束是人为定义的，且人为定义的先验和观测模型所能提供的用于超分辨率复原的信息受到限制，即使增加 LR 图像的帧数，也难以达到超分辨率复原高频细节信息的目的[44-45]。

在 MAP 估计框架下，基于先验约束（正则化）SR 的改进方面仍然具有深入的研究空间。针对不同应用领域开展图像观测模型的改良（物理退化过程的精准解析与刻画），系统输入/输出过程的噪声干扰下结合学习的方法（包括深度学习方法）使重构性能进一步提升，优化并行-高效求解算法设计性能，使其用于嵌入式设备的实用环境，仍是深入研究的重要方面，具体包括以下两个方面。① 由于多帧退化图像本身受到噪声、模糊等的污染，在 LR 条件下进行图像之间的运动估计很难达到所要求的精度，这需要进一步研究在有运动估计误差的情况下，设法使重构算法仍能够获得较好的图像复原质量。② 常规的基于空域图像观测模型以及算法的复杂度有待于进一步优化，其图像观测模型中退化函数的精确估计和低复杂度算法使其在用于嵌入式设备的实用环境时，仍需要进一步改进。

5. 混合 MAP/POCS 方法

混合 MAP/POCS 方法的基本原理是通过最小化有特定集合约束的 MAP 的损失函数，得到 HR 图像的估计。Elad 等[46]率先将 MAP、最大似然估计（Maximum Likelihood，ML）和 POCS 合并成统一方法。该混合方法结合了各方法的优点，充分利用了先验信息并可稳定收敛，是一种有着较高性能的超分辨率方法[47]。同样地，混合 MAP/POCS 方法与其他基于重建的方法类似，在高采样（如 4 倍以上）情况下，即使能够实现亚像素的运动估计和准确配准，复原质量也不会太理想。另外，当 LR 图像序列帧数较少且互补信息缺乏时，由于在恢复和重构过程中所利用的先验信息少，LR 图像提供的信息不能满足超分辨率复原需求。

随着对一些 HR 与高动态范围的视频监控与目标跟踪、高分卫星遥感小目标探测等特定领域超分辨率应用需求的扩大，有必要进一步改善基于重建的 SR 方法的局限性，探求新的技术策略和方法。

2.2　基于学习的超分辨率复原方法

基于重建的方法通常是将超分辨率复原问题看作全局性的图像处理问题，假设 LR 数据是 HR 数据的降质版本，超分辨率重构实际上是从 LR 到 HR 空间的一对多映射关系，且有多个解，这显然是一个高度不适定（病态）的问题。另外，针对多帧或序列图像基于重建的一类方法，通常需要计算复杂的图像配准和图像融合，且其精度会直接影响超分辨率复原的质量。

对于单帧图像超分辨率复原（Single Image Super-Resolution Restoration，SISRR），可以从一张"较小"的图像生成一张 HR 图像，但这种恢复的结果不是唯一的。可以这样形象地比喻：当远远地看到一个模糊的身影，但看不清脸时，对于这张分不清他是男性还是女性的待处理的图像，需要依赖人们的先验知识，依据"一个远处走来穿着裙子的人应该是女性""穿裙子但瘦瘦高高个子的着异装男性"等先验知识，判断他是女性还是男性。不同的先验知识会指向不同的结果，机器学习的任务是学习这些先验知识。使用机器学习的单帧图像超分辨率技术，试图学习自然数据中存在的隐式冗余信息/知识，这些信息/知识通常以图像的局部空间相关性和视频的附加时间相关性等形式出现，以便从单组 LR 数据中恢复丢失的 HR 信息，在这种情况下也需要重构约束形式的先验信息来限制重构和复原计算的解空间。

基于机器学习的超分辨率复原方法可以分成基于浅层学习的方法和基于深度学习的方法两大类。典型的基于浅层的机器学习方法，如 BP（Back Propagation）人工神经网络、支持向量机（Support Vector Machines，SVM）、提升方法、最大熵方法等，这些模型的结构基本上属于仅有 1～2 层隐层节点，甚至没有隐层节点的浅层学习模型。区别于浅层机器学习，深度机器学习强调了模型结构的深度，通常有许多层的隐层节点，且明确突出了特征学习的重要性。基于浅层学习的超分辨率复原研究与发展早于基于深度学习的方法，基于深度学习的方法目前正成为人脸识别、高分卫星遥感、医疗图像诊断、安防监控视频复原、视频娱乐系统、拍照增强等领域实际应用的研究热点。

2.2.1 基于浅层学习的超分辨率复原方法

基于重建的超分辨率复原方法是通过多帧 LR 图像的融合，来反演 HR 图像，但这类方法的复原质量受到多帧 LR 图像配准效果、参数估计及先验知识的定义等限制，提高图像分辨率的能力受限。在应用于人脸和文字等图像的恢复和重构中，基于学习的超分辨率复原方法获得了比基于重建的超分辨率复原方法更好的超分辨率复原质量。

基于浅层学习的超分辨率复原方法通过机器学习方法从训练样本集中提取所需的高频信息模型，从而对未知测试样本的所需信息进行预测，达到提高图像分辨率的目的。它采用大量的 HR 图像构造学习库，通过机器学习获得 HR 图像与 LR 图像之间的映射关系，基于映射关系去预测求解 HR 图像。但在算法模型的建立、训练集合的选取、先验知识的有效表达及先验知识库中找出相匹配的信息、网络训练过程的收敛速度等方面还有待进一步改善。目前，大部分基于学习的超分辨率方法都是基于分块的，目标图像平面被分成小的图像块，通过计算求取 LR 图像块所对应的 HR 图像块。

　　基于浅层学习的超分辨率复原技术框架如图 2-3 所示。关键环节涉及训练样本库的建立和组织（特征提取）、学习（搜索）模型的建立和高频信息的恢复和重建。由于充分利用了先验知识，基于浅层学习的方法在不增加输入图像样本数量的情况下仍能恢复高频细节，近年来在应用于人脸和文字等单帧图像的恢复和重构中获得了比基于重建的方法更好的复原质量。

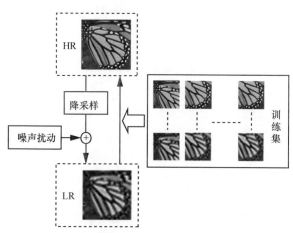

图 2-3 基于浅层学习的超分辨率复原技术框架

　　尽管自然场景成像的数字图像纹理结构复杂多变，若把问题集中到一个小的图像邻域（图像块），纹理结构的模式可能是有限的几种。因此，基于浅层学习的超分辨率复原的基本思路是通过学习的方式对种类繁多的纹理建立高频信息和低频信息间的映射关系模型。另外，对于一个 LR 图像，可能存在许多不同的 HR 图像与之对应，因此，通常与 MAP 方法类似，通过添加某种先验知识或信息对 HR 图像求解过程进行约束。在对 LR 图像进行恢复和重构的过程中，先验信息可以通过若干成对出现的低分辨率–高分辨率（LR-HR）图像的实例中学到，以获得图像的高频细节，实现更好质量的图像复原。基于浅层学习的方法由学习（搜索）模型获得先验知识，这与基于重建的方法人为定义的先验约束不同。

　　关于基于浅层学习的超分辨率复原，本节主要介绍基于示例的超分辨率复原方法、基于流形学习的超分辨率复原方法和基于稀疏字典学习的超分辨率复原方法。有关基于深度学习的超分辨率复原方法，将在 2.2.2 节进行介绍。

　　1. 基于示例的超分辨率复原方法

　　基于示例的超分辨率复原方法是建立一个由大量成对的图像块组成的训练样本集合，即 HR 图像块和相应的 LR 图像块，或者通过多分辨率分析构建训练样本并建立图像不同分辨率之间的关系对应样本库。基于示例的超分辨率复原方法中学习模型主要以大规模搜索为基础；在复原阶段，以 LR 图像中的低频信息块作为索引，到样本库中搜索相似样本，再利用匹配样本中对应的高频信息来指导超分辨率复原[48-50]。

由于基于示例的超分辨率复原方法需要建立庞大的样本库，每个 LR 图像块都要在庞大的样本库中搜索，计算复杂度高。另外，搜索的样本块可能存在错误匹配，导致恢复和重构图像块边缘处会产生所谓的赝像（artefact，人为假象），为改善赝像，可能又会带来边缘过分平滑问题[44, 51-52]。

2. 基于流形学习的超分辨率复原方法

流形学习是通过寻找高维欧氏空间中的低维流形，将高维采样数据映射到低维，以实现数据降维，因此流形学习的本质也可以看作数据降维技术。流形学习算法又分为线性算法和非线性算法[52-54]。基于流形学习的超分辨率复原方法的基本思想是首先建立 HR 图像块及其相邻图像块和对应的 LR 图像块训练样本库，即 HR-LR 图像块对训练样本库；假设 HR-LR 图像数据集的流形结构是相似的，HR 图像块对应高维数据，LR 图像块对应降维后的低维数据，如果确定了输入（降质）LR 观测图像块与训练样本 LR 图像块之间的重构关系，通过训练样本的 HR 图像块，可重构待复原的 HR 图像块。Chang 等[55]假设 HR-LR 图像块对的信息在几何结构上具有相似性，经 LLE 算法计算加权平均权值，使样本库中 K 个最近邻样本 LR 块得到的图像块与输入 LR 图像块之间的误差最小，并直接应用于 K 个样本中的 HR 图像块，从而得到高频信息[56]。

邻域嵌入方法实现超分辨率复原的理论基础是流形学习，流形学习也属于机器学习的范畴，是一种将高维数据转换为低维数据的方法[57]。转换后的低维数据会含有较多高维数据的内部特征。基于邻域嵌入的超分辨率复原方法的原理是假设 LR 图像块和 HR 图像块之间的局部空间结构具有相似性，其中 LR 图像块代表低维信息，HR 图像块代表高维空间信息，通过将 LR 图像进行线性表示并向高维图像块进行线性映射，重构出 HR 图像。基于邻域嵌入的超分辨率复原算法流程如图 2-4 所示。

首先，建立样本图像训练集，将待处理的 HR 自然场景图像降质为 LR 图像，对 LR 图像进行特征提取，并将图像切分为相等大小的图像块。然后，针对某一 LR 图像块，找到 K 个距离相近的图像块，计算这 K 个 LR 图像块的近似线性表示，即为重构系数，计算式为

$$w_i = \arg\min_{w_i} \| f_i - \sum_{d_j \in N_i} w_{ij} d_j \|^2 \tag{2.11}$$

其中，f_i 为待重构的 LR 图像块的特征向量，d_j 为所匹配到的 K 个与 f_i 相似的图像块，w_{ij} 为所需要求得的重构权值系数。

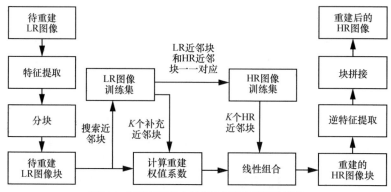

图 2-4　基于邻域嵌入的超分辨率复原算法流程

在求解出所有的（共 K 个）权值系数后，将这些系数和其对应的 HR 图像块进行线性组合即可得到 HR 图像块 y，计算式为

$$y = \sum_{h_j \in N_i} w_{ij} h_j \qquad (2.12)$$

其中，h_j 为 K 个最近邻的特征图像块。将 HR 图像块拼接后即可获得重构的超分辨率复原图像。

基于邻域嵌入的超分辨率复原方法是较简单的基于浅层学习的超分辨率复原方法，只需要较小的训练样本集即可复原出超分辨率图像，但缺点是针对 LR 图像块选取图像块的个数 K 是人为指定的，易使重构效果受主观的影响，可能产生欠拟合、过拟合的现象。

以上介绍的基于示例的超分辨率复原方法、基于流形学习的超分辨率复原方法、基于邻域嵌入的超分辨率复原方法等，是典型的基于浅层学习的超分辨率复原方法，这些方法也可称为基于浅层学习的一类方法。

3. 基于稀疏字典学习的超分辨率复原方法

在介绍基于稀疏字典学习的超分辨率复原方法之前，先介绍几个有关概念。

（1）信号稀疏表示

高维数据的稀疏表示的基本假设是：自然图像本身为稀疏信号，用一组过完备基将输入信号线性表达出来，展开系数可以在满足一定的稀疏度条件下，获取对原始信号的满意近似。Mallat 等[58]最先提出了基于稀疏表示的信号分解的思想，利用过完备的冗余字典中的原子代替正交变换中的基函数，过完备的冗余字典的选择可以尽可能地符合被逼近的图像的结构。在图像处理领域，图像处理效果的优劣在很大程度上依赖于图像表示的方式。例如，谐波分析理论表明在离散余弦和小波域的近似稀疏特性可作为一个合理的图像模型；JPEG 和 JPEG-2000 编码标准就是分别基于离散余弦变换和小波变换稀疏表示自然图像的特性。基于过完备字典的稀疏表示利用表示系数中较少的非零元素来压缩表示图像，是一种图像数据的有效表示方式，为后续的处理提供了便利条件。另外，神经生理学研究成果也表明，人类的视觉系统只对一些结构性高频信息敏感，即存在着所谓的稀疏编码机制，这表明图像稀疏表示可以很好地与人类视觉系统相匹配。

（2）压缩感知

Shannon（香农）理论对 Nyquist 采样定理（Nyquist 采样定理又称 Shannon 采样定理）作为定理引用，Shannon 采样定理指出，在信号采集阶段，采样率必须至少是信号最大频率的两倍才能正确地表示。压缩感知是一种新发展的信号采样理论，它将稀疏表示理论的发展推到一个新的高度[59]。其核心思想是通过建立采样和"稀疏"的直接联系，将压缩与采样合并进行，这为 HR 信号的采集处理与应用提供了更有效的方法[60-61]。

（3）稀疏字典学习

为给普通稠密表达的样本找到合适的字典，将样本转化为合适的稀疏表达形式，通过字典学习，也称稀疏编码，从而使学习任务简化，模型复杂度降低[62]。稀疏字典学习是正交字典和双正交字典学习之后的进一步发展，稀疏字典学习过程中包含字典构建和利用字典（稀疏的）表示样本两个步骤。稀疏字典学习对庞大数据集的降维表示过程如图 2-5 所示。

图 2-5　稀疏字典学习对庞大数据集的降维表示过程

基于稀疏字典学习的超分辨率复原（也称基于稀疏表示的字典学习超分辨率复原）属于基于学习的超分辨率复原一类方法（相对深度学习而言，可称为基于浅层学习的一类方法），然而，稀疏表示作为一种新的图像表示模型具有特定的优势，它通过基于稀疏信号表示（基于稀疏字典）实现重构[63-64]。基于稀疏字典学习的超分辨率复原方法的一般性框架如图 2-6 所示。

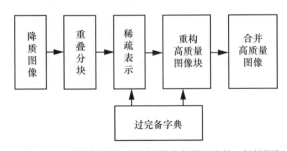

图 2-6　基于稀疏字典学习的超分辨率复原方法的一般性框架

基于稀疏字典学习的代表方法是 Yang 等[64]提出的超分辨率复原方法,该方法需要依赖大量的图像库图像,通过对 LR、HR 图像块之间稀疏系数进行学习来构建 LR、HR 图像块稀疏字典对。假设自然图像具有相似的结构表示基元,这里的结构通常指图像的边缘、纹理结构等高频信息。从 LR、HR 样本中学习得到其对应的关系模型,对 LR、HR 样本图像块构成的样本库进行稀疏表示,建立输入 LR 图像与重建 HR 图像之间的稀疏表示模型。通过对大量具有丰富结构信息的自然图像进行高频特征提取和分块操作,从而得到 LR、HR 特征块集;对其中每一对特征块进行约束,使其稀疏表示系数相同,这样就能获得两个过完备字典;对输入 LR 图像同样进行特征提取和分块,然后根据 LR 字典求得稀疏表示系数,由这个系数和 HR 字典联合即可重建得到相应的 HR 特征块,从而得到整帧图像估计。Yang 等[65]采用紧凑子字典的学习策略实现超分辨率复原。Dong 等[66]提出非局部集中稀疏表示模型和非局部自回归模型来构建保真项。稀疏图像局部学习模型还可用于解决计算机视觉应用中的反问题。Ferreira 等[67]为克服局部学习模型中的 K-means 聚类算法的缺点,提出两种算法,分别是自适应几何驱动的最近邻搜索算法(AGNN)和几何驱动的叠合聚类(GOC)来选择训练样本的局部子集,从而可以确定一个较好的局部模型来重构 HR 影像。

基于稀疏字典学习的超分辨率复原方法对于图像不同结构有效建立过完备字典存在一定困难,另外,该方法计算量仍较大。进一步的研究还包括以下几个方面。① 对不同结构图像块的稀疏表示、稀疏表示系数的约束等图像结构和纹理形态成分分解实现更加精细刻画的理论研究有待深入。② 稀疏编码和重构过程需要多次迭代,算法复杂度较大,其实时性能直接影响了实际应用,如何提高基于稀疏字典学习的超分辨率复原方法效率将是进一步研究的方向。③ 基于稀疏字典学习的超分辨率复原方法和基于示例的超分辨率复原方法、基于流形学习的超分辨率复原方法,相对基于深度学习的方法来说,属于基于浅层学习的方法。基于浅层学习的方法主要分为特征提取、学习和重建 3 个环节/步骤,各环节/步骤分别相对独立地进行设计优化,且学习模型的特征提取与表达能力有限。基于深度学习的方法是目前超分辨率复原研究的热点方向,深度网络在网络结构与类型设计、先验信息的利用和整合方式及模型训练策略等具有优势,其在单帧人脸复原等场合比基于浅层学习的方法有着更好的超分辨率复原主客观质量。基于稀疏字典学习结合深度学习也是今后需要研究的一方面。

2.2.2　基于深度学习的超分辨率复原方法

深度学习的概念首先由 Hinton 等[68]于 2006 年在 *Science* 杂志上刊文提出。2015 年,Lecun 等[69]在 *Nature* 杂志上刊文进一步对深度学习进行了总结和发展。深度学习源于人工神经网络的研究。人工神经网络是一种具有深度学习结构的所谓深度网络，包含多隐层的多层感知器（Multilayer Perceptron，MLP），它是机器学习中一种基于对数据进行表征学习的方法。

近年来，基于深度学习的超分辨率图像/视频复原受到越来越多的研究关注，包括卷积神经网络（Convolutional Neural Network，CNN）、极深网络（Very Deep Network，VDN）、稀疏编码网络（Sparse Coding Based Network，SCN）、卷积稀疏编码（Convolutional Sparse Coding，CSC）、反卷积神经网络（Deconvolutional Neural Network，DNN）、深度置信网络（Deep Belief Network，DBN）等[70-80]。

基于深度学习的超分辨率复原一般包括以下几个环节。① 特征提取环节：首先对输入的 LR 图像进行去噪、上采样等预处理，然后送入深度神经网络，拟合图像中的非线性特征，提取代表图像细节的高频信息。② 设计网络结构及损失函数环节：组合卷积神经网络及多个残差块，构建神经网络模型，并根据先验知识设计损失函数。③ 训练模型环节：确定优化器及学习参数，训练和更新网络参数，利用最小化损失函数提升模型的学习能力。④ 验证模型环节：利用验证数据集，对训练后的网络模型做出评估，并调整和优化网络模型。

与经典的超分辨率复原技术相比，基于深度学习的超分辨率复原研究已取得了令人瞩目的长足发展，特别在单帧超分辨率图像复原性能上有较大的提升。例如，卷积神经网络、稀疏编码网络方法对于人脸、文本等单帧图像获得了更好的图像复原质量。与 2017 CVPR（IEEE Computer Vision and Pattern Recognition）会议、2018 CVPR 会议一起组织的 NTIRE 挑战赛[74,80]，以及 2019 CVPR 会议，是最受关注的最新研究成果汇聚展现的平台，可以说，NTIRE 挑战赛对于推动单帧图像超分辨率复原的发展起到了积极作用。NTIRE 2018 挑战赛主要有图像超分辨率、图像去雾、光谱重建 3 个方面，在图像超分辨率上设有 4 个赛道，指定的训练数据集为 DIV2K，该数据集共包含 1 000 张 2K 分辨率的 RGB 图像，其中训练集 800 张，验证集 100 张，测试集 100 张。DIV2K 还提供了对 HR 图像双三次插值采样的 LR 图像，供以训练。评价标准使用了峰值信噪比（PSNR）、结构相似性（SSIM）等指标。

基于深度学习的超分辨率复原方法主要有基于前馈深度网络的超分辨率复原方法、基于反馈深度网络的超分辨率复原方法、基于双向深度网络的超分辨率复原方法等。

（1）基于前馈深度网络的超分辨率复原方法

前馈深度网络是典型的深度学习模型之一。按网络类型可以分为基于卷积神经网络的超分辨率（Super Resolution Using Convolution Neural Network，SRCNN）方法、基于极深网络的超分辨率（Very Deep Network for SR，VDSR）方法、基于整合先验的卷积神经网络的超分辨率（SR-CNN with Prior，SRCNN-Pr）方法、基于稀疏编码网络的超分辨率（Sparse Coding Based Network，SCN）方法和基于卷积稀疏编码的超分辨率（Convolutional Sparse Coding Super Resolution，CSCSR）方法。前馈深度网络中各个神经元从输入层开始，接收前一级输入，并输出到下一级，直至输出层。整个网络中无反馈，可用一个有向无环图表示。前馈深度网络能够较好地学习 LR 图像到 HR 图像之间的对应关系[44]。

（2）基于反馈深度网络的超分辨率复原方法

反馈深度网络也称递归网络，是通过解反卷积或学习数据集的基，对输入信号进行反解。它由多个解码器叠加而成，反馈深度网络的典型形式有反卷积神经网络（Deconvolutional Network，DN）和层次稀疏编码（Hierarchical Sparse Coding，HSC）等。反馈深度网络与前馈网络不同，信息在前向传递的同时还要进行反向传递，其中，输入信号决定初始状态，所有神经元均具有信息处理功能，且每个神经元既可以从外界接收输入，又可以向外界输出，直到满足稳定条件，网络才会达到稳定状态。

（3）基于双向深度网络的超分辨率复原方法

基于双向深度网络的方法是将前馈网络和反馈网络相结合的方法。双向深度网络包括深度玻尔兹曼机（Deep Boltzmann Machine，DBM）、深度置信网络（Deep Belief Network，DBN）和栈自编码器（Stacked Auto-Encoder，SAE）等。

2016 年，香港中文大学 Dong 等[70]率先提出了 SRCNN 的方法，将深度学习应用于超分辨率复原。SRCNN 的主要思想是将网络分为图像块提取、非线性映射和图像重构 3 个阶段，再将这 3 个阶段统一到一个深度卷积神经网络框架中，实现由 LR 图像到 HR 图像之间的端到端学习。通过设计一个 3 层结构的卷积神经网络，以逐像素损失为代价函数，实现超分辨率复原。SRCNN 方法因为使用的是神经网络的端到端学习方法，相比常规的方法，不需要对 LR、HR 及训练集与测试集图像进行单独处理，重构效果更好也更高效。缺点是仅有 3 层的神经网络，受感受野较小及参数较少的限制，计算复杂度较高，影响了重构效率。

Dong 等[71]又进一步对 SRCNN 方法做出改进，提出基于快速的超分辨率卷积神经网络（FSRCNN）方法。FSRCNN 的主要目的是加速之前的 SRCNN 模型，重新设计了 SRCNN 结构。FSRCNN 对 SRCNN 的主要改进包括：在网络最后使用了反卷积层，这个卷积层的作用是从 LR 图像直接映射到 HR 图像；其次是重新改变输入特征维数；再是使用了更小的卷积核，并同时添加了更多的映射层。具体的做法是，在特征提取上以 5×5 的卷积核大小代替 SRCNN 的 9×9 感受野，以原始 LR 图像输入，省略了插值放大过程；第二层网络则采用小的 1×1 感受野节约计算力；非线性映射层采用 3×3 卷积核使感受野更大，性能表现更好；再是设置反卷积层，即卷积的逆过程，激活函数使用 PReLU（代表"参数化修正线性单元"函数）代替 ReLU（代表"修正线性单元"函数），目的是为了防止 ReLU

带来的梯度消失效应。相比 SRCNN，FSRCNN 省略了输入图像的插值放大过程，训练与重构直接使用原始图像。这种全新的网络结构显著增加了网络的运行效率，重构速度更快。但 FSRCNN 的重点是针对处理方式与计算效率的改进，卷积层数少，相邻卷积层的特征信息之间缺乏关联，因此在提取图像深层信息能力方面存在不足，超分辨率复原效果仍有待提高。

由于 SRCNN 需要将 LR 图像通过上采样插值得到与 HR 图像相同大小的尺寸，再输入网络中，这意味着要在较高的分辨率上进行卷积操作，从而增加了计算复杂度。Shi 等[72]也聚焦于深度学习超分辨率的重构效率问题，提出一种在 LR 图像上直接计算卷积得到 HR 图像的高效率方法，即基于 ESPCN（Efficient Sub-Pixel Convolutional Neural Network）的超分辨率方法。ESPCN 是一种高效的亚像素卷积神经网络，用于 LR 空间提取特征图并利用高效的子像素卷积取代双三次采样操作。ESPCN 的核心概念是亚像素卷积层，网络的输入是原始 LR 图像，通过 3 个卷积层以后，得到通道数为 r^2 的特征图像。该特征图像与 LR 图像的大小相同。通过亚像素卷积层的周期性激活方法将大小为 $H \times W \times r^2$ 的特征图像重构为 $rH \times rW \times C$ 的 HR 图像，亚像素卷积层实际上模仿了卷积层提取图像信息，图像的特征完全由前部的隐藏层通过学习提取。亚像素卷积层是 ESPCN 独有的结构，显著增加了重构计算效率。但由于其网络结构依旧相对简单，特别是针对大尺寸图像（图片）的超分辨率复原效果受限。

Kim 等[73]提出一种基于极深卷积网络（Deeply-Recursive Convolutional Network，DRCN）的方法，将卷积核由 SRCNN 的 13×13 感受野增大到 41×41，在处理大尺寸图像时能够给予更好的感受野。另外，针对梯度消失或爆炸而引起的常规梯度下降法优化训练网络的困难，又提出了递归监督和跳跃（跃层）连接两种方式。

尽管采用更快更深的卷积神经网络的单帧图像超分辨率的准确性和速度取得了众多成果，但在大的缩放因子下，超分辨率复原如何恢复细小的纹理细节这一核心问题仍未得到很好解决。在 2017CVPR 会议上，Ledig 等[74]将生成对抗网络（Generative Adversarial Network，GAN）应用于单帧图像的高分辨率重构，提出一种 SRGAN（Super-Resolution Generative Adversarial Network）模型。其出发点是，常规的方法一般处理的是较小的放大倍数，当图像的放大倍数在 4 倍以上时，很容易使重构结果过于平滑细节，因此利用 SRGAN 模型来生成图像中的细节。对于大的缩放因子，相比现有方法，基于 SRGAN 的方法能够获得更加逼真的重构效果。

2017 年在美国夏威夷举行的 NTIRE 挑战赛上，在图像超分辨率赛道上获得冠军的 Lim 团队[75]设计了一种加强的用于超分辨率的深度残差网络（Enhanced Deep Residual Network for Single Image Super-Resolution，EDSR），通过改进

SRResNet（Super-Resolution Residual Network）架构的方案，超分辨率重构结果获得了非常好的峰值信噪比（PSNR）性能。ResNet（Residual Network）最先是被应用于解决分类和检测等计算机视觉问题，直接把 ResNet 的结构应用到超分辨率这样的底层计算机视觉问题，显然不是最优的。由于处理中消耗了与它前面卷积层相同大小的内存，去掉这一步操作后，在相同的计算资源下，EDSR 就可以堆叠更多的网络层或者使每层提取更多的特征，从而得到更好的性能表现。

除上述的基于深度学习的超分辨率研究成果外，还包括 Nakashika 等[76]提出的基于深度置信网络的超分辨率方法，该方法先将 HR 图像分块变换到离散余弦变换（Discrete Cosine Transform，DCT）域，再通过随机梯度下降（Stochastic Gradient Descent，SGD）训练得到深信度网络（Depp Belief Network，DBN），重构环节则将插值放大后的 LR 图像分解块变换到 DCT 域，利用训练得到的 DBN 来恢复图像丢失的高频细节信息，最后通过 DCT 逆变换输出复原图像。Nazzal 等[77]提出一种小波域的字典学习方法，在小波分解的 LR 子带中，采用稀疏表示的映射关系得到 3 个 HR 的小波子带，并对 6 个子带进行字典学习，实现基于小波的超分辨率重构。彭亚丽等[78]提出一种基于深度反卷积神经网络的图像超分辨率算法，利用反卷积层对 LR 图像进行上采样处理，再经深度映射消除由反卷积层造成的噪声和伪影现象，使用残差学习降低网络复杂度，同时避免了因网络过深导致的网络退化问题，在 Set 5、Set 14 等基于非负邻域嵌入的低复杂度单帧图像 SR 数据集测试中，通过直观视觉效果和客观指标峰值信噪比（PSNR）、结构相似性（SSIM）、信息保真度准则（IFC）的评价，验证了该算法优于 FSRCNN。2018 年在美国盐湖城举行的 CVPR 会议上，Zheng 等[79]通过设计增强、压缩、特征提取等模块的 VDSR 用于超分辨率重构，提出一种迭代计算上采样和下采样投影误差的错误反馈机制，对重构过程进行引导以得到更好的结果。2019 年在美国加利福尼亚州长滩举行的 CVPR 会议上，Muhammad 等[80]提出循环反向投影网络（Recurrent Back-Projection Network，RBPN）模型，结合使用循环编码器–解码器模块，构建了一种解决视频超分辨率问题的新方案，通过在几个数据集上与其他现有方法的对比实验，验证了其优越性。

近年来，在工业界基于深度学习的超分辨率技术在 ICT 高性能应用产品开发方面的科技贡献率显著，主要介绍如下。

2016 年，Google 公司开发的快速精确的图像超分辨率（Rapid and Accurate Image Super Resolution，RAISR）技术，采用 RAISR 过滤器在成对 LR、HR 图像中直接学习，以及先对 LR 图像进行低功耗的升采样，再在升采样图像和 HR 图像的组合中学习过滤器的两种不同方式，实现了 LR 图像到 HR 图像的转化，能够避免混叠效应的产生，在节省带宽 75% 的情况下复原效果达到甚至超过原始图像，且计算速度提升了 10～100 倍。Google 的 RAISR 技术大幅降低了图像超分辨率增强的时间成本和硬件要求，为实现超分辨率技术在消费电子领域的应用奠定了技术基础[81]。

2017 年，继 Google 的 RAISR 技术之后，华为公司开发了一款用于移动端的海思超分辨率复原（Hisilicon Super-Resolution，HiSR）技术，通过 Kirin 970 芯片的 HiAI（Hisilicon Artificial Intelligence）移动人工智能平台加速，专门设计的 7 层深度卷积神经网络，采用了一层反卷积实现图像的放大和还原，反卷积还能够通过学习实现参数的更新，实现了能保留丰富细节和纹理的超分辨率复原。

2017 年，腾讯超分辨率复原（Tencent Super Resolution，TSR）技术被推出。有别于目前学术界研究的神经网络，TSR 通过训练一种专门的 10 层深度卷积神经网络，较好地解决了反卷积操作产生的棋盘效应和部分纹理不清晰问题，通过机器学习来识别图像的内容与纹理，实现高清细节的重构。该项技术能够在空间的应用上为用户节省 75% 的流量，且不依赖昂贵的图形处理器（Graphic Processing Unit，GPU）设备，可在普通的用户手机端运行。

2.3　视频超分辨率复原方法

视频超分辨率复原是通过软件算法的方式，重构一个高时间超分辨率和高空间超分辨率的视频（图像序列）。从时间上弥补摄像机采样帧速率的不足，恢复景物高速运动变化的细节信息；从空间上复原视频（图像序列）截止频率以外的信息，减少图像细节的损失。

视频超分辨率复原有着重要的现实需求，特别是近年来，视频超分辨率复原技术通过"修复" LR 视频，得到高清晰的 HR 视频，在网络视频系统、视频编解码、安防监控视频复原、医学序列图像分析等领域取得了斐然的应用成绩。例如，在视频发送源可能因为种种客观条件限制，难以提供 HR 视频。比如摄像机或视频采集设备分辨率不高、传输网络带宽不足、源端信息处理能力低、硬件资源受限等，对此，如果云端或者接收端的处理能力满足要求，可以借助视频超分辨率技术，对视频（图像序列）进行重新和复原处理，以呈现给用户高质量的视频。

摄像机的时间分辨率和空间分辨率技术指标是受限的。时间分辨率取决于摄像机的帧速率和曝光时间，会使视频动态事件的最大变化速度受限，比摄像机帧速率发生更快的动态事件在采集的视频序列中可能丢失或失真严重。空间分辨率取决于摄像传感器阵列排列密度和像元尺寸，以及成像系统本身产生的模糊和降质，这些因素限制了采集图像的空间分辨率。例如，网球比赛视频中急速运动的网球以及球拍的严重拖尾和变形是由摄像机曝光时间引起的运动模糊造成的，还有，网球比赛视频中连续高频次急速跳动的网球变成低频次跳动，甚至近乎直线运动是由欠采样引起的运动混叠造成的。这两种视频效果均不能依靠视频的慢速播放或使用时间插值算法得到有效解决。但利用多个视频序列提供附加的相同动态时–空场景采样，融合这些冗余互补信息就有可能弥补高速动态事件中丢失的信息，进而生成一个高时–空分辨率的视频序列。例如，对相同动态场景采样频率为 25 frame/s 的 4 路视频序列，每帧的空间分辨率为 400×400，且在初始采集时间上有所差异，通过多路视频的时间超分辨率重构复原，可以得到一路时间分辨率提高到 75 frame/s 的视频序列；通过空间超分辨率重构和恢复，可以得到一路空间分辨率提高到 800×800 的视频序列。

与静态图像超分辨率复原生成高质量单帧图像的目标不同，视频超分辨率复原的输出为整个 HR 视频。一个直观的想法是，采用基于重建或基于学习的超分辨率方法分别依次重构每个 HR 视频帧，将得到的结果串接成视频，实现视频的超分辨率化。在许多的研究中并没有对静态图像复原方法和视频复原方法加以严格区分。但从同时生成高时间、高空间分辨率视频序列来说，除移植或改进现有针对静态图像的基于重建或基于学习的超分辨率研究成果外，还有必要专门研究和设计帧间的时间和空间精确配准、时–空联合超分辨率复原等方法。

目前，面向视频领域的视频超分辨率复原包括单视频超分辨率（也称单一视频复原）技术和多视频（也称多路视频复原）技术[82-83]。

单台摄像机采集的单视频复原是静态图像（序列）超分辨率的延伸和发展。早期的单视频复原主要是借鉴针对空间分辨率有限的静止图像研究方法，少有涉及时间分辨率受限的动态场景，例如，基于单帧图像的超分辨率算法可以直接用于视频超分辨率重建，但由于没有利用视频中的帧间互补信息，超分辨率复原结果往往不佳。

时–空超分辨率的概念由以色列理工学院的 Feuer 教授所带领的研究组在 2003 年正式提出，Feuer 教授是国际图像复原和超分辨率研究领域的引领性人物。众所周知，在单帧或序列帧的超分辨率恢复和重构中，有时时间依赖（也即运动）起着重要作用。尽管全局时不变平移的影响已广为人知，但更一般的运动情况还没有深入研究。Feuer 带领的研究组从频域观点讨论了全局时不变平移模型和一般运动模型，在此基础上提出了利用时空滤波进行一种非迭代超分辨率重建算法[84]。在 Feuer 教授之后，2005 年以色列魏兹曼科学院的 Irani 所带领的研究组在 *IEEE Transactions on Pattern Analysis and Machine Intelligence* 上发表了名为 *Space-Time Super-Resolution* 的论文[85]。Feuer 研究组和 Irani 研究组的成果成为开创时–空超分辨研究先河的重要标志。

目前，单视频复原在视频帧间配准及各种有效的空间超分辨率重构方面取得了不少成果[86-91]。Tom 等[87]通过改进运动估计算法进行视频帧间配准，提出一种基于插值运动补偿的迭代算法来增强视频图像的分辨率。Georgis 等[88]结合视频编码技术和超分辨率技术对视频图像的编码效率和编码复杂度进行改进。Hsu 等[89]针对 LR 视频图像中虚幻的高分细节信息问题，通过动态纹理合成对纹理视频进行时间相关性超分辨率重建。Li 等[90]提出一种经由运动补偿和深度残差学习的视频超分辨率重构算法，该算法采用光流算法实现运动补偿，然后利用深度残差卷积神经网络对多个运动补偿过的 LR 图像来预测 HR 图像。李定一[91]针对浅层卷积神经网络存在的模型容量不足和难以处理复杂运动的问题，提出一种基于运动补偿和深度残差学习的视频超分辨率算法；此外，他还针对普通视频超分辨率循环卷积神经网络对时域依赖建模受限，提出一种基于非同时全循环卷积网络的视频超分辨率算法。Caballero 等[92]采用前向卷积神经网络作为视频超分辨率重构和复原的网络，提出一种视频高效亚像素卷积网络（Video Efficient Sub-Pixel Convolutional Neural Network，VESPCN）。

就单视频超分辨复原研究而言，由于单视频复原对于相邻帧间亚像素的冗余信息有限，从而限制了高空间超分辨率的重构，另外，单视频较难以解决因帧速率低而引起的混叠现象。基于深度学习的单视频超分辨复原是当前研究的热点，包括针对基于卷积神经网络的视频超分辨率算法为实现端到端的系统，没有采用显式的运动补偿问题，试图采用更先进的运动补偿算法，提升运动补偿精度，以提升视频超分辨率卷积神经网络的精确性；尽管基于卷积神经网络和循环卷积神经网络的视频超分辨率算法是目前主流的视频超分辨率算法，但设计更先进的深层循环卷积神经网络、更好地利用视频中邻近帧之间的互补信息，也是实现更高质量的视频复原的重要研究方面。

多台同型号同模式摄像机同步采集的多路视频复原是试图同时解决高时间超分辨率和高空间超分辨率的一种技术方案。其主要思路是，通过获取多路 LR 之间的关系、冗余信息的抽取等约束条件作为先验知识，然后对时–空数据进行配准，在约束条件下融合计算，重构形成时间分辨率和空间超分辨率均高于各路 LR 视频的一路高时–空分辨率视频序列[81,93]。目前，国际上对多路视频超分辨复原主要有两种思路，一种是分别在空间、时间上重构，然后融合这两个视频信息，得到高时–空分辨率视频，这样，现有的静态图像（序列）超分辨率图像复原方法均可运用到这种思路中；另一种是在一个总体框架下进行时–空联合恢复和重构。Watanabe 等[94]针对多摄像机需要复杂的定标和配准问题，设计了双摄像机传感器系统，一个是 HR 低帧速率，另一个是 LR 高帧速率，然后在小波域进行运动补偿和图像融合，得到高空间和高时间分辨率的视频序列。Angelopoulou 等[95]采用一种时变传感器的方法来减少运动模糊，这种时变传感器可以根据需要结合多个小尺寸像素而形成更大尺寸的像素，这样就可以减少曝光时间，从而产生运动模糊减少的高帧速率视频帧；并且用 FPGA 来增强图像序列的空间分辨率，所采用的超分辨率重构方法为迭代反向投影（Iterative Back Projection，IBP）方法。

Mudenagudi 等[96]提出了一种基于成像过程生成模型的统一框架,可以用此框架解决空间、时–空超分辨率、图像解卷积、单帧图像放大、噪声去除和图像复原;采用马尔可夫随机场对 HR 图像或视频进行建模,在此基础上,利用图割优化技术进行最大后验估计得到最终解;与此同时,Mudenagudi 等还导出了超分辨率实现条件及缩放因子的取值局限,并提出了视频的选择性超分辨率重建方案,同步增强了时空两个维度的分辨率。2013 年,*Signal Processing: Image Communication* 连续两期刊出关于时–空超分辨的研究成果。Salvador 等[97]指出,尽管空间域的高频信息合成任务不需要引入任意图像先验模型(超越了局部交叉尺度自相似性的假设)就可完成,但在标准帧率视频中的高度时间混叠仍需应用运动补偿来修正,对视频序列沿时间坐标进行插值,该方法提高了视频帧率,同时也有效增强了空间分辨率。Song 等[98]提出了一种自适应的时空正则化方法,对多路视频序列进行超分辨率重建,该方法中,正则项为带有可变指数的泛函,局部指数根据视频序列每个立体像素的时空梯度来选择,局部正则参数则根据视频序列每个立体像素的时空活跃度来选择。Liu 等[99]提出自适应视频超分辨率的贝叶斯方法。Cheng 等[100]将基于学习的方法用于视频超分辨率中,通过使用块匹配去寻找对应的块,并使用一个多层感知机将 LR 时–空块映射到 HR 像素上去。Kappeler 等[101]将基于深度卷积神经网络的单帧超分辨率推广到多帧,构建出一个用于视频超分辨的卷积神经网络基本结构。Tao 等[102]引入亚像素运动补偿网和运动补偿转换模块,提出一种基于长短期记忆(Long Short-Term Memory,LSTM)单元的循环神经网络模型。钟文莉[103]通过引入基于卷积神经网络的光流估计方法用于运动补偿,提出一种加速的视频超分辨率卷积神经网络模型。

对于多视频超分辨复原研究而言,由于面对的是多台摄像机采集的各路视频,所带来的诸如重构中需要考虑多个不同的退化模型、各路视频间的时空对齐(时间配准和空间配准)和相应算法的复杂度降低及实时性等各种问题,还有待深入研究。具体包括视频帧间配准精度、估算参考帧与待配准帧间的亚像素运动矢量直接影响超分辨率复原恢复和重构质量,因此需要进一步研究提高运动配准算法的精度和扩大算法的适用范围;振铃效应是指在输出图像灰度剧烈变化处产生类似钟被敲击后的空气震荡,这种震荡的分布规律可用吉布斯(Gibbs)分布(满足给定约束条件且熵最大的分布)描述,振铃效应会导致在图像退化过程中信息量的丢失,尤其是高频信息的丢失,不适当的图像观测模型的选取以及不准确的光学系统点扩散函数的选择,尤其在噪声背景下,会加重视频空间超分辨率复原处理中的振铃现象,且在视频时间超分辨率复原处理中也会产生时间上的振铃,由于视频帧的连续性,振铃现象有时可能会比静态图像的超分辨率复原更加严重,影响相邻帧间的密集帧复原和相应算法的复杂度、计算效率及实时性等。

2.4　其他超分辨率复原方法

（1）不同类别（型）超分辨率复原方法的结合

将基于重建的超分辨率方法、基于学习的超分辨率方法等不同类别的方法相互结合是超分辨率复原研究的另一种思路。Glasner 等[104]提出基于重建的超分辨率复原与基于学习的超分辨率复原两种方法相结合，应用于单帧图像的恢复和重构。Su 等[105]在基于重建的方法中引入训练样本集。Li 等[106]提出一个基于低秩表示和度量学习的单帧图像超分辨率复原算法，低秩表示用来消除邻域中的出界点，度量学习用来学习线性投影矩阵以使经过变换的 LR 空间和 HR 空间有相似的局部结构。Zhang 等[107]提出一种由粗及精的单帧图像复原算法，通过相关的邻域回归算法进行细节合成，并利用非局部结构回归正则化算法实现重构图像的质量提升。康凯[108]提出一种基于内容的图像盲超分辨率重建算法，实现上采样输入图像到任意分辨率，并同时保证上采样后的图像具有清晰锐利的边缘，且不破坏输入图像的重要结构。

（2）基于图像形态分量分析的超分辨率复原方法

迄今为止，研究人员已经提出了许多种方法来解决不适定问题。例如在解决超分辨率复原的不适定问题中引入关于先验信息，包括统计方法、正则化几何建模方法和稀疏表示方法等几种对于图像的先验模型的主流研究方法，以保证求解图像观测模型的反问题成为或接近良态。基于图像形态分量分析（Morphological Component Analysis，MCA）的超分辨率复原是一种通过结合图像的稀疏表示理论和变分法进行图像分解，进而实现对降质退化的 LR 图像序列重构和恢复出一帧（或序列）HR 清晰图像的方法。在稀疏表示的基础上，MCA 继承了图像几何正则化变分方法的优点，理论上为超分辨率图像/视频复原提供了统一的变分框架[109-110]。

MCA 方法利用了其在图像分解上的特点，通过刻画图像边缘、纹理和角形等图像中重要的视觉几何结构，在解决抑制噪声基础上设法有效保持图像结构和纹理，以进一步提升超分辨率复原的性能[111-112]。

（3）受生物视觉机制启发的超分辨率复原方法

目前，现有超分辨率复原方法通过对基于重建的常规模型算法的修改，或引入诸多约束条件，或对先验模型的简单概化，或通过学习（非生物）的方法获取先验知识参与重建计算等，以解决时空超分辨率复原的求解病态或不适定问题，仍不同程度地存在着一定的局限性。刘世瑛等[113]通过模仿昆虫小眼特性，获取具有亚像素位移的 LR 图像序列，有别于常规方法求解超分辨重构的病态或不适定问题，探索研究了复眼成像系统实现 LR 图像序列实时配准并重构 HR 图像。

　　受蝇类复眼视觉系统中超视锐度机理[114]的启发,石爱业等[115]在 MAP 框架下对传统 MAP 算法进行了改进, 提出一种仿蝇类复眼超视锐度机理(简称仿超视锐度机理)和 DAMRF(Discontinuity Adaptive Markov Random FIeld)模型相结合的超分辨率算法,并应用于遥感图像的超分辨率复原,与常规方法相比具有优越性。该算法的流程框架如图 2-7 所示,共分成 3 个模块:图像配准模块、超视锐度模块、MAP+DAMRF 模块。首先 LR 遥感图像先经过配准,即基于 Keren 配准算法完成输入的多帧 LR 遥感图像间配准,采用泰勒级数展开进行图像亚像素运动估计。然后经由超视锐度机理实现初始的 HR 遥感图像估计,并输入 MAP+DAMRF 模块进行重构获取 HR 遥感图像。

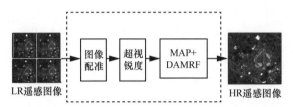

图 2-7　受蝇类复眼视觉系统中超视锐度机理启发的算法流程框架

　　该算法先采用超视锐度机理估计 HR 的初值,以克服常规的插值算法所得的 HR 图像初始估计值信息量的不足,并结合非连续自适应先验模型建模来提高图像复原的质量。所采用的 DAMRF 模型的优点是可以保护非连续性,其本质就是在穿越边缘的像素间,交换度能够被自适应地调整以保持非连续性,并可克服常规先验模型不具有非连续性自适应的缺陷。由于所采用的 DAMRF 为非凸函数,易使重建的解陷入局部最小解,该算法采用了阶段非凸优化(Graduated Non-Convex,GNC)算法,来近似获取全局最优解。

　　在仿超视锐度机理和 DAMRF 模型相结合的超分辨率算法的基础上,进而提出了基于仿超视锐度及边缘保持 MRF(Edge Preserving Markov Random Field,EPMRF)模型的联合超分辨率算法[115]。其计算流程框架如图 2-8 所示。

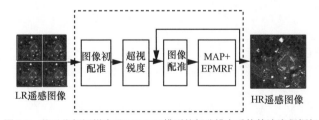

图 2-8　基于仿超视锐度及 EPMRF 模型的超分辨率重构算法流程框架

　　基于仿超视锐度及 EPMRF 模型的联合超分辨计算流程可分成 4 个模块:图像初配准模块、超视锐度模块、图像配准模块、MAP+EPMRF 模块。LR 遥感图像先经过配准，然后经由模拟超视锐度机理，实现初始的 HR 遥感图像估计，并输入 MAP+EPMRF 模块进行重构获取 HR 遥感图像。在重构时，首先模拟超视锐度机理估计 HR 遥感图像的初值，以克服常规的插值算法所得的 HR 遥感图像初始估计值信息量的不足，然后对配准参数和 HR 遥感图像重构联合进行，并结合 EPMRF 模型建模来提高复原图像的质量。所采用的 EPMRF 模型的优点是具有较好的图像边缘保持特性。

参考文献

[1] TSAI R Y, HUANG T S. Multiframe image restoration and registration[J]. Advances in Computer Vision and Image Processing, 1984, 1: 317-339.

[2] VANDEWALLE P, SBAIZ L, VANDEWALLE J, et al. Super-resolution from unregistered and totally aliased signals using subspace methods[J]. IEEE Transaction on Signal Processing, 2007, 55(7): 3687-3703.

[3] KIM S P, BOSE N K, VALENZUELA H M. Recursive reconstruction of high resolution image from noisy under sampled multiframes[J]. IEEE Transactions on Acoustics, Speech and Signal Processing, 1990, 38(6): 1013-1027.

[4] RHEE S, KANG M. Discrete cosine transform based regularized high-resolution image reconstruction algorithm[J]. Optical Engineering, 1999, 38(8): 1348-1356.

[5] KATSAGGELOS A K, LAY K T, GALATSANOS N P. A general framework for frequency domain multi-channel signal processing[J]. IEEE Transactions on Image Processing, 1993, 2(3): 417-420.

[6] NGUYEN N, MILANFAR P. An efficient wavelet-based algorithm for image super resolution[C]//Proceedings 2000 International Conference on Image Processing. Piscataway: IEEE Press, 2000: 351-354.

[7] JI H, FERMULLER C. Robust wavelet-based super-resolution reconstruction: theory and algorithm[J]. IEEE Transactions on Pattern Analysis and Machine Intelligence, 2009, 31(4): 649-660.

[8] CHOPADE P B, PATIL P M. Image super resolution scheme based on wavelet transform and its performance analysis[C]//IEEE 2015 International Conference on Computing, Communication and Automation. Piscataway: IEEE Press, 2015, 1182-1186.

[9] 周靖鸿, 朱建军, 周璀, 等. 改进的二维小波超分辨率重建方法[J]. 测绘通报, 2015(4): 18-21.

[10] SUN D, LI T, GAO Q, et al. A novel single-image super-resolution algorithm based on self-similarity inwaveletdomain[C]//2017 IEEE International Conference on Real-time Computing and Robotics. Piscataway: IEEE Press, 2017: 639-644.

[11] ALAM M S, BOGNAR J G, HARDIE R C, et al. Infrared image registration and high-resolution reconstruction using multiple translation ally shifted aliased video frames[J].

IEEE Transactions on Instrumentation and Measurement, 2000, 49(5): 915-923.

[12] LERTRATTANAPANICH S, BOSE N K. High resolution image formation from low resolution frames using delaunay triangulation[J]. IEEE Transactions on Image Processing, 2002, 11(12): 1427-1441.

[13] SANCHEZ-BEATO A, PAJARES G. Noniterative interpolation based super-resolution minimizing aliasing in the reconstructed image[J]. IEEE Transactions on Image Processing, 2008, 17(10): 1817-1826.

[14] ZHANG X, WU X. Image interpolation by adaptive 2-D autoregressive modeling and soft-decision estimation[J]. IEEE Transactions on Image Processing, 2008, 17(6): 887-896.

[15] NASONOV A V, KRYLOV A S. Fast super-resolution using weighted median filtering[C]//IEEE 2010 20th International Conference on Pattern Recognition. Piscataway: IEEE Press, 2010: 2230-2233.

[16] 苏衡, 周杰, 张志浩. 超分辨率图像重建方法综述[J]. 自动化学报, 2013, 39(8): 1202-1213.

[17] IRANI M, PELEG S. Improving resolution by image registration[J]. CVGIP: Graphical Models and Image Processing, 1991, 53(3): 231-239.

[18] LING F, FOODY G M, GE Y, et al. An iterative interpolation deconvolution algorithm for super resolution land cover mapping[J]. IEEE Transactions on Geoscience and Remote Sensing, 2016, 54(12): 7210-7222.

[19] STARK H, OSKOUI P. High-resolution image recovery from image-plane arrays, using convex projections[J]. Journal of the Optical Society of America A Optics & Image Science, 1989, 6(11): 1715-1726.

[20] KIM J Y, PARK R H, YANG S. Super-resolution using POCS-based reconstruction with artifact reduction constraints[J]. Proceedings of SPIE-The International Society for Optical Engineering, 2005, 5960: 59605B.

[21] YU J, XIAO C, SU K. A method of gibbs artifact reduction for POCS super-resolution image reconstruction[C]//2006 8th International Conference on Signal Processing. Piscataway: IEEE Press, 2006: 1-4.

[22] TOM B C, KATSAGGELOS A K. Iterative algorithm for improving the resolution of video sequences[C]//Proceedings of SPIE-The International Society for Optical Engineering, 1996, 2727: 1430-1438.

[23] TIKHONOV A N. On the solution of ill-posed problems and the regularization method[J]. In Hindsight: Doklady Akademii Nauk SSSR, 1963, 151(3): 501-504.

[24] VRIGKAS M, NIKOU C, KONDI L P. Accurate image registration for MAP image super-resolution[J]. Signal Processing: Image Communication, 2013, 28(5): 494-508.

[25] XU F, FAN T, HUANG C, et al. Block-based MAP super resolution using feature-driven prior model[J]. Mathematical Problems in Engineering, 2014, 2014(7): 1-14.

[26] HENNINGS-YEOMANS P H, BAKER S, KUMAR B V K V. Simultaneous super-resolution and feature extraction for recognition of low-resolution faces[C]//2008 IEEE Conference on Computer Vision and Pattern Recognition (CVPR). Piscataway: IEEE Press, 2008: 1-8.

[27] BABACAN S D, MOLINA R, KATSAGGELOS A K. Total variation super resolution using a variational approach[C]//2008 15th IEEE International Conference on Image Processing.

Piscataway: IEEE Press, 2008: 641-644.

[28] FARSIU S, ROBINSON M D, ELAD M, et al. Fast and robust multiframe super resolution[J]. IEEE Transactions on Image Processing, 2004, 13(10): 1327-1344.

[29] 马敏, 郭琪, 闫超奇. 基于广义正则化的 ECT 图像重建算法[J]. 系统仿真学报, 2017, 29(8): 1851-1857.

[30] LI X L, HU Y T, GAO X B, et al. A multiframe image super-resolution method[J]. Signal Processing, 2010, 90(2): 405-414.

[31] CHANTAS G K, GALATSANOS N P, WOODS N A. Super-resolution based on fast registration and maximum a posteriori reconstruction[J]. IEEE Transactions on Image Processing, 2007, 16(7): 1821-1830.

[32] SU H, WU Y, ZHOU J. Super-resolution without dense flow[J]. IEEE Transactions on Image Processing, 2012, 21(4): 1782-1895.

[33] VRIGKAS M, NIKOU C, KONDI L P. Robust maximum a posteriori image super-resolution[J]. Journal of Electronic Imaging, 2014, 23(4): 043016.

[34] 任福全, 邱天爽, 韩军, 等. 基于二阶广义全变差的多帧图像超分辨率重建[J]. 电子学报, 2015, 43(7): 1275-1280.

[35] 张旭东, 李梦娜, 张骏, 等. 边缘结构保持的加权 BDTV 全光场图像超分辨率重建[J]. 中国图象图形学报, 2015, 20(6): 733-739.

[36] BREDIES K, DONG Y, HINTERMÜLLER M. Spatially dependent regularization parameter selection in total generalized variation models for image restoration[J]. International Journal of Computer Mathematics, 2013, 90(1): 109-123.

[37] YUAN Q Q, ZHANG L P, SHEN H F, et al. Adaptive multiple-frame image super-resolution based on U-curve[J]. IEEE Transactions on Image Processing, 2010, 19(12): 3157-3170.

[38] PROTTER M, ELAD M. Super resolution with probabilistic motion estimation[J]. IEEE Transactions on Image Processing, 2009, 18(8): 1899-1904.

[39] 张东晓, 鲁林, 李翠华, 等. 基于亚像素位移的超分辨率图像重建算法[J]. 自动化学报, 2014, 40(12): 2851-2861.

[40] HU H, KONDI L P. A regularization framework for joint blur estimation and super-resolution of video sequences[C]//IEEE International Conference on Image Processing. Piscataway: IEEE Press, 2005: III-329.

[41] 安耀祖, 陆耀, 赵红. 一种自适应正则化的图像超分辨率算法[J]. 自动化学报, 2012, 38(4): 601-608.

[42] 路陆, 金伟其, 王霞, 等. 基于低分辨率图像约束的 BTV 图像去模糊算法[J]. 北京理工大学学报(自然科学版), 2017, 37(6): 644-649.

[43] LAGHRIB A, BEN-LOGHFYRY A, HADRI A, et al. A nonconvex fractional order variational model for multi-frame image super-resolution[J]. Signal Processing: Image Communication, 2018, 67: 1-11.

[44] 孙旭, 李晓光, 李嘉锋, 等. 基于深度学习的图像超分辨率复原研究进展[J]. 自动化学报, 2017, 43(5): 697-709.

[45] BAKER S, KANADE T. Limits on super-resolution and how to break them[J]. IEEE Transactions on Pattern Analysis and Machine Intelligence, 2002, 24(9): 1167-1183.

[46] ELAD M, FEUER A. Restoration of a singlesuperresolution image from several blurred, noisy, and under sampled measured images[J]. IEEE Transactions on Image Processing, 1997, 6(12): 1646-1658.

[47] MA J, CHAN J C W. Super resolution reconstruction of hyperspectral remote sensing imagery using constrained optimization of POCS[C]//2012 IEEE International Geoscience and Remote Sensing Symposium. Piscataway: IEEE Press, 2012: 7271-7274.

[48] FREEMAN W T, PASZTOR E C, CARMICHAEL O T. Learning low level vision[J]. International Journal of Computer Vision, 2000, 40(1): 25-47.

[49] FREEMAN W T, JONES T R, PASZTOR E C. Example-based super-resolution[J]. IEEE Computer Graphics and Applications, 2002, 22(2): 56-65.

[50] LI X G, LAM K M, QIU G P, et al. Example based image super-resolution with class-specific predictors[J]. Journal of Visual Communication and Image Representation, 2009, 20(5): 312-322.

[51] SU C Y, ZHUANG Y T, LI H, et al. Steerable pyramid based face hallucination[J]. Pattern Recognition, 2005, 38(6): 813-824.

[52] 曾台英, 杜菲. 基于层次聚类的图像超分辨率重建[J]. 光学学报, 2018, 38(4): 120-128.

[53] ROWEIS S T, SAUL L K. Nonlinear dimensionality reduction by locally linear embedding[J]. Science, 2000, 290(5500): 2323-2326.

[54] BELKIN M, NIYOGI P. Laplacian eigenmaps for dimensionality reduction and data representation[J]. Neural Computation, 2003, 15(6): 1373-1396.

[55] CHANG H, YEUNG D Y, XIONG Y. Super-resolution through neighbor embedding[C]// Proceedings of the 2004 IEEE Computer Society Conference on Computer Vision and Pattern Recognition. Piscataway: IEEE Press, 2004: 275-282.

[56] CHAN T M, ZHANG J P, PU J, et al. Neighbor embedding based super-resolution algorithm through edge detection and feature selection[J]. Pattern Recognition Letters, 2009, 30(5): 494-502.

[57] 曹明明. 基于邻域嵌入的图像超分辨率重建研究[D]. 南京: 南京邮电大学, 2014.

[58] MALLAT S G, ZHANG Z. Matching pursuits with time-frequency dictionaries[J]. IEEE Transactions on Signal Processing, 1993, 41(12): 3397-3415.

[59] CANDES E J, WAKIN M B. An introduction to compressive sampling[J]. IEEE Signal Processing Magazine, 2008, 25(2): 21-30.

[60] PUDLEWSKI S, PRASANNA A, MELODIA T. Compressed-sensing-based video streaming in wireless multimedia sensor networks[J]. IEEE Transactions on Mobile Computing, 2012, 11(6): 1060-1072.

[61] PATEL V M, EASLEY G R, HEALY D M, et al. Compressed synthetic aperture radar[J]. IEEE Journal of Selected Topics in Signal Processing, 2010, 4(2): 244-254.

[62] 周志华. 机器学习[M]. 北京: 清华大学出版社, 2016.

[63] JIANG J, MA J, CHEN C, et al. Noise robust face image super-resolution through smooth sparse representation[J]. IEEE Transactions on Cybernetics, 2017, 47(11): 3991-4002.

[64] YANG J C, WRIGHT J, HUANG T S, et al. Image super resolution via sparse representation[J]. IEEE Transactions on Image Processing, 2010, 19(11): 2861-2873.

[65] YANG S, LIU Z, WANG M, et al. Multitask dictionary learning and sparse representation based single-image super-resolution reconstruction[J]. Neurocomputing, 2011, 74(17): 3193-3203.

[66] DONG W, ZHANG L, SHI G, et al. Nonlocally centralized sparse representation for image restoration[J]. IEEE Transactions on Image Processing, 2013, 22(4): 1620-1630.

[67] FERREIRA J C, VURAL E, GUILLEMOT C. Geometry-aware neighborhood search for learning local models for image super resolution[J]. IEEE Transactions on Image Processing, 2016, 25(3): 1354-1367.

[68] HINTON G E, SALAKHUTDINOV R R. Reducing the dimensionality of data with neural networks[J]. Science, 2006, 313: 504-507.

[69] LECUN Y, BENGIO Y, HINTON G. Deep learning[J]. Nature, 2015, 521: 436-444.

[70] DONG C, LOY C C, HE K M, et al. Image super-resolution using deep convolutional networks[J]. IEEE Transactions on Pattern Analysis and Machine Intelligence, 2016, 38(2): 295-307.

[71] DONG C, LOY C C, TANG X. Accelerating the super-resolution convolutional neural network[C]//European Conference on Computer Vision. Berlin: Springer, 2016: 391-407.

[72] SHI W, CABALLERO J, HUSZAR F, et al. Real-time single image and video super-resolution using an efficient sub-pixel convolutional neural network[C]//The 29th IEEE Conference on Computer Vision and Pattern Recognition (CVPR). Piscataway: IEEE Press, 2016: 1874-1883.

[73] KIM J, LEE J K, LEE K M. Accurate image super-resolution using very deep convolutional networks[C]//2016 IEEE Conference on Computer Vision and Pattern Recognition. Piscataway: IEEE Press, 2016:1646-1654.

[74] LEDIG C, THEIS L, HUSZAR F, et al. Photo-realistic single image super-resolution using a generative adversarial network[C].2017 the IEEE Conference on Computer Vision and Pattern Recognition(CVPR), Hawaii, 2017: 4681-4690.

[75] LIM B, SON S, KIM H, et al. Enhanced deep residual networks for single image super-resolution[C]//2017 IEEE Conference on Computer Vision and Pattern Recognition Workshops. Piscataway: IEEE Press, 2017: 4071-4089.

[76] NAKASHIKA T, TAKIGUCHI T, ARIKI Y. High-frequency restora-tion using deep belief nets for super-resolution[C]//The 9th International Conference on Signal-Image Technology & Internet-Based Systems. Piscataway: IEEE Press, 2013: 38-42.

[77] NAZZAL M, OZKARAMANLI H. Wavelet domain dictionarylearning-based single image superresolution[J]. Signal, Imageand Video Processing, 2015, 9(7): 1491-1501.

[78] 彭亚丽, 张鲁, 张钰, 等. 基于深度反卷积神经网络的图像超分辨率算法[J]. 软件学报, 2018, 29(4): 926-934.

[79] ZHENG H, WANG X M, GAO X B. Fast and accurate single image super-resolution via information distillation network[C]//2018 The IEEE Conference on Computer Vision and Pattern Recognition. Piscataway: IEEE Press, 2018: 723-731.

[80] MUHAMMAD H, GREG S, NORIMICHI U. Deep back-projection networks for super-resolution[C]//2018 The IEEE Conference on Computer Vision and Pattern Recognition. Piscataway: IEEE Press, 2018.

[81] YANIV R, JOHN I, PEYMAN M. RAISR: rapid and accurate image super resolution[J]. IEEE Transactions on Computational Imaging, 2017, 3(1): 110-125.

[82] 何小海, 吴媛媛, 陈为龙, 等. 视频超分辨率重建技术综述[J]. 信息与电子工程, 2011, 9(1): 1-5.

[83] EBADI S E, ONES V G, IZQUIERDO E. UHD Video super-resolution using low-rank and sparse decomposition[C]//2017 IEEE International Conference on Computer Vision Workshop. Piscataway: IEEE Press, 2017: 1889-1897.

[84] GOLDBERG N, FEUER A, GOODWIN G C. Super-resolution reconstruction using spatio-temporal filtering[J]. Journal of Visual Communication and Image Representation, 2003, 14(4): 508-525.

[85] SHECHTMAN E, CASPI Y, IRANI M. Space-time super-resolution[J]. IEEE Transactions on Pattern Analysis and Machine Intelligence, 2005, 27(4): 531-545.

[86] 张冬明, 潘炜, 陈怀新. 基于 MAP 框架的时空联合自适应视频序列超分辨率重建[J]. 自动化学报, 2009, 35(5): 484-490.

[87] TOM B, KATSAGGELOS A K. Resolution enhancement of monochrome and color video using motion compensation [J]. IEEE Transactions on Image Processing, 2001, 10(2): 278-287.

[88] GEORGIS G, LENTARIS G, REISIS D. Reduced complexity super resolution for low-bitrate video compression[J]. IEEE Transactions on Circuits and Systems for Video Technology, 2016, 26(2): 332-345.

[89] HSU C C, KANG L W, LIN C W. Temporally coherent super resolution of textured video via dynamic texture synthesis[J]. IEEE Transactions on Image Processing, 2015, 24(3): 919-931.

[90] LI D, WANG Z. Video Super resolution via motion compensation and deep residual learning[J]. IEEE Transaction on Computational Imaging, 2017, 3(4): 749-762.

[91] 李定一. 基于深度学习的视频超分辨率算法研究[D]. 北京: 中国科学技术大学, 2019.

[92] CABALLERO J, LEDIG C, AITKEN A, et al. Real-time video super-resolution with spatio-temporal networks and motion compensation[C]//2017 The IEEE Conference on Computer Vision and Pattern Recognition. Piscataway: IEEE Press, 2017: 4778-4787.

[93] WAN B, MENG L, MING D, et al. Video image super-resolution restoration based on iterative back-projection algorithm[C]//2009 IEEE International Conference on Computational Intelligence for Measurement Systems and Applications. Piscataway: IEEE Press, 2009: 46-49.

[94] WATANABE K, IWAI Y, NAGAHARA H. Video synthesis with high spatio-temporal resolution using motion compensation and image fusion in wavelet domain[J]. Lecture Notes in Computer Science, 2006, 3851: 480-489.

[95] ANGELOPOULOU M, BOUGANIS C S, CHEUNG P Y K, et al. FPGA-based real-time super-resolution on an adaptive image sensor[J]. Lecture Notes in Computer Science, 2008, 4943: 125-136.

[96] MUDENAGUDI U, BANERJEE S, KALRA P K. Space-time super-resolution using graph-cut optimization[J]. IEEE Transactions on Pattern Analysis and Machine Intelligence, 2011, 33(5): 995-1008.

[97] SALVADOR J, KOCHALE A, SCHWEIDLER S. Patch-based spatio-temporal super-resolution for video with non-rigid motion[J]. Signal Processing-Image Communication, 2013,

28(5): 483-493.

[98] SONG H, QING L, WU Y, et al. Adaptive regularization-based space-time super-resolution reconstruction[J]. Signal Processing-Image Communication, 2013, 28(7): 763-778.

[99] LIU C, SUN D Q. A Bayesian approach to adaptive video super resolution[C]//IEEE Conferenceon Computer Vision and Pattern Recognition. Piscataway: IEEE Press, 2011, 42(7): 209-216.

[100] CHENG M H, LIN N W, HWANG K S, et al. Fast video super-resolution using artificial neural networks[C]//International Symposium on Communication Systems & Networks Digital Signal Processing. Piscataway: IEEE Press, 2012: 1-4.

[101] KAPPELER A, YOO S, DAI Q, et al. Video super-resolution with convolutional neural networks[J]. IEEE Transactions on Computational Imaging, 2016, 2(2): 109-122.

[102] TAO X, GAO H, LIAO R, et al. Detail-revealing deep video super-resolution[J]. 2017: 4482-4490.

[103] 钟文莉. 卷积神经网络在视频超分辨率中的应用研究[D]. 成都: 电子科技大学, 2018.

[104] GLASNER D, BAGON S, IRANI M. Super-resolution from a single image[C]//2009 IEEE 12th International Conference on Computer Vision. Piscataway: IEEE Press, 2009: 349-356.

[105] SU H, WU Y, ZHOU J. Adaptive incremental video super resolution with temporal consistency[C]//2011 18th IEEE International Conference on Image Processing (ICIP). Piscataway: IEEE Press, 2011: 1149-1152.

[106] LI S, LUO L, PENG H. Low-rank representation for single image super resolution using metric learning[C]//2017 12th International Conference on Computer Science and Education (ICCSE). Piscataway: IEEE Press, 2017: 415-418.

[107] ZHANG K, TAO D, GAO X, et al. Coarse-to-fine learning for single-image super-resolution[J]. IEEE Transactions on Neural Networks and Learning Systems, 2017, 28(5): 1109-1122.

[108] 康凯. 图像超分辨率重建研究[D]. 合肥: 中国科学技术大学, 2016.

[109] STARCK J L, ELAD M, DONOHO D L. Redundant multiscale transforms and their application for morphological component analysis[J]. Advances in Imaging and Electron Physics, 2004, 132: 287-348.

[110] ELAD M, STARCK J L, QUERRE P, et al. Simultaneous cartoon and texture image in painting using morphological component analysis (MCA)[J]. Applied and Computational Harmonic Analysis, 2005, 19(3): 340-358.

[111] 孙玉宝, 韦志辉, 肖亮, 等. 多形态稀疏性正则化的图像超分辨率算法[J]. 电子学报, 2010, 38(12): 2898-2903.

[112] 肖亮, 韦志辉, 邵文泽. 基于图像先验建模的超分辨增强理论与算法——变分 PDE 稀疏正则化与贝叶斯方法[M]. 北京: 国防工业出版社, 2017.

[113] 刘世瑛, 黄峰, 刘秉琦, 等. 复眼图像超分辨率重构中配准算法研究进展[J]. 激光与红外, 2015, 45(10): 1164-1170.

[114] 刘晓东, 汪云九, 周昌乐, 等. 超视锐度研究及理论解释[J]. 信息与控制, 2004, 33(3): 257-261.

[115] 石爱业, 徐枫, 徐梦溪. 图像超分辨率重建方法及应用[M]. 北京: 科学出版社, 2016.

第3章 改进保真项与自适应双边全变分的正则化方法

本章介绍和分析现有基于 L_1、L_2 等范数函数构建最大后验概率（MAP）估计框架中的保真项以及全变分（TV）、双边全变分（BTV）用于正则化的超分辨率存在的不足，通过采用 Tukey 范数函数，构建 MAP 估计框架中的保真项并与权值自适应 BTV 正则化项结合的策略，对基于 TV 或 BTV 的正则化算法进行改进，介绍一种基于改进保真项与权值自适应双边全变分（WABTV）的正则化超分辨率图像复原（简称 WABTV-Tukey）算法。WABTV-Tukey 算法基于统计学 M-稳健估计中的 Tukey 范数函数，构建 MAP 估计框架中的保真项，同时考虑图像的局部灰度特征，在 BTV 模型中设置自适应权值矩阵实现超分辨率复原。通过多组仿真实验对比分析，将 WABTV-Tukey 范数与双线性插值、BTV-L_1 范数、BTV-L_2 范数、BTV-Tukey 范数、基于特征驱动先验的 MAP 分块、Lorentzian-Tikhonov 正则化、基于邻域像素扩展的广义全变分正则化等算法进行对比分析，经目视分析的主观评价和峰值信噪比（PSNR）、结构相似性（SSIM）指标的客观定量评价，验证 WABTV-Tukey 算法对不同类型的噪声模型的适应性，以及图像细节保持能力的优越性。

3.1 相关工作

基于 MAP 估计框架的超分辨率图像复原（Super Resolution Image Restoration，SRIR）方法属于基于重建的一类经典 SR 方法，它依据图像观测模型 $y = Hx + n$，其中，y 为退化图像，也称观测图像；H 为退化函数，反映了包含下采样、模糊、帧间运动的退化；x 为 HR 图像（自然场景）；n 为噪声，由获取的 LR 序列时空测量值 y 来估计（得到）HR 图像 x。

求解观测模型 $y = Hx + n$，首先需要求解或确定 H 和噪声 n，由于图像的获取会引起时间和空间上的模糊和噪声，在恢复和重构中，估计求解 x 过程的数学计算式本质属病态、不适定问题求解。因此需要根据观测图像 y、未知的退化过程以及成像中的噪声及环境扰动等，估计原始图像 x 的超分辨率恢复和重构过程。

往往退化函数 H 是奇异或接近奇异的,即使观测图像 y 含有低强度噪声,微小扰动的敏感性也可能会使恢复图像含有大量高强度噪声,估计求解 x 的结果极不理想。从严格数学意义上讲,对病态、不适定问题的求解几乎难以得到准确解答。然而,通过利用先验信息/知识(包括平滑性、峰值、观测数据的一致性、梯度轮廓、非负性和能量有界等),采用一组与原不适定问题相"邻近"的适定问题的解去逼近原问题的解,以得到一个接近准确的答案,这种方法称为正则化技术(也可看作是一种对范数惩罚的技术)。正则化是代数几何中的一个概念,从统计学角度看,其作为使用图像先验信息来约束恢复图像强度分布的处理技术,可在解模糊过程中尽可能减少噪声的影响。

为求解各种不同形式的反问题,人们已经提出了一些有效的方法,如,可以从 X 射线计算机断层扫描的剖面图重建投影前函数的拉东变换、求解具有孤立子波的特殊非线性波动方程的散射反演方法、各种最优设计以及正则化方法等。对于求解计算不能完全满足"存在性、唯一性和稳定性"3 个条件的这样一个病态、不适定问题,正则化是超分辨率复原反问题普遍采用的一种方法,它用一组与原不适定问题相"邻近"的适定问题的解去逼近原问题的解,转换成超分辨率复原的极小化能量泛函问题。

在基于统计学 Bayes 理论的 MAP 估计框架下,需要通过包含人们对相关领域、数据、模型等已有经验或知识的正则化项(也称正则化函数),把参数的解约束到一定范围内,从而设计出 MAP 估计求解技术路线。Tikhonov 等[1]是较早提出基于变分原理的 Tikhonov 正则化方法来解决超分辨率图像复原求解这一病态问题的代表性学者,随后的研究大多集中在观测模型假设和构造求解所表征先验信息/知识的正则化函数上,如,通过 MAP 估计框架中保真项和正则化项结合的一类超分辨率图像复原算法等[2-4]。

现有的基于 TV、BTV 正则化的 SR 算法大多采用 L_1、L_2、Huber 或 Gaussian 误差范数来构建保真项,如具有较好边缘保持特性的 L_1 范数和 BTV 相结合的正则化算法[5]、基于 Tikhonov 正则化算法的 L_2 范数和 TV 相结合的 SR 算法[5-6]、基于局部自适应BTV正则化的SR算法、基于空间加权的TV正则化算法、采用 Huber 范数构建保真项的 SR 算法[7-9]。

这些基于保真项和全变分结合的正则化一类算法,以 L_1 或 L_2 范数来构建保真项,通常仅针对特定噪声模型具有较好的复原效果,而对其他异常数据较敏感,算法的稳健性受限;而且,固定化的 BTV 正则化项也难以适应图像细节的变化。由于超分辨率复原算法通常对其假设的噪声模型非常敏感,但在实际应用中噪声模型是未知的,反而会使采用 L_1 或 L_2 范数的算法降低图像复原质量,因此需要合理设计稳健的、适应多个噪声和数据模型的范数。Patanavijit 等[10]通过基于洛伦兹(Lorentzian)误差范数测量 LR 和 HR 图像的投影估计值间的差异,改进移除数据异常值的策略，并采用 Lorentzian-Tikhonov 正则化技术去除伪影，提出了采用 Lorentzian 范数构建保真项的 SR 算法。此外，还有能有效抑制奇异值（异常值）影响的 Gaussian 误差范数构建保真项的 SR 算法等[11]。

针对 MAP 估计求解框架下保真项构建及固定化正则项存在的诸如对异常值数据敏感的局限、重尾效应抑制能力弱以及图像细节变化的高质量复原适应性仍存在一定的困难等问题，通过采用 Tukey 范数函数，构建 MAP 估计框架中的保真项并与权值自适应 BTV 正则化项结合的策略，介绍一种基于权值自适应双边全变分的正则化超分辨率复原算法，其中，Tukey 范数函数用于构建保真项具有更有效的重尾特征，适用于处理噪声；权值自适应 BTV 正则化项是在常规 BTV 基础上，依据图像的局部灰度特征，设置自适应权值矩阵，使复原图像中的细节信息得到进一步保持。

3.2　图像观测模型和代价函数

图像观测模型的向量形式介绍如下。对于采集的 Q 帧 LR 图像，大小为 $N_1 \times N_2$，以列方向排列成向量形式 $\boldsymbol{Y}_k$，大小为 $N_1N_2 \times 1$。对于 $\boldsymbol{X}$ 表示的 HR 原始图像，大小为 $L_1N_1 \times L_2N_2$，L_1 和 L_2 分别表示行列的分辨率增大系数，表示成列向量形式，即 $\boldsymbol{Y}_k = \boldsymbol{D}_k\boldsymbol{H}_k\boldsymbol{F}_k\boldsymbol{X} + \boldsymbol{N}_k$，$k=1,2,\cdots,q$，大小为 $L_1N_1L_2N_2 \times 1$，$\boldsymbol{F}_k$ 和 $\boldsymbol{N}_k$ 分别表示运动变形矩阵和模糊矩阵（光学成像系统 PSF 引起的光学模糊），大小均为 $L_1N_1L_2N_2 \times L_1N_1L_2N_2$；$\boldsymbol{D}_k$ 表示下采样矩阵，大小为 $N_1N_2 \times L_1N_1L_2N_2$；$\boldsymbol{H}_k$ 表示大小为 $N_1N_2 \times 1$ 的各种噪声干扰[2,12]。

为了表示方便，可将图像观测模型向量形式中的 3 个矩阵合并为 $\boldsymbol{H}_k$，对于 Q 帧 LR 图像来说，可以列出 Q 个图像观测模型，将其中的矩阵向量化，并将这 Q 个方程合并，图像观测模型的向量形式可变换为物理概化模型形式，即 $\boldsymbol{y} = \boldsymbol{H}\boldsymbol{x} + \boldsymbol{n}$。

根据埃拉德（Elad）成像模型[13]，它涉及求解一个大型矩阵的线性方程组问题，可认为 Q 帧 LR 图像 $\boldsymbol{Y}_k$ 采用相同的模糊矩阵和下采样矩阵，即 $\boldsymbol{H}_k = \boldsymbol{H}$，$\boldsymbol{D}_k = \boldsymbol{D}$。图像观测模型的向量形式可写为

$$\boldsymbol{Y}_k = \boldsymbol{DHF}_k\boldsymbol{X} + \boldsymbol{N}_k,\ k=1,2,\cdots,q \tag{3.1}$$

对于式（3.1）这一反问题的求解，根据 MAP 估计方法，代价函数可表示为

$$C(\boldsymbol{X}) = \sum_{k=1}^{q} \left\| \boldsymbol{DHF}_k - \boldsymbol{Y}_k \right\|_p^p \tag{3.2}$$

这里要求式（3.2）估计误差引起的代价值达到最小化，即得到代价值最小的 HR 图像估计 X（X 表示原始自然场景图像，即原始的 HR 图像），SR 过程可用最小化泛函表示为

$$X = \arg\min_X C(X) \tag{3.3}$$

3.3　Tukey 范数构建保真项和权值自适应 BTV 正则化

Tukey 范数构建保真项和权值自适应 BTV 正则化方法提升超分辨率复原性能的研究思路如图 3-1 所示。图 3-1 针对 MAP 估计求解框架下保真项构建及固定化正则项存在的局限，采用基于问题驱动、理论分析、构建模型、性能评价的思路。

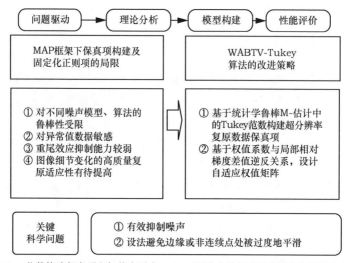

图 3-1　Tukey 范数构建保真项和权值自适应 BTV 正则化方法提升超分辨率复原性能的研究思路

3.3.1　双边全变分（BTV）正则化项

由于各类噪声的存在，而且模糊矩阵本身就是一个具有高度病态性的稀疏矩阵，通常采用正则化技术作为求解这一病态、不适定问题的手段。在 MAP 估计框架下，代价函数通常以惩罚函数的形式出现。加入正则化项后的代价函数为

$$C(X) = \sum_{k=1}^{q} \left\| DHF_k - Y_k \right\|_p^p + \lambda R(X) \tag{3.4}$$

其中，等号右边第一项为超分辨率复原数据保真项，等号右边第二项为正则化项（直接影响着图像的复原效果）。数据保真项反映了对 Q 帧 LR 图像 Y_k 的观测数据与原始自然场景 HR 图像 X 的真实数据之间的误差，误差越小，表示重构 HR 目标图像与原始自然场景 HR 图像的相似度越高。正则化项表示对解的约束、抑制噪声等。正则化项体现加入图像的先验属性信息，对控制复原图像的质量起到较关键作用。正则化项一般由反映图像灰度信息或边缘信息等的先验信息构成，正则化参数 λ 用于调节保真项和正则化项对复原图像的相对影响。若参数 λ 过大，图像高频信息衰减较大，则会使图像细节缺失，恢复和重构图像过于平滑；若参数 λ 过小，图像的保真度过高，抑制噪声和消除复原过程的不适定性差。对于数据保真项，无论采用何种范数进行计算，都是期望得到最优解，因此，可以引入稳健统计学方法来求解最优解。

常用的正则化项有 Tikhonov 正则化函数、TV 正则化函数，以及 BTV 正则化函数等[2]。BTV 既有对图像像素间的空间关系的约束，也有对像素间的灰度关系的约束，利用 BTV 双边滤波以消除图像直方图双峰之间的噪声，可以在抑制噪声的同时更好地保持图像边缘特性。

3.3.2　稳健估计与 Tukey 范数函数

依据图像观测模型由 LR 图像恢复得到 HR 图像的过程中，重构和复原的高性能及稳健性不仅取决于所采用的观测模型，还依赖于参数的估计方法。在重构和复原中可能面对的实际情况是：景物运动的估计及图像序列的配准、实际的噪声与所选噪声模型不相符，光学系统 PSF 参数估计不准确等出现的异常值或奇异值等，这需要引入稳健性估计方法以解决异常点/值问题。这里的估计稳健性通常指在估计过程中产生的估计量对图像观测模型误差的不敏感性。1996 年，Black 等[14]最早引入 M-估计来解决图像恢复问题，在保证图像高频信息的同时，对奇异值进行抑制，以此来消除其对运算结果的影响。Vrigkas 等[15]提出一种用于 MAP 图像超分辨率重构的全局稳健性 M-估计法，较好地解决了 LR 图像中存在异常值的问题。Shen 等[16-18]设计了一种基于 Tukey 范数的改进 BTV 算法。周鑫等[19]在数据保真项中采用了 Tukey 范数的稳健估计方法。M-估计是统计学领域中一种常用的稳健性估计方法，是基于最小二乘估计发展起来的一种稳健估计方法，也是最大似然估计（Maximum Likelihood Estimation，MLE）的推广，具有计算简单、稳健性较好等优点。

稳健性的 M-估计中，要使奇异值（异常情况）的影响最小，要求范数函数对于偏差较大的异常值给予较小的权重，即残差较大的情况下，其影响函数（Influence Function，IF）的值应该较小，以保障对奇异值的有效抑制。通过范数估计的 IF 是否连续有界，可以判断其对应的估计方法是否稳健。如果 IF 连续有界，估计结果就不会因为奇异值的影响而产生显著偏差，说明稳健性好。

M-估计方法可依据连续有界的 IF 划分为以下 3 类方法[2,20]。①具有单调 IF 的 M-估计，即当残差大于阈值时，对观测值分配统一的加权值，IF 为常数，如基于 Huber 范数的估计方法。②具有软回降 IF 的 M-估计，即当残差趋向于无穷时，IF 接近于 0，如基于 Lorentzian 范数的估计方法。③具有硬回降 IF 的 M-估计，当残差大于阈值时，IF 迅速削弱为 0，如基于 Tukey 范数的估计方法。具有软回降和硬回降 IF 的一类方法，随着残差的增加，IF 值减小，即奇异值对估计值的影响也逐渐减小，因而具有更好的稳健估计性能。

在使估计误差引起的代价值最小化的超分辨率图像复原计算中，对代价函数采用 M-估计范数，可以在保证图像细节信息的同时，对奇异值进行有效抑制，以此来消除其对重构结果的影响。M-估计中常见的范数函数有 Huber、Lorentzian、Tukey 等。

基于变分原理的 Tikhonov 正则化方法中，在代价函数（惩罚函数）中添加一个系数的 L_1 或 L_2 范数函数项，用来抑制过大的模型参数，从而缓解过拟合现象。L_1 范数的正则项还具有特征选择的能力，而 L_2 范数的正则项没有。直观上，对于小于 1 的模型参数，由于 L_1 范数正则项具有特征选择的能力，其惩罚力度要远大于 L_2 范数。

为保证代价函数为凸函数，数据保真项中的 L_1 或 L_2 范数的 p 的取值范围限定为 $1 \leq p \leq 2$。当 $p=1$ 或 $p=2$ 时，L_1、L_2 范数分别是拉普拉斯噪声模型和高斯噪声模型的最大似然估计。L_1 范数可以有效消除由噪声等因素影响而产生的奇异值对图像复原产生较大影响的估计值带来的影响，保证图像细节特征，但是在平坦区域会出现伪轮廓效应，导致图像失真。L_2 范数可以有效消除伪轮廓效应，但对奇异值造成的偏差极敏感，会因过分平滑导致图像细节的丢失。所以，基于这两种范数的 SR 算法在重构图像过程中都存在一定的缺陷。

通常，式（3.2）不希望是非凸函数，若是非凸函数则意味着代价函数将会有若干局部最小值，这将会陷入局部极值点而非全局最优值。为使代价函数为凸函数，一般限定 p 的取值范围为 $1 \leq p \leq 2$，为使计算简便，取 $p=1$ 或 $p=2$，即 L_1 或 L_2 范数函数。

我们知道，L_0 范数表示向量中非 0 元素的个数，L_0 范数通常较难优化求解（NP 难问题），而 L_1 范数是 L_0 范数的最优凸近似。L_1 范数表示向量中各个元素绝对值之和，易优化求解。L_1 范数函数是针对拉普拉斯噪声模型的最大似然估计，可保持图像边缘及细节特征，但在平坦区域会造成伪轮廓效应，导致图像一定程度上的失真。L_2 范数表示向量各元素的平方和然后求平方根，L_2 范数是关于高斯噪声的最优估计，对于奇异值引起的偏差极其敏感，当有其他种类噪声时复原效果变差，影响算法的稳健性，且会对图像造成过平滑。相比 L_2 范数，L_1 范数虽然可以有效去除奇异值对估计值的影响，具有更好的稳健性，但当噪声服从高斯分布时，估计结果也会出现较大的偏差。鉴于上述，考虑到 L_1 和 L_2 范数估计的局限性，本章引入 Tukey 范数函数取代常用的 L_1 和 L_2 范数函数。Tukey 范数函数表达式及其 IF 分别为

$$\rho_{\mathrm{Tukey}}(x) = \begin{cases} \dfrac{T^2}{6}\left\{1 - \left[1 - \left(\dfrac{x}{T}\right)^2\right]^3\right\}, |x| < T \\[4mm] \dfrac{T^2}{6}, |x| \geqslant T \end{cases} \tag{3.5}$$

$$\psi_{\mathrm{Tukey}}(x) = \rho'_{\mathrm{Tukey}}(x) = \begin{cases} x\left[1 - \left(\dfrac{x}{T}\right)^2\right]^2, |x| < T \\[4mm] 0, |x| \geqslant T \end{cases} \tag{3.6}$$

其中，T 是一个阈值，称为尺度因子。通过尺度因子 T 的选取能够区分异常数据（奇异值）和正常数据，即当某个观测数据的残差绝对值 $|x| \geqslant T$ 时，观测数据就被认定为出现奇异值，其 IF 迅速减小为 0，使异常情况得到有效抑制；当残差绝对值 $|x| < T$ 时，Tukey 范数近似等价于 L_2 范数，能够对图像进行平滑处理。

将 Tukey 范数函数引入构建 MAP 框架中的保真项，基于 Tukey 范数构建保真项的代价函数可表示为

$$C(\boldsymbol{X}) = \sum_{k=1}^{q} \rho_{\mathrm{Tukey}}(\boldsymbol{DHF}_k\boldsymbol{X} - \boldsymbol{Y}_k) + \lambda R(\boldsymbol{X}) \tag{3.7}$$

另外，T 的选取对于 SR 算法的效果有较大影响，可依据中值法、常数法、平均法及中位数绝对偏差（Median Absolute Deviation，MAD）法等误差分析方法选取[21]。

这里，采用的是 MAD 法来选取尺度因子 T 的值。MAD 是对单变量数值型数据的样本偏差的一种稳健性测量，同时也可以表示由样本的 MAD 估计得出的总体参数。对于单变量数据集 $X_1, X_2, \cdots, X_n$，MAD 定义为数据点到中位数的绝对偏差的中位数，即 $\mathrm{MAD} = \mathrm{median}\left(\left|X_i - \mathrm{median}(X)\right|\right)$。也就是说，首先计算出数据与它们的中位数之间的残差（偏差），MAD 就是这些偏差的绝对值的中位数。

3.3.3　Tukey 范数构建保真项结合权值自适应 BTV 正则化方法

BTV 正则化项的权值系数 α 的取值决定了估计输出的 HR 图像局部细节恢复效果，较小的 α 在锐化图像边缘的同时也会增加噪声；较大的 α 又会在有效抑制

噪声的同时使图像边缘进一步模糊。针对权值系数 α 的选取，本章设置自适应的权值系数为 $\alpha(i,j)$，即每一个像素点具有不同的权值系数，根据不同像素点处的局部灰度特性来自适应选取不同的 α，也可以说 $\alpha(i,j)$ 具有适应性。

定义 $z(i,j)$ 为 HR 图像在 (i,j) 处的局部相对梯度差值，这里设计权值系数 $\alpha(i,j)$ 与局部相对梯度差值 $z(i,j)$ 为逆反关系，$\alpha(i,j)=\dfrac{1}{1+z(i,j)}$，$\alpha(i,j)$ 满足 $0 \leqslant \alpha \leqslant 1$ 的条件，即权值系数 α 在 $z(i,j)$ 偏大处取较小值，在 $z(i,j)$ 偏小处取较大值[16-18,22-24]。

$$z(i,j)=\frac{1}{W}\sum_{s=i-E}^{i+E}\sum_{t=j-F}^{j+F}|x(s,t)-m(i,j)| \tag{3.8}$$

$$m(i,j)=\frac{1}{W}\sum_{s=i-E}^{i+E}\sum_{t=j-F}^{j+F}x(s,t) \tag{3.9}$$

其中，$m(i,j)$ 为局部灰度均值，局部窗口大小 $W=(2E+1)(2F+1)$，$E=F=2$。

对应于 p-范数形式的 Minkowski 距离，当 $p=1$ 时为 Manhattan 距离，当 $p=2$ 时为欧氏距离。根据 3.3.2 节的分析以及仿真实验的验证，进一步说明 BTV 中 α 指数采用欧氏范数形式比采用 1-范数形式具有更好的性能，因此这里引入自适应权值矩阵对 BTV 推广的正则化项（函数）为

$$R_{\text{WABTV}}(\boldsymbol{X})=\underbrace{\sum_{l=-q}^{q}\sum_{m=0}^{q}}_{l+m\geqslant 0}\left\|[\text{diag}(\alpha_1^{\sqrt{l^2+m^2}},\alpha_2^{\sqrt{l^2+m^2}},\cdots,\alpha_{L_1N_1\times L_2N_2}^{\sqrt{l^2+m^2}})](\boldsymbol{X}-S_x^lS_y^m\boldsymbol{X})\right\|_1 \tag{3.10}$$

其中，$\boldsymbol{X}-S_x^lS_y^m\boldsymbol{X}$ 项的系数矩阵项定义为自适应权值矩阵 $\boldsymbol{V}$。

代价函数可表示为基于 Tukey 范数构建保真项和权值自适应 BTV 正则化项构成的形式。在迭代求解 $C(\boldsymbol{X})$ 最小值时，采用最速下降法（梯度下降法），它是最优化法的一种，对 $C(\boldsymbol{X})$ 沿梯度下降方向一步步迭代求解得到极小值[2]。

对 $C(\boldsymbol{X})$ 求导，可得

$$\nabla_X C(\boldsymbol{X})=\sum_{k=1}^{q}\boldsymbol{F}^{\text{T}}\boldsymbol{H}^{\text{T}}\boldsymbol{D}_K^{\text{T}}\rho_{\text{Tukey}}'(\boldsymbol{DHF}_k\boldsymbol{X}-\boldsymbol{Y}_k)+$$
$$\lambda\underbrace{\sum_{l=-q}^{q}\sum_{m=0}^{q}}_{l+m\geqslant 0}(\boldsymbol{I}-S_x^{-l}S_y^{-m})\boldsymbol{V}\,\text{sign}(\boldsymbol{X}-S_x^lS_y^m\boldsymbol{X}) \tag{3.11}$$

然后进行逐次迭代，最终的迭代公式为

$$X_{n+1} = X_n - \beta \left\{ \sum_{k=1}^{q} \boldsymbol{F}^{\mathrm{T}} \boldsymbol{H}^{\mathrm{T}} \boldsymbol{D}_K^{\mathrm{T}} \rho'_{\mathrm{Tukey}} (\boldsymbol{DHF}_k \boldsymbol{X} - \boldsymbol{Y}_k) + \lambda \right.$$

$$\left. \lambda \underbrace{\sum_{l=-q}^{q} \sum_{m=0}^{q}}_{l+m \geq 0} (\boldsymbol{I} - S_x^{-l} S_y^{-m}) \boldsymbol{V} \, \mathrm{sign}(\boldsymbol{X}_n - S_x^l S_y^m \boldsymbol{X}_n) \right\} \tag{3.12}$$

其中，β 为迭代步长。为加速算法的收敛，一般在迭代初期选取较大的 β 值，然后再逐渐减小 β 值，以提高算法的精度。

算法 3-1 给出了 Tukey 范数构建保真项和权值自适应 BTV 结合的正则化（简称 WABTV-Tukey）算法的计算流程。输入为多帧降质 LR 图像，输出为重构的 HR 目标图像，计算步骤主要包括多帧降质 LR 图像配准与初始化参数设置、获取初始 HR 图像 X_0、求解代价函数 $C(\boldsymbol{X})$ 的梯度、进行迭代更新、循环迭代共 5 个步骤。

算法 3-1　WABTV-Tukey 算法的计算流程

Step1　多帧 LR 图像配准与初始化参数（包括迭代次数、步长、迭代阈值 ε 等）设置

Step2　将经过图像配准的 LR 图像投影到 HR 图像网格中，然后对其进行样条插值来获得初始 HR 图像 X_0，初始化迭代次数 $k=0$

Step3　求解第 k 次迭代代价函数 $C(\boldsymbol{X})$ 的梯度 $\nabla_X C(\boldsymbol{X}_k)$

Step4　对当前的 HR 图像进行迭代更新

Step5　判断迭代终止条件：

如果 $\dfrac{\left\| X_{k+1} - X_k \right\|_2^2}{\left\| X_k \right\|_2^2} \leq \varepsilon$ 成立（其中 ε 为预先设定的阈值），则终止迭代，X_{k+1} 为最终复原所得的 HR 图像；否则令 $k = k+1$，跳转到 Step3，继续迭代

3.4　超分辨率复原方法的性能评价

通过仿真实验及实验结果分析，对算法的性能做出评价。仿真实验是基于运行于 Windows 下的 Matlab 仿真平台，通过多组仿真实验，对比分析 WABTV-Tukey 算法和其他超分辨率算法的性能。

实验对比分析的 WABTV-Tukey 算法和其他算法及其算法简称如表 3-1

所示。其中 BTVR-L_1、BTVR-L_2 算法属经典算法，LTR[10]、FDPM[25]是后发展的算法。

表 3-1　实验对比分析的几种超分辨率复原算法

序号	超分辨率复原算法名称	算法简称
1	双线性插值算法	BIL 算法
2	L_1 范数结合双边全变分的正则化算法	BTVR-L_1 算法
3	L_2 范数结合双边全变分的正则化算法	BTVR-L_2 算法
4	Tukey 范数结合双边全变分的正则化算法	BTVR-T 算法
5	Lorentzian-Tikhonov 正则化算法	LTR 算法
6	特征驱动先验的 MAP 分块算法	FDPM 算法
7	基于邻域像素扩展的广义全变分正则化算法	MM+E-GTV 算法
8	改进保真项与权值自适应 BTV 的正则化算法	WABTV-Tukey 算法

仿真实验和分析以及算法的性能评价工作包括如下几个方面。

① 与 BIL 算法进行基本对比；采用 BTVR-L_1 算法和 BTVR-L_2 算法验证本章介绍的 WABTV-Tukey 算法，再引入 Tukey 范数构建保真项的有效性；将 WABTV-Tukey 算法分别与 BTVR-T 算法、LTR 算法[10]、FDPM 算法[25]、MM+E-GTV 算法做比较。

② 引入 Tukey 范数构建保真项，在实验中设计了一种 Tukey 范数结合双边全变分的正则化算法，以此对比评价 WABTV-Tukey 算法引入 Tukey 范数的性能。

③ 采用峰值信噪比（PSNR）、结构相似性（SSIM）定量化指标客观评价，以及主观评价（视觉效果）对 WABTV-Tukey 算法不同类型的噪声模型的适应性，以及图像边缘细节保持的性能进行分析。

④ 通过对标准测试图像 Lena、文本图像、水面近红外图像及光学卫星遥感影像 4 种图像的实验，在添加不同噪声条件下验证算法的稳健性能。

3.4.1　标准测试图像的超分辨率实验及算法性能评价

1. 对标准测试图像 Lena 实验参数的选择

选取标准测试图像 Lena 做超分辨率复原的实验，图像尺寸大小为 256×256。

① 分别对 Lena 图像进行平移、模糊、下采样以及添加噪声操作。平移、模糊和添加噪声操作为 0~3 个像素、3×3 的高斯低通算子，下采样系数为 2，共模拟生成 5 帧 128×128 的退化降质图像序列。

② 实验中分别加入高斯噪声、椒盐噪声、混合（高斯叠加椒盐）噪声及斑点噪声。高斯噪声模型的均值 $M=0$，方差（variance）var=40；椒盐噪声模型的密度

D=0.01；混合（高斯+椒盐）噪声模型的方差 var=40，密度 D=0.01；斑点噪声模型的方差 var=0.005。

③ 考虑到尺度因子 T 的取值对区分异常数据（奇异值）和正常数据以及对基于 Tukey 范数的超分辨率算法复原结果影响较大，通过 PSNR 指标评价，对采用中值法、常数法、平均法及中位数绝对偏差法等不同误差分析方法得到的复原效果进行比较分析，其中，MAD 法的 PSNR 是较好的，因此，在实验中依据 MAD 法选取 T=0.8。

④ 正则化参数 λ 取不同值也会影响基于 Tukey 范数的超分辨率图像复原质量[2, 26]，在同等迭代次数条件下（当迭代次数大于 10 以后）PSNR 最高，SR 图像恢复质量佳。考虑到 λ 太小（平滑噪声效果差）或者 λ 太大（图像的细节易丢失）情况下，PSNR 均较低。实验中，步长 ε 的和正则化参数 λ 的选取通过试错法选择，取 ε=1.1，λ=0.1，迭代次数设为 21 次。优化算法通常选择常规的梯度下降法。

FDPM 使用基于特征驱动先验的 MAP 分块超分辨率重构算法[25]，分块重构方案将图像分成 8×8 的棋盘格，利用标度共轭梯度法优化，迭代次数设为 22 次。

LTR 是采用 Lorentzian 范数构建保真项的算法[10]，利用最速下降法进行迭代寻优，即在每次的迭代过程中，选取一个合适的步长（初始步长取 ε=1.2），使目标函数的值能够最大程度地减小。

基于邻域像素扩展的广义全变分正则化算法（MM+E-GTV）通过定义一种能够提高邻域像素相关性准确度的广义全变分，并引入优化−最小化迭代寻优求解方法，在 MAP 估计框架下实现超分辨率复原。

⑤ 实验中，采用 Keren 算法进行亚像素运动估计和退化图像序列配准。

2. Lena 图像超分辨率复原实验结果与分析

图 3-2～图 3-5 为不同噪声污染下的参考图像及不同算法的实验结果。从目视分析评价可看出，双线性插值算法的视觉效果均最差。各噪声污染下的实验结果中采用 BTVR-T 算法的视觉效果均比采用 L 范数算法的好，其图像边缘轮廓明显，图像细节保持良好，这说明基于 Tukey 范数的算法去噪效果较好，并能在一定程度上保持图像边缘细节。特别是在加入椒盐噪声时（图 3-3（e）），图像恢复质量又略好，对于异常值的抑制能力较强，算法稳健性也较好。

BTVR-T 和 WABTV-Tukey 算法均是基于 Tukey 范数的算法，但由于 WABTV-Tukey 算法引入了自适应权值矩阵，实验结果在视觉效果上又有一定的提高，图像细节的目视更清晰，说明权值自适应 BTV 对图像细节的恢复以及滤噪效果好。而 LTR 算法和 FDPM 算法的实验效果是次优的。这进一步说明了 WABTV-Tukey 算法的优越性。

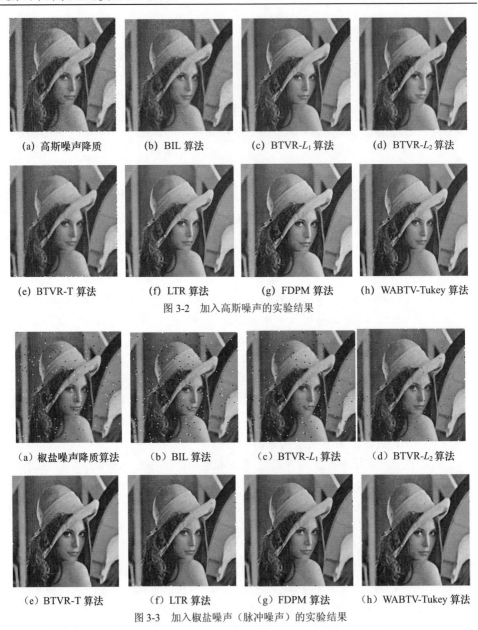

(a) 高斯噪声降质   (b) BIL 算法   (c) BTVR-L_1 算法   (d) BTVR-L_2 算法

(e) BTVR-T 算法   (f) LTR 算法   (g) FDPM 算法   (h) WABTV-Tukey 算法

图 3-2   加入高斯噪声的实验结果

（a）椒盐噪声降质算法   （b）BIL 算法   （c）BTVR-L_1 算法   （d）BTVR-L_2 算法

（e）BTVR-T 算法   （f）LTR 算法   （g）FDPM 算法   （h）WABTV-Tukey 算法

图 3-3   加入椒盐噪声（脉冲噪声）的实验结果

采用峰值信噪比（PSNR）作为客观定量评价的结果如表 3-2 所示。表 3-2 中列出了 BIL 算法、BTVR-L_1 算法、BTVR-L_2 算法、BTVR-T 算法、LTR 算法、FDPM 算法、WABTV-Tukey 算法通过实验所得到的 PSNR 值（注：PSNR 值越大越好）。

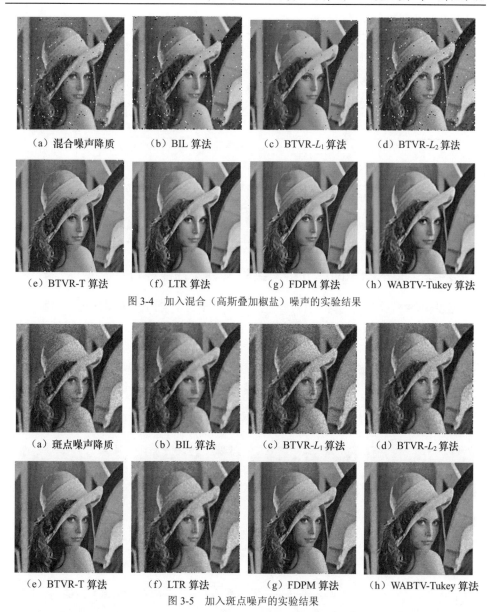

（a）混合噪声降质　　　（b）BIL 算法　　　（c）BTVR-L_1 算法　　　（d）BTVR-L_2 算法

（e）BTVR-T 算法　　　（f）LTR 算法　　　（g）FDPM 算法　　　（h）WABTV-Tukey 算法

图 3-4　加入混合（高斯叠加椒盐）噪声的实验结果

（a）斑点噪声降质　　　（b）BIL 算法　　　（c）BTVR-L_1 算法　　　（d）BTVR-L_2 算法

（e）BTVR-T 算法　　　（f）LTR 算法　　　（g）FDPM 算法　　　（h）WABTV-Tukey 算法

图 3-5　加入斑点噪声的实验结果

由表 3-2 可以看出，在加入不同噪声的情况下，BIL 算法实现的 PSNR 值最低，复原效果也最差；BTVR-L_1 和 BTVR-L_2 算法的 PSNR 值均有所提高；BTVR-T 算法的 PSNR 值又进一步优于 BTVR-L_1 和 BTVR-L_2 算法，说明 Tukey 范数的算法优于 L_1 和 L_2 范数的算法；LTR 和 FDPM 算法均是次优的；WABTV-Tukey 算法的 PSNR 值均为最高，其性能是最优的，这与图 3-2（h）～图 3-5（h）目视分析评价结果是吻合的。

表 3-2　不同算法复原 Lena 实验的 PSNR 值

算法	高斯噪声（var=40）/dB	椒盐噪声（D=0.01）/dB	混合噪声（var=40,D=0.01）/dB	斑点噪声（var=0.005）/dB	平均PSNR/dB
BIL 算法	20.997 6	19.474 1	19.589 1	20.541 2	20.125 5
BTVR-L_1算法	24.662 8	21.891 5	22.371 1	24.460 1	23.346 4
BTVR-L_2算法	24.706 1	22.183 2	22.198 4	24.201 3	23.332 2
BTVR-T 算法	24.979 4	22.574 3	22.874 5	24.820 4	23.812 2
LTR 算法	25.120 7	23.267 5	23.661 4	25.114 0	24.290 9
FDPM 算法	25.501 4	23.378 0	23.630 5	25.079 6	24.397 4
WABTV-Tukey 算法	25.739 1	23.803 6	23.841 8	25.340 9	24.681 4

3.4.2　文本图像的超分辨率实验及算法性能评价

选用包含有文字的文本图像进行实验。同样地，先对文本图像进行平移、模糊、下采样以及叠加噪声的降质操作，其中设高斯模糊算子为 5×5，模拟退化降质生成 5 帧 LR 图像。

图 3-6～图 3-9 分别给出了添加不同噪声模拟生成退化降质的文本图像经 BIL 算法、BTVR-L_1算法、BTVR-L_2算法、BTVR-T 算法、LTR 算法、FDPM 算法和 WABTV-Tukey 算法超分辨率复原的实验结果。

（a）高斯噪声降质　（b）BIL 算法　（c）BTVR-L_1算法　（d）BTVR-L_2算法

（e）BTVR-T 算法　（f）LTR 算法　（g）FDPM 算法　（h）WABTV-Tukey 算法

图 3-6　添加高斯噪声的实验结果

（a）椒盐噪声降质　　（b）BIL 算法　　（c）BTVR-L_1 算法　　（d）BTVR-L_2 算法

（e）BTVR-T 算法　　（f）LTR 算法　　（g）FDPM 算法　　（h）WABTV-Tukey 算法

图 3-7　添加椒盐噪声（脉冲噪声）的实验结果

（a）混合噪声降质　　（b）BIL 算法　　（c）BTVR-L_1 算法　　（d）BTVR-L_2 算法

（e）BTVR-T 算法　　（f）LTR 算法　　（g）FDPM 算法　　（h）WABTV-Tukey 算法

图 3-8　添加混合（高斯叠加椒盐）噪声的实验结果

（a）斑点噪声降质　　（b）BIL 算法　　（c）BTVR-L_1 算法　　（d）BTVR-L_2 算法

（e）BTVR-T 算法　　（f）LTR 算法　　（g）FDPM 算法　　（h）WABTV-Tukey 算法

图 3-9　加入斑点噪声的实验结果

从目视效果上看，在添加不同噪声的情况下，基于 Tukey 范数的算法在图像清晰度和抑制噪声方面均好于基于 L_1 或 L_2 范数的算法。对于 WABTV-Tukey 算法，由于采用了 Tukey 范数并引入自适应权值矩阵，在文字轮廓的视觉清晰效果和去噪与图像细节保持能力方面是最好的。

表 3-3 列出了不同算法的文本图像实验所得到的 PSNR 值。由表 3-3 可以看出，在加入不同噪声的情况下，BIL 算法的客观评价最差，BTVR-L_1、BTVR-L_2、BTVR-T、LTR、FDPM 算法依次优于 BIL 算法，WABTV-Tukey 算法的指标值均为最优，这说明超分辨率复原效果的客观评价均优于其他几种算法。

表 3-3　不同算法对文本图像实验的 PSNR 值

算法	高斯噪声（var=40）/dB	椒盐噪声（D=0.01）/dB	混合噪声（var=40, D=0.01）/dB	斑点噪声（var=0.005）/dB	平均 PSNR/dB
BIL 算法	20.672 1	18.940 8	19.010 1	19.406 1	19.507 3
BTVR-L_1算法	24.031 9	21.408 6	20.924 2	22.001 2	22.091 5
BTVR-L_2算法	24.195 0	21.367 5	20.932 6	21.980 7	22.119 0
BTVR-T 算法	24.674 7	21.878 9	22.483 7	22.756 0	22.948 3
LTR 算法	25.163 2	22.411 7	22.940 4	23.402 1	23.479 4
FDPM 算法	25.374 0	22.536 4	22.814 5	23.419 2	23.536 0
WABTV-Tukey 算法	25.601 2	22.903 1	23.012 9	23.603 7	23.780 2

3.4.3　水面近红外图像的超分辨率实验及算法性能评价

对水面近红外图像进行实验，在池塘边拍摄的水面近红外原始图像如图 3-10（a）所示，近红外成像谱段为 760～1 050 nm，原始图像尺寸为 208 像素×267 像素。为方便比较，水面可见光成像的原始图像如图 3-10（b）所示，可见光成像谱段为 400～760 nm，原始图像尺寸为 208 像素×267 像素。

（a）水面近红外成像　　　　　　　　（b）水面可见光成像

图 3-10　在池塘边拍摄的水面原始图像

对原近红外成像的图像进行全局随机平移和旋转、模糊、添加噪声操作，模拟退化降质。设置模糊图像的高斯点扩散函数的标准偏差为 2 个 HR 像素，加噪污染图像的高斯白噪声的标准偏差放大到 10 个亮度单位（0～255 灰度），并对模糊形变图像在垂直和水平方向上进行 2:1 的降采样。实验中分别加入高斯噪声、椒盐噪声、混合（高斯叠加椒盐）噪声及斑点噪声。高斯噪声模型的均值 $M=0$，方差（variance）var=40；椒盐噪声模型的密度 $D=0.01$；混合（高斯+椒盐）噪声模型的方差 var=40，密度 $D=0.01$；斑点噪声模型的方差 var=0.005。然后分别模拟生成 6 帧 96 像素×124 像素的 LR 图像序列。

表 3-4 列出了不同算法的水面近红外图像实验所得到的 PSNR 值。由表 3-4 可以看出，WABTV-Tukey 算法的实验指标值是最优的。另外，较之 4 帧的 LR 图像，采用 6 帧的 LR 图像的 PSNR 值随 LR 图像数目的增加也得到提升。

表 3-4　不同算法对水面近红外图像实验的 PSNR 值

算法	高斯噪声（var=40）/dB	椒盐噪声（$D=0.01$）/dB	混合噪声(var=40, $D=0.01$)/dB	斑点噪声（var=0.005）/dB	平均PSNR/dB
BIL 算法	20.713 0	18.937 4	19.701 2	19.490 8	19.710 6
BTVR-L_1 算法	24.040 5	24.097 8	24.170 3	24.301 3	24.152 5
BTVR-L_2 算法	24.057 7	24.029 4	24.240 7	24.350 1	24.169 5
BTVR-T 算法	24.801 4	24.500 1	24.201 0	24.141 1	24.411 1
LTR 算法	25.701 3	25.290 5	24.983 0	24.975 1	25.237 5
FDPM 算法	26.106 3	25.819 4	25.045 7	25.159 0	25.532 6
WABTV-Tukey 算法	26.410 3	26.203 7	25.517 3	25.412 4	25.885 9

实验中，Tikhonov 正则化算法的迭代求解采用共轭梯度（CG）法寻优，正则化参数取 $\lambda=0.08$ 时达到最优，基于共轭梯度 CG 寻优的 BTV 正则化算法在 $\alpha=0.7$、$\lambda=13$ 时得到最优解，采用 MM 法迭代寻优求解的 TV 正则化参数 $\lambda = \dfrac{2.3\times10^6}{\mathrm{TV}(\boldsymbol{x}^{(t)})+1}$。

WABTV-Tukey 算法正则化参数 $\lambda = \dfrac{2.4\times10^6}{\mathrm{EGTV}(\boldsymbol{x}^{(t)})+1}$。LTR 算法采用最速下降法优化，迭代次数设为 22 次。FDPM 算法采用标度共轭梯度（SCG）法优化，迭代次数也设为 22 次，分块重构方案将图像分成 8×8 的棋盘格。

3.4.4　使用结构相似性 SSIM 指标的算法性能评价

数据保真项反映了由 Q 帧 LR 图像 Y_K 重构的目标图像与原始的自然场景 HR 图像 X 真实数据之间的误差，误差越小，表示重构 HR 目标图像与原始自然场景 HR 图像的相似度越高。通过进一步的实验分析可知，改进数据保真项对于提升复原质量的贡献。

采用结构相似性（SSIM）指标进行定量评价。结构相似性 SSIM 为 0～1，当 SSIM=1 时，2 帧图像完全一致。假设原始的 HR 图像和重构复原图像分别是 x 和

y，则有

$$SSIM(x, y) = [l(x, y)][c(x, y)][s(x, y)] \qquad (3.13)$$

其中，$l(x,y)$、$c(x,y)$和$s(x,y)$分别为

$$l(x, y) = \frac{2\mu_x \mu_y + c_1}{\mu_x^2 + \mu_y^2 + c_1}$$

$$c(x, y) = \frac{\sigma_{xy} + c_2}{\sigma_x^2 + \sigma_y^2 + c_2}$$

$$s(x, y) = \frac{\sigma_{xy} + c_3}{\sigma_x \sigma_y + c_3}$$

其中，$l(x, y)$是亮度比较，$c(x, y)$是对比度比较，$s(x, y)$是结构比较，μ_x和μ_y分别是x、y的平均值，σ_x和σ_y分别是x、y的标准差，σ_{xy}是x和y的协方差，c_1、c_2、c_3分别设为常数。

实验条件与上述实验类似，所不同的是，实验中另外添加泊松（Poisson）噪声和符合伽马（Gamma）分布的乘性噪声，在不同工业噪声条件下，使用 SSIM 指标对算法性能做进一步分析。

图像高斯加噪退化的 Matlab 代码为 J=imnoise(I, 'Gaussian')，I 为原始图像的灰度矩阵，J 为加噪声后图像的灰度矩阵，均值 M=0、方差 var=0.01。椒盐（脉冲噪声）加噪退化的 Matlab 代码为 J=imnoise(I, 'Salt&Pepper')，噪声密度 D=0.05。泊松加噪的 Matlab 代码为 J=imnoise(I, 'Poisson')，均值 M=0。乘性加噪的 Matlab 代码为 J=imnoise(I, 'Speckle')，方差 var=0.04。采用 SSIM 指标对 Lena、文本、水面近红外 3 种类别图像的实验进行评价，评价结果如表 3-5～表 3-7 所示，其中 SSIM 的理想值趋近于 1。

表 3-5　Lena 图像实验的 SSIM 定量评价

算法	高斯噪声（var=0.01）	椒盐噪声（D=0.05）	泊松噪声（M=0）	乘性噪声（var=0.04）	平均 SSIM
BTVR-L_1 算法	0.851 7	0.845 9	0.842 1	0.847 8	0.846 9
BTVR-L_2 算法	0.850 3	0.845 1	0.842 9	0.848 5	0.846 7
BTVR-T 算法	0.861 7	0.852 3	0.853 8	0.864 1	0.858 0
LTR 算法	0.905 0	0.889 3	0.892 3	0.905 2	0.898 0
FDPM 算法	0.909 3	0.894 2	0.897 8	0.911 5	0.903 2
MM+E-GTV 算法	0.918 3	0.901 7	0.905 4	0.914 7	0.910 0
WABTV-Tukey 算法	0.919 8	0.906 5	0.909 5	0.918 2	0.913 5

表 3-6　文本图像实验的 SSIM 定量评价

算法	高斯噪声（var=0.01）	椒盐噪声（D=0.05）	泊松噪声（M=0）	乘性噪声（var=0.04）	平均 SSIM
BTVR-L_1 算法	0.853 8	0.848 5	0.846 0	0.850 7	0.849 8
BTVR-L_2 算法	0.851 4	0.848 3	0.848 0	0.853 1	0.850 2
BTVR-T 算法	0.860 0	0.852 1	0.853 8	0.859 9	0.856 7
LTR 算法	0.899 7	0.885 0	0.888 4	0.902 2	0.893 8
FDPM 算法	0.907 6	0.891 4	0.897 4	0.908 9	0.901 3
MM+E-GTV 算法	0.915 7	0.898 6	0.902 2	0.915 4	0.908 1
WABTV-Tukey 算法	0.918 9	0.902 4	0.905 1	0.912 7	0.909 8

表 3-7　水面近红外图像实验的 SSIM 定量评价

算法	高斯噪声（var=0.01）	椒盐噪声（D=0.05）	泊松噪声（M=0）	乘性噪声（var=0.04）	平均 SSIM
BTVR-L_1 算法	0.847 8	0.840 9	0.837 8	0.843 6	0.842 0
BTVR-L_2 算法	0.841 6	0.840 5	0.839 4	0.843 9	0.841 4
BTVR-T 算法	0.854 3	0.844 9	0.847 9	0.854 9	0.850 5
LTR 算法	0.914 1	0.900 1	0.901 1	0.912 6	0.907 0
FDPM 算法	0.921 3	0.904 5	0.910 5	0.922 1	0.914 6
MM+E-GTV 算法	0.925 3	0.913 8	0.910 9	0.923 5	0.918 4
WABTV-Tukey 算法	0.921 6	0.912 7	0.910 1	0.920 6	0.915 7

从 SSIM 定量评价表中可以看出以下两点。

① SSIM 的评价说明了 WABTV-Tukey 算法改进保真项对于复原质量的贡献是有效的。尽管 WABTV-Tukey 算法对于水面近红外图像的 SSIM 略微差于 MM+E-GTV，但对于 Lena、文本图像的 SSIM，WABTV-Tukey 算法优于 MM+E-GTV 算法。

② LTR 和 FDPM 算法是次优的，尽管 WABTV-Tukey 算法在个别点的噪声下略差于 FDPM 算法，但 WABTV-Tukey 算法的 SSIM 平均值是最优的，同时这也说明 WABTV-Tukey 算法对于不同的高斯、椒盐（脉冲噪声）、泊松、乘性噪声模型的稳健性以及复原质量的提升具有一定优越性。

3.4.5　遥感影像超分辨率实验及算法性能评价

为进一步验证 WABTV-Tukey 算法对不同类图像超分辨率复原的稳健性，选用 256 像素×256 像素的光学卫星遥感影像进行实验。

模拟退化降质过程介绍如下。首先对 HR 目标影像做水平方向和垂直方向的像素移动，分别向上移动和向左移动 S_k 个像素和 S_i 个像素，共分 5 组，如表 3-8 所示。其次，模拟光学模糊，设置高斯模糊核的大小为 3、噪声标准差（Noise Standard Difference，NSD）为 2，对平移过的 HR 目标影像做高斯模糊操作。再次对全局平移及高斯模糊操作过的影像进行 4 倍的下采样操作。最后生成 5 帧 LR 影像。实验中，同样也采用 Keren 配准算法，即采用泰勒级数展开的图像亚像素运动估计实现配准。

表 3-8　对 HR 目标影像生成的 5 组偏移量

样本编号	S_k	S_i
1	0	0
2	1	2
3	2	0
4	0	3
5	1	1

图 3-11～图 3-14 分别给出了模拟生成降质退化的 LR 遥感影像（参考影像）和添加不同噪声经不同算法的实验结果影像。

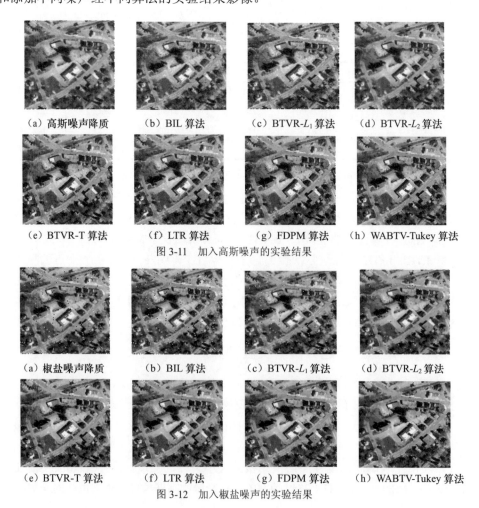

（a）高斯噪声降质　　（b）BIL 算法　　（c）BTVR-L_1 算法　　（d）BTVR-L_2 算法

（e）BTVR-T 算法　　（f）LTR 算法　　（g）FDPM 算法　　（h）WABTV-Tukey 算法

图 3-11　加入高斯噪声的实验结果

（a）椒盐噪声降质　　（b）BIL 算法　　（c）BTVR-L_1 算法　　（d）BTVR-L_2 算法

（e）BTVR-T 算法　　（f）LTR 算法　　（g）FDPM 算法　　（h）WABTV-Tukey 算法

图 3-12　加入椒盐噪声的实验结果

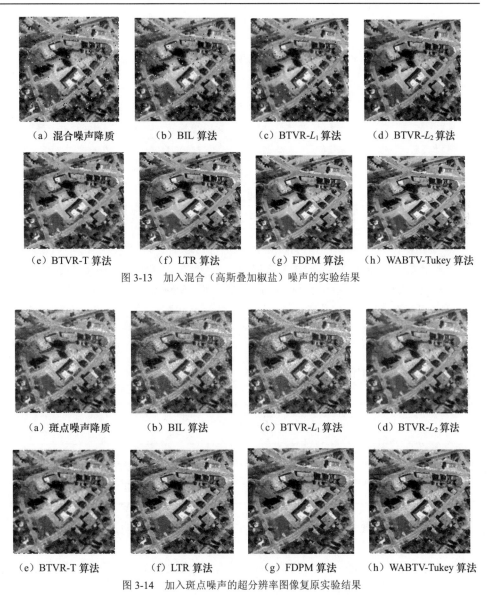

（a）混合噪声降质　　　（b）BIL 算法　　　（c）BTVR-L_1 算法　　　（d）BTVR-L_2 算法

（e）BTVR-T 算法　　　（f）LTR 算法　　　（g）FDPM 算法　　　（h）WABTV-Tukey 算法

图 3-13　加入混合（高斯叠加椒盐）噪声的实验结果

（a）斑点噪声降质　　　（b）BIL 算法　　　（c）BTVR-L_1 算法　　　（d）BTVR-L_2 算法

（e）BTVR-T 算法　　　（f）LTR 算法　　　（g）FDPM 算法　　　（h）WABTV-Tukey 算法

图 3-14　加入斑点噪声的超分辨率图像复原实验结果

　　表 3-9 列出了不同算法的遥感影像复原实验的客观评价指标值（注：与降质生成 4 帧 LR 影像实验比较，PSNR 有所提高）。分析看出，在添加高斯、椒盐、混合、斑点等不同噪声下，BIL 算法的 PSNR 值均最低，而 BTVR-T 算法的 PSNR 值又进一步优于 BTVR-L_1 和 BTVR-L_2 算法。LTR 和 FDPM 算法是次优的。WABTV-Tukey 算法在添加不同噪声下 PSNR 值均为最高，这也与目视的主观评价结论是一致的。

表 3-9　遥感影像实验的 PSNR 值（5 帧 LR 影像）

算法	高斯噪声（var=40）/dB	椒盐噪声（D=0.01）/dB	混合噪声（var=40, D=0.01）/dB	斑点噪声（var=0.005）/dB	平均 PSNR
BIL 算法	19.456 3	20.731 2	18.655 6	19.874 8	19.679 5
BTVR-L_1 算法	22.148 6	23.417 3	20.204 4	22.183 3	21.988 4
BTVR-L_2 算法	22.381 6	23.565 1	20.124 7	21.976 0	22.011 9
BTVR-T 算法	23.082 6	23.869 2	21.043 1	23.008 5	22.750 9
LTR 算法	23.801 1	24.853 3	22.427 0	24.400 2	23.870 4
FDPM 算法	24.014 3	24.985 1	22.389 4	24.386 0	23.943 7
WABTV-Tukey 算法	24.416 0	25.483 7	22.696 2	24.698 1	24.323 5

　　从 SSIM 作为定量评价指标的表 3-10 中也可以看出，尽管 WABTV-Tukey 算法的 SSIM 在添加斑点噪声下略差于 FDPM 算法，但 WABTV-Tukey 算法的 SSIM 平均值优于 LTR、FDPM 和 MM+E-GTV 算法的 SSIM 平均值。

表 3-10　对遥感影像实验的 SSIM 定量评价（5 帧 LR 影像）

算法	高斯噪声（var=40）	椒盐噪声（D=0.01）	混合噪声（var=40, D=0.01）	斑点噪声（var=0.005）	平均 SSIM
BTVR-L_1 算法	0.843 9	0.840 1	0.837 1	0.842 2	0.840 8
BTVR-L_2 算法	0.840 1	0.839 3	0.839 2	0.843 5	0.840 5
BTVR-T 算法	0.854 0	0.846 2	0.849 2	0.856 1	0.851 4
LTR 算法	0.910 0	0.895 9	0.899 9	0.912 3	0.904 5
FDPM 算法	0.919 2	0.905 2	0.912 2	0.924 3	0.915 2
MM+E-GTV 算法	0.915 8	0.905 0	0.899 6	0.920 1	0.910 1
WABTV-Tukey 算法	0.919 5	0.909 7	0.919 2	0.919 6	0.917 0

　　对上述 256 像素×256 像素的光学卫星遥感影像重新模拟退化降质过程，退化降质生成 16 帧 LR 影像再做实验。退化降质过程介绍如下。

　　① 对 HR 目标影像做水平方向和垂直方向的像素移动，分别向上移动和向左移动 S_k 个像素和 S_i 个像素，共分 16 组，如表 3-11 所示。

　　② 模拟光学模糊，设置高斯模糊核的大小为 3、NSD 为 5，对平移过的 HR 目标影像做高斯模糊操作。

　　③ 对全局平移及高斯模糊操作过的影像进行 4 倍的下采样操作。

　　④ 模拟退化降质生成 16 帧 LR 影像。

　　对于退化降质生成的 16 帧 LR 影像的复原实验，表 3-12 列出了不同算法的遥感影像实验的 PSNR 值（16 帧 LR 影像）。对比分析表 3-9 可以看出，随 LR 影像数目的增加（LR 影像由 5 帧增加到 16 帧），PSNR 值也得到提升。

表 3-11 对 HR 目标影像生成的 16 组偏移量

样本编号	S_k	S_i
1	1	0
2	0	1
3	1	0
4	0	2
5	2	0
6	0	3
7	3	0
8	1	1
9	1	2
10	2	1
11	1	3
12	3	1
13	2	2
14	1	0
15	3	1
16	0	3

表 3-12 遥感影像实验的 PSNR 值（16 帧 LR 影像）

算法	高斯噪声（var=40）/dB	椒盐噪声（D=0.01）/dB	混合噪声（var=40, D=0.01）/dB	斑点噪声（var=0.005）/dB	平均 PSNR/dB
BIL 算法	20.156 2	21.931 3	19.956 0	21.075 1	20.779 7
BTVR-L_1 算法	24.667 0	24.865 4	23.593 6	24.593 1	24.429 5
BTVR-L_2 算法	24.382 0	25.062 0	23.773 2	24.878 5	24.648 9
BTV-T 算法	25.182 4	24.975 0	23.240 1	24.968 4	24.566 5
LTR 算法	26.506 2	26.247 3	25.000 2	26.317 3	26.017 8
FDPM 算法	26.915 9	26.457 5	25.018 4	26.548 5	26.105 1
WABTV-Tukey 算法	27.354 0	26.907 2	25.690 5	27.110 4	26.765 5

图 3-15 给出了 WABTV-Tukey 算法的平均 PSNR 值随 LR 遥感影像数目增加的关系曲线。分析看出，随着重构时使用退化降质的 LR 影像数目的逐步增加，WABTV-Tukey 算法的平均 PSNR 值也得到提升。这说明重构时增加输入 LR 影像的数目，可以有效提升复原的质量。但当 LR 影像数目增加到 20 以上时，曲线变得平缓，PSNR 值的提升效果不明显。

图 3-16～图 3-19 分别给出了各种算法随迭代次数增加时，遥感影像（退化降质生成的 16 帧 LR 影像）在不同噪声污染下 PSNR 值的变化收敛曲线。

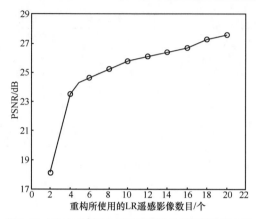

图 3-15 PSNR 值随 LR 遥感影像数目增加的关系曲线

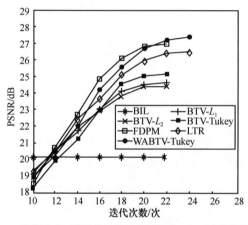

图 3-16 高斯噪声下算法随迭代次数增加的 PSNR 变化收敛曲线

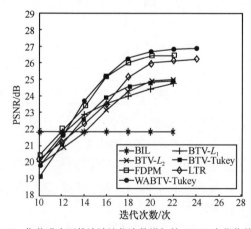

图 3-17 椒盐噪声下算法随迭代次数增加的 PSNR 变化收敛曲线

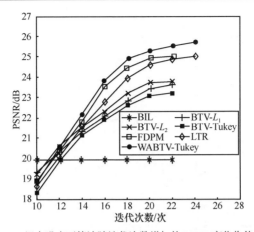

图 3-18　混合噪声下算法随迭代次数增加的 PSNR 变化收敛曲线

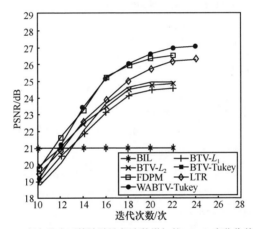

图 3-19　斑点噪声下算法随迭代次数增加的 PSNR 变化收敛曲线

　　通过对上述遥感影像的实验结果分析，基于 PSNR 值的客观定量评价和目视评价结论与上述 Lena 图像、文本图像、水面近红外图像的实验结论是类似的。

　　综合上述实验，分析和验证对不同算法性能的评价，主要有以下三点。

　　① 通过上述多组仿真实验的结果表明，WABTV-Tukey 算法与 BIL、BTVR-L_1、BTVR-L_2、BTVR-T、LTR、FDPM、MM+E-GTV 等几种算法相比，其目视评价、客观定量指标评价是最好的，验证了 WABTV-Tukey 算法对不同类型噪声模型的适应性，以及图像边缘细节保持性能的优势。

　　② 本章新设计了一种 Tukey 范数结合双边全变分的正则化算法，设置基于欧氏范数的自适应权值矩阵对 BTV 推广的正则化项，并进行了实验对比。SSIM 的评价说明，尽管 WABTV-Tukey 算法对于水面近红外图像的 SSIM 略差于 MM+E-GTV 算法，但对于 Lena、文本图像的 SSIM，WABTV-Tukey 算法优于 MM+E-GTV 算

法。进一步说明了 WABTV-Tukey 算法改进保真项对于复原质量的贡献是有效的。

　③ 在实验中分别模拟了不同类别图像和添加不同类型噪声及退化降质过程，验证了 WABTV-Tukey 算法具有较好的稳健性能。

参考文献

[1]　TIKHONOV A N, ARSENIN V I A, JOHN F. Solutions of ill-posed problems[M]. Washington DC: Winston, 1977.

[2]　石爱业, 徐枫, 徐梦溪. 图像超分辨率重建方法及应用[M]. 北京: 科学出版社, 2016.

[3]　LAGHRIB A, BEN-LOGHFYRY A, HADRI A, et al. A nonconvex fractional order variational model for multi-frame image super-resolution[J]. Signal Processing: Image Communication, 2018, 67: 1-11.

[4]　徐梦溪, 徐枫, 黄陈蓉, 等. 优化−最小求解的广义总变分图像复原[J]. 中国图象图形学报, 2011, 16(7): 1317-1325.

[5]　FARSIU S, ROBINSON M D, ELAD M, et al. Fast and robust multiframe super resolution[J]. IEEE Transactions on Image Processing, 2004, 13(10): 1327-1344.

[6]　HE H, KONDI L P. An image super-resolution algorithm for different error levels per frame[J]. IEEE Transactions on Image Processing, 2006, 15(3): 592-603.

[7]　NG M K, SHEN H, LAM E Y, et al. A total variation regularization based super-resolution reconstruction algorithm for digital video[J]. EURASIP Journal on Advances in Signal Processing, 2007, 2007: 074585.

[8]　LI X, HU Y, GAO X, et al. A multi-frame image super-resolution method[J]. Signal Processing, 2010, 90(2): 405-414.

[9]　YUAN Q, ZHANG L, SHEN H. Multiframe super-resolution employing a spatially weighted total variation model[J]. IEEE Transactions on Circuits and Systems for Video Technology, 2012, 22(3): 379-392.

[10]　PATANAVIJIT V, JITAPUNKUL S. A Lorentzian stochastic estimation for a robust iterative multiframe super-resolution reconstruction with Lorentzian-Tikhonov regularization[J]. EURASIP Journal on Advances in Signal Processing, 2007, 2007: 1-21.

[11]　PHAM T Q, V VLIET L J, SCHUTTE K. Robust super-resolution by minimizing a Gaussian-weighted L_2 error norm[J]. Journal of Physics: Conference Series, 2008, 124: 012037.

[12]　PARK S C, PARK M K, KANG M G. Super-resolution image reconstruction: a technical overview[J]. IEEE Signal Processing Magazine, 2003, 20(3): 21-36.

[13]　ELAD M, HEL-OR Y. A fast super-resolution reconstruction algorithm for pure translational

motion and common space-invariant blur[J]. IEEE Transactions on Image Processing, 2001, 10(8): 1187-1193.

[14] BLACK M J, RANGARAJAN A. On the unification of line processes, outlier rejection, and robust statistics with applications in early vision[J]. International Journal of Computer Vision, 1996, 19(1): 57-91.

[15] VRIGKAS M, NIKOU C, KONDI L P. Robust maximum a posteriori image super-resolution[J]. Journal of Electronic Imaging, 2014, 23(4): 043016.

[16] SHEN J, XU F, XU M, et al. Super-resolution reconstruction based on tukey norm and adaptive bilateral total variation[J]. International Journal of Signal Processing, Image Processing and Pattern Recognition, 2016, 9(5): 399-416.

[17] 杨芸. 图像超分辨率重建算法研究[D]. 南京: 河海大学, 2016.

[18] XU M, YANG Y, SHI J, et al. A regularization algorithm of improved data fidelity term and weight adaptive bilateral total variation[C]//2020 International Conference on Computing, Networks and Internet of Things. Piscataway: IEEE Press, 2020: 169-173.

[19] 周鑫, 胡访宇, 朱高. 基于核回归的正则化超分辨率重建算法[J]. 电子测量技术, 2012, 35(3): 62-65.

[20] EL-YAMANY N A, PAPAMICHALIS P E. Using bounded-influence M-estimators in multi-frame super-resolution reconstruction: a comparative study[C]//2008 15th IEEE International Conference on Image Processing. Piscataway: IEEE Press, 2008: 337-340.

[21] ROUSSEEUW P J, LEROY A M. Robust regression and outlier detection[M]. John Wiley & Sons, 2005.

[22] 安耀祖, 陆耀, 赵红. 一种自适应正则化的图像超分辨率算法[J]. 自动化学报, 2012, 38(4): 601-608.

[23] 闫华, 刘琚. 考虑亚像素配准误差的超分辨率图像复原[J]. 电子学报, 2007, 35(7): 1409-1413.

[24] LEE E S, KANG M G. Regularized adaptive high-resolution image reconstruction considering inaccurate subpixel registration[J]. IEEE Transactions on Image Processing, 2003, 12(7): 826-837.

[25] XU F, FAN T, HUANG C, et al. Block-based MAP superresolution using feature-driven prior model[J]. Mathematical Problems in Engineering, 2014, 2014(7): 1-14.

[26] 黄淑英. 基于正则化先验模型的图像超分辨率重建[M]. 上海: 上海交通大学出版社, 2014.

第4章 基于像素流和时间特征先验的视频超分辨率方法

视频超分辨率包括单视频超分辨率和多路视频超分辨率等,本章首先简要分析和介绍基于视频时间的超分辨率复原方法的不足;然后基于重建的一类经典方法,即在最大后验概率(MAP)估计框架下采用基于逐像素流的时–空超分辨率复原及基于特征驱动的像素流时间先验策略,介绍一种基于像素流和时间特征先验的视频超分辨率复原算法(简称 TPF 算法),改进基于视频时间的超分辨率存在的问题;最后分别通过灰度视频和彩色视频的多组不同仿真实验与其他几种算法进行分析比较,经均方误差(MSE)指标的客观定量评价和视觉效果的主观评价验证 TPF 算法在空间解模糊且有效消除运动模糊及提高插值帧保真度等方面的有效性。

4.1 基于视频时间的超分辨率问题描述

近 30 年来,围绕图像/视频空间分辨率的提升,众多学者做了大量的超分辨率复原(SR)研究工作,但多数视频 SR 算法多注重考虑空间分辨率,而忽略了时间分辨率,仅能解决低空间分辨率的问题。通常,对于单视频(或称单一视频,由单台摄像机采集),则逐帧进行单帧超分辨率;对于多路视频(或称多视频,由多台同型号、同模式的摄像机同步采集),则逐时刻进行多帧超分辨率以实现空间信息的互补。就多路视频而言,每次多帧超分辨率都必须从不同视频采集相同时刻的帧,这就需要进行繁杂的、困难的时间同步和多路视频配准。然而,虽然单视频超分辨率复原算法可以摆脱上述麻烦且能提高空间分辨率,但又存在时间分辨率低或帧缺失的问题。因此,这些视频超分辨率实际是针对空间的视频 SR 算法,在恢复和重构的视频中难免会出现诸如闪烁、间断、抖动等现象。

2003 年以色列理工学院 Feuer 研究组、2005 年以色列威兹曼科学院 Irani 研究组先后提出了时间和空间维度上的超分辨率[1-2],开创了时–空超分辨率(Space-Time Super-Resolution)研究的先河。目前,通过提高时间分辨率(即增加视频帧率)的方法,以进一步提高视频质量或视觉效果,是目前时–空超分辨率复原研究的热点之一。

根据输入视频的数量,可将基于视频时间的超分辨率复原方法[3-12]分为两大类。第一类依赖于单视频,通过单视频的帧间插值,实现视频帧率的增加。第二类依赖于同一场景、同一时间段内获取的多个视频,通过多路视频中互补帧的融合,实现视频帧率的增加。虽然这两类基于视频时间的超分辨率复原方法都致力于解决导致运动混叠的低帧率问题,但仍存在一些局限和困难,包括以下几点。

① 基于单视频时间超分辨率中的帧插值不能很好地消除视频模糊,且涉及插值函数(如样条函数、泰勒函数、正交函数、小波函数)的选择和基函数阶数的确定等,而这些要素的选择和确定,往往缺乏依据,导致插值帧的保真度较低。

② 当摄像机运动或场景动作非常快速时,图像空间去模糊方法对摄像机曝光时间长会造成运动模糊(即拖尾效应),这并不是最理想的办法,因为运动模糊的形成机理不同于空间模糊。

③ 对于基于多路视频的时间超分辨率,虽然多路视频能为超分辨率提供更多有用信息,但需要多台同型号、同模式的摄像机部署,由此会带来诸如重构中需要考虑多个不同的退化模型、各路视频间的时空对齐(时间配准和空间配准)及其精度等各种复杂的科学问题,且解决难度大。

为了改进上述面向视频超分辨率的时–空超分辨率存在的问题,本章基于重建的 MAP 超分辨率复原方法,介绍一种基于像素流和时间特征先验建模的单视频时间超分辨率算法(TPF 算法),用于提高运动模糊视频的帧率和清晰度。其优点是,首先,依赖于单台摄像机采集的单视频,视频获取更方便、更经济;其次,由于省去了多路视频的同步和时间配准,使基于视频时间的超分辨率过程更简洁;再次,视频被看作一组像素流,使视频时间超分辨率通过逐像素流的 MAP 估计像素流来完成恢复和重构,视频复原结果的保真度和可靠性得到提高,并不需要选择插值函数或确定基函数阶数。另外,像素流的时间特征先验被引入 TPF 算法中,可以很好地消除运动模糊。

4.2　空间模糊与运动模糊的形成机制

从数学角度来讲,模糊的形成是由于卷积核(kernel)对数据集的卷积造成的。一个视频可以被直观地看作一个三维数据集,V、U 三维数据集分别如图 4-1 和图 4-2 所示。

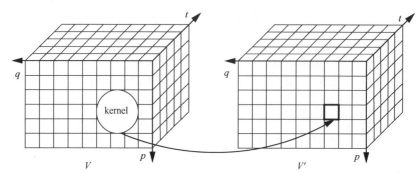

图 4-1　视频中的空间模糊形成机制

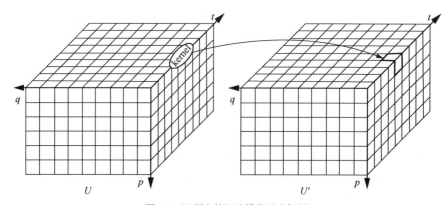

图 4-2　视频中的运动模糊形成机制

在 V、U 三维数据集中，t 是帧序号，表示时间坐标；p 和 q 表示帧中的空间坐标。V、U 三维数据集中的一个单元格（即一个数据）代表视频的一个像素，分别用 $V_{pq}(t)$、$U_{pq}(t)$ 表示。

通常认为，大气湍流和镜头散焦会导致视频帧模糊[13]。此时的卷积核（kernel）如图 4-1 所示，其中 V 和 V' 分别表示原始视频和模糊视频。图 4-1 中，卷积核沿空间坐标展开，因此，V' 中的模糊被称为空间模糊，它与空间相邻像素的加权融合相关。这些空间相邻像素必须具有相同的时间坐标。卷积核的大小为 3×3，此时，V' 中的空间模糊像素值为

$$V'_{pq}(t) = \sum_{r=-1}^{1}\sum_{s=-1}^{1}[K_{rs}V_{p+r,q+s}(t)] \quad p,q,t=0,1,2,\cdots \tag{4.1}$$

其中，K_{rs} 为卷积核中的权值，且 $\displaystyle\sum_{r=-1}^{1}\sum_{s=-1}^{1}K_{rs}=1$。

与上述空间模糊不同，如在视频监视应用方面，有时场景变化过程或图像目标运动异常快速，这使视频产生了与空间模糊不同的运动模糊。特别是，当相机

曝光时间延长，这种运动模糊会更严重。此时的卷积核（kernel）如图 4-2 所示，其中 U 表示用高速相机捕获的原始视频，U' 表示运动模糊视频。

图 4-2 中，卷积核沿时间坐标展开，因此，U' 中的模糊与时间相邻像素的加权融合相关。这些时间相邻像素必须具有相同的空间坐标，卷积核的大小为 3，此时，U' 中的运动模糊像素值为

$$U'_{pq}(t) = \sum_{r=-1}^{1}[K_r U_{pq}(t+r)] \quad p,q,t = 0,1,2,\cdots \tag{4.2}$$

其中，K_r 为卷积核中的权值，且 $\sum_{r=-1}^{1}K_r = 1$。

这里需要说明的是，当相机的帧率较低时，观测视频实际上是运动模糊视频 U' 的低帧率"版本"。图 4-3 是运动模糊视频 U' 到观测视频 U'' 的帧采样示意。

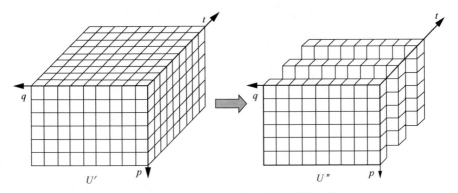

图 4-3　运动模糊视频到观测视频的帧采样示意

4.3　像素流及退化降质过程建模

空间解卷积模型没有考虑到视频中运动模糊基于时间的形成机制，使图像去模糊效果不理想。另外，用于增加帧率的插值函数，其选择或其基函数阶数的确定缺乏依据，使插值帧并不可靠。因此，需要对时–空超分辨率进一步做改进研究。

4.3.1　关于像素流

通常，可将视频看作帧的堆叠，视频处理恰是逐帧进行的。但这种策略并非唯一。事实上，从几何的角度来看，视频是一个三维（3-D）数据集，并且沿空间和时间轴相邻的数据彼此具有相关性。因此，将视频看作一组像素流，通过对

逐像素流的视频处理策略也可实现增加时间分辨率的目的。

首先，采用 $I = \{I(i)|i \in N\}$ 表示低帧率的运动模糊视频，其中，i 为帧序号，$I(i)$ 为视频 I 的第 i 帧。I 的前视图和侧视图可看作跟进关系，I 也被称为观测视频。

如果将所有帧中位于同一坐标（例如 (m,n)）的像素都串联起来，就会得到一串像素流。如图 4-4 所示，$I_{mn}(i)$ 是第 i 帧中位于坐标 (m,n) 的像素，像素流 I_{mn} 则是一个像素集 $\{I_{mn}(i)|i \in N\}$ 的有序像素串。这里，因为真正图中的像素很小，几乎不可见，所以图示的像素均被放大以利于图解。

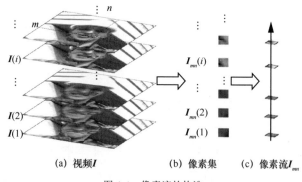

(a) 视频 I (b) 像素集   (c) 像素流 I_{mn}

图 4-4　像素流的构造

因为像素流中的每个像素是从视频相应的帧中采集的，所以像素流 I_{mn} 与视频 I 的时间采样率是相同的。由此，I_{mn} 也可称为观测像素流。此时，视频 I 可列矩阵如下

$$I = \begin{bmatrix} I_{11} & I_{12} & I_{13} & \cdots \\ I_{21} & I_{22} & I_{23} & \cdots \\ I_{31} & I_{32} & I_{33} & \cdots \\ \cdots & \cdots & \cdots & \ddots \end{bmatrix} \tag{4.3}$$

观测视频 I 矩阵的每个元素代表一个像素流，I 可以看作按帧序号排列的帧的堆叠。图 4-5 是基于式（4.3）的视频模型前视图，表明了帧与像素流之间关系的视频模型，显示了帧与像素流之间的关系，图中每个像素被虚线分隔成单元格。

图 4-6 展示了如何将观测视频帧的堆叠转换为像素流的束。在视频帧的堆叠到像素流的束的转换中，示例的视频首先被虚线分割成像素，然后像素被构造成像素流[14]。

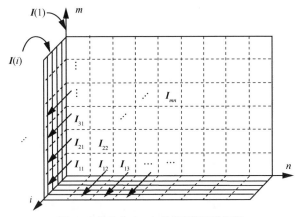

图 4-5　基于式（4.3）的视频模型前视图

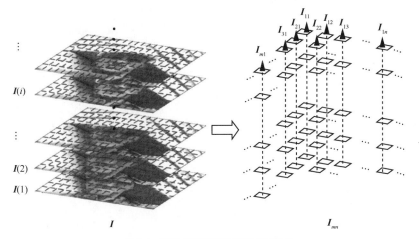

图 4-6　帧的堆叠到像素流的束的转换

4.3.2　像素流退化降质过程建模

从本质上讲，原始像素流是一个时间连续的数据流。为了适应计算机的离散计算，时间连续的数据流被采样为具有高时间分辨率的离散数据流。这种离散数据流被称为 HR 像素流。人们可以将位于坐标（m,n）处的 HR 像素流表示为 H_{mn}，描述 HR 像素流到 LR 观测像素流的退化降质过程，即像素流观测模型。

在 LR 观测视频中的像素流，即观测像素流，不是原始的 HR 像素流，而是 HR 像素流的一个退化版本。图 4-7 以位于坐标（m,n）处的像素流为例，说明退化过程。首先，因为相机相邻两次的曝光之间总是存在一个时间间隔，所以观测像素流的采样周期长于 HR 像素流。由此，观测像素流应为一个 LR 像素流。当观测像素流的采样率低于 Nyquist 频率，观测像素流会出现时间混叠。其次，因为每次曝光总是持续一段时间，所以观测像素流的每个像素实际上是曝光时间内 HR 像素的加权平均，这导致了观测像素流的时间模糊。

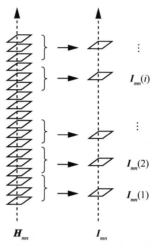

图 4-7　像素流的退化过程

综上，观测像素流在理论上是 HR 像素流的一个下采样的卷积。时间模糊就是视频中的运动模糊。这样，观测像素流也可称为 LR 运动模糊像素流。

此时，像素流的观测模型可以表示为

$$I_{mn} = FH_{mn} + n \tag{4.4}$$

其中，F 代表退化矩阵（包含模糊和采样），n 代表方差为 $\dfrac{1}{\beta}$ 的零均值高斯白噪声。

4.4　时间特征先验作为解空间约束的像素流超分辨率复原

4.4.1　MAP 估计框架下像素流超分辨率复原的贝叶斯推理

基于贝叶斯（Bayes）推理得出的 MAP 估计法属于基于重建的一类经典 SR 方法，即给定 I_{mn} 和 F，H_{mn} 的后验分布可表示为

$$P(H_{mn}|I_{mn}) = \frac{P(I_{mn}|H_{mn})P(H_{mn})}{P(I_{mn})} \tag{4.5}$$

因为 I_{mn} 是一个常数，所以以 H_{mn} 为变量，对式（4.5）的最大化等效于对分

子取对数的最大化。对式（4.5）中分子取对数可进一步推导出

$$\log[P(\boldsymbol{I}_{mn}|\boldsymbol{H}_{mn})P(\boldsymbol{H}_{mn})] = \log P(\boldsymbol{I}_{mn}|\boldsymbol{H}_{mn}) + \log P(\boldsymbol{H}_{mn}) \tag{4.6}$$

根据噪声 n 的类型，$\log P(\boldsymbol{I}_{mn}|\boldsymbol{H}_{mn})$ 可表示为

$$\log P(\boldsymbol{I}_{mn}|\boldsymbol{H}_{mn}) = -\frac{\beta}{2}\|\boldsymbol{I}_{mn} - \boldsymbol{F}\boldsymbol{H}_{mn}\|_2^2 + \text{constant} \tag{4.7}$$

其中，constant 为一常量。因此，MAP 估计求解框架下像素流超分辨率复原的解可通过对代价函数 C 迭代最小化求得[14-15]，即

$$C = -\frac{\beta}{2}\|\boldsymbol{I}_{mn} - \boldsymbol{F}\boldsymbol{H}_{mn}\|_2^2 - \log P(\boldsymbol{H}_{mn}) \tag{4.8}$$

即 HR 像素流 $\boldsymbol{H}_{mn}$ 可估计为

$$\hat{\boldsymbol{H}}_{mn} = \arg\max_{\boldsymbol{H}_{mn}}\left(\log P(\boldsymbol{H}_{mn}) - \frac{\beta}{2}\|\boldsymbol{I}_{mn} - \boldsymbol{F}\boldsymbol{H}_{mn}\|_2^2\right) \tag{4.9}$$

上述建立在统计概率基础之上的贝叶斯推理更加客观，其不像选取插值函数那样具有随机性。所以，用贝叶斯推理来实现像素流的超分辨率复原比插值函数更严谨，恢复结果自然也具有更高的保真度。

4.4.2　像素流与基于时间特征先验的建模

4.4.1 节中的式（4.8）由两部分组成，一部分是最大似然（ML）代价函数，对应于等号右边的第一项；另一部分是正则项，对应于等号右边的第二项。事实上，通过优化式（4.8）估计 $\boldsymbol{H}_{mn}$ 相当于对 $\boldsymbol{I}_{mn}$ 分解和去卷积，是图 4-8 所示过程的逆过程。如果仅通过最小化均方误差 $\|\boldsymbol{I}_{mn} - \boldsymbol{F}\boldsymbol{H}_{mn}\|_2^2$ 估计 HR 像素流 $\boldsymbol{H}_{mn}$，而忽视时间先验信息，那么就很难对 $\boldsymbol{I}_{mn}$ 分解和去卷积，使运动模糊无法消除[14]。

正则项中的多元概率分布 $P(\boldsymbol{H}_{mn})$ 利用了时间先验信息，可表示为一个高斯模型

$$P_{\mathrm{G}}(\boldsymbol{H}_{mn}) = (2\pi)^{-\frac{N}{2}}|\boldsymbol{\Gamma}^{\mathrm{T}}\boldsymbol{\Gamma}|^{\frac{1}{2}}\exp\left\{-\frac{\|\boldsymbol{\Gamma}\boldsymbol{H}_{mn}\|_2^2}{2}\right\} \tag{4.10}$$

也可表示为一个拉普拉斯模型

$$P_{\mathrm{L}}(\boldsymbol{H}_{mn}) = 2^{-N}|\boldsymbol{\Gamma}^{\mathrm{T}}\boldsymbol{\Gamma}|^{\frac{1}{2}}\exp\left\{-\|\boldsymbol{\Gamma}\boldsymbol{H}_{mn}\|_1^1\right\} \tag{4.11}$$

还可表示为上述模型的变体，其中，N 为 $\boldsymbol{H}_{mn}$ 的大小，$\boldsymbol{\Gamma}$ 为高通滤波器矩阵。大多数关于 MAP 法的文献都使用上述模型或其改进的模型变体[16-17]。

若随机地选择这些模型，在一般情况下，较难准确地刻画 HR 像素流 $\boldsymbol{H}_{mn}$ 的

特征。

事实上，式（4.10）及式（4.11）可转化为

$$P_G(\boldsymbol{\varGamma H}_{mn}) = (2\pi)^{-\frac{N_g}{2}} \exp\left\{-\frac{\left\|\boldsymbol{\varGamma H}_{mn}\right\|_2^2}{2}\right\} \tag{4.12}$$

$$P_L(\boldsymbol{\varGamma H}_{mn}) = 2^{-N_g} \exp\left\{-\left\|\boldsymbol{\varGamma H}_{mn}\right\|_1^1\right\} \tag{4.13}$$

其中，N_g 是 $\boldsymbol{\varGamma H}_{mn}$ 的大小。

将式（4.12）及式（4.13）增补一个变量——标准差 σ，作为反映感兴趣数据特征的关键变量，更实用的模型应该是

$$P_G(\boldsymbol{\varGamma H}_{mn}, \sigma_G) = (2\pi\sigma_G^2)^{-\frac{N_g}{2}} \exp\left\{-\frac{\left\|\boldsymbol{\varGamma H}_{mn}\right\|_2^2}{2\sigma_G^2}\right\} \tag{4.14}$$

$$P_L(\boldsymbol{\varGamma H}_{mn}, \sigma_L) = (2\sigma_L)^{-N_g} \exp\left\{-\frac{\left\|\boldsymbol{\varGamma H}_{mn}\right\|_1^1}{\sigma_L}\right\} \tag{4.15}$$

如果 $\boldsymbol{\varGamma H}_{mn}$ 已初始化为 $\boldsymbol{\varGamma H}_{mn}^0$，$\sigma$ 可通过最大似然法估计。σ_G 或 σ_L 的估计结果可表示为

$$\hat{\sigma}_G = \sqrt{\frac{\left\|\boldsymbol{\varGamma H}_{mn}^0\right\|_2^2}{N_g}} \tag{4.16}$$

$$\hat{\sigma}_L = \frac{\left\|\boldsymbol{\varGamma H}_{mn}^0\right\|_1^1}{N_g} \tag{4.17}$$

此时，HR 像素流的特征，即 σ，已估计出来。基于这个估计的特征和初始化的 $\boldsymbol{\varGamma H}_{mn}^0$，可得到

$$P_G(\boldsymbol{\varGamma H}_{mn}^0, \hat{\sigma}_G) = (2\pi\hat{\sigma}_G^2)^{-\frac{N_g}{2}} \exp\left\{-\frac{\left\|\boldsymbol{\varGamma H}_{mn}^0\right\|_2^2}{2\hat{\sigma}_G^2}\right\} \tag{4.18}$$

$$P_L(\boldsymbol{\varGamma H}_{mn}^0, \hat{\sigma}_L) = (2\hat{\sigma}_L)^{-N_g} \exp\left\{-\frac{\left\|\boldsymbol{\varGamma H}_{mn}^0\right\|_1^1}{\hat{\sigma}_L}\right\} \tag{4.19}$$

确定先验模型 $P(\boldsymbol{H}_{mn})$ 为

$$P(\boldsymbol{H}_{mn}) = \begin{cases} P_{\mathrm{G}}(\boldsymbol{H}_{mn}), & P_{\mathrm{G}}(\boldsymbol{\varGamma}\boldsymbol{H}_{mn}^{0}, \hat{\sigma}_{\mathrm{G}}) > P_{\mathrm{L}}(\boldsymbol{\varGamma}\boldsymbol{H}_{mn}^{0}, \hat{\sigma}_{\mathrm{L}}) \\ P_{\mathrm{L}}(\boldsymbol{H}_{mn}), & P_{\mathrm{G}}(\boldsymbol{\varGamma}\boldsymbol{H}_{mn}^{0}, \hat{\sigma}_{\mathrm{G}}) \leqslant P_{\mathrm{L}}(\boldsymbol{\varGamma}\boldsymbol{H}_{mn}^{0}, \hat{\sigma}_{\mathrm{L}}) \end{cases} \tag{4.20}$$

其中，$P_{\mathrm{G}}(\boldsymbol{H}_{mn})$ 和 $P_{\mathrm{L}}(\boldsymbol{H}_{mn})$ 分别如式（4.10）和式（4.11）所示。如果 $P_{\mathrm{G}}(\boldsymbol{\varGamma}\boldsymbol{H}_{mn}^{0}, \hat{\sigma}_{\mathrm{G}}) > P_{\mathrm{L}}(\boldsymbol{\varGamma}\boldsymbol{H}_{mn}^{0}, \hat{\sigma}_{\mathrm{L}})$，则式（4.10）的高斯模型就被选为 HR 像素流 $\boldsymbol{H}_{mn}$ 的先验模型；如果 $P_{\mathrm{G}}(\boldsymbol{\varGamma}\boldsymbol{H}_{mn}^{0}, \hat{\sigma}_{\mathrm{G}}) \leqslant P_{\mathrm{L}}(\boldsymbol{\varGamma}\boldsymbol{H}_{mn}^{0}, \hat{\sigma}_{\mathrm{L}})$，则式（4.11）的拉普拉斯模型就被选为 HR 像素流 $\boldsymbol{H}_{mn}$ 先验模型。

一旦 HR 像素流的时间先验模型确定，则出现在式（4.8）和式（4.9）中的 $\log(P(\boldsymbol{H}_{mn}))$，可以进一步明确地推导出基于时间特征先验作为解空间约束的模型，即

$$\log(P(\boldsymbol{H}_{mn})) = \begin{cases} -\dfrac{\|\boldsymbol{\varGamma}\boldsymbol{H}_{mn}\|_{2}^{2}}{2} + \mathrm{constant}, & P(\boldsymbol{H}_{mn}) = P_{\mathrm{G}}(\boldsymbol{H}_{mn}) \\ -\|\boldsymbol{\varGamma}\boldsymbol{H}_{mn}\|_{1}^{1} + \mathrm{constant}, & P(\boldsymbol{H}_{mn}) = P_{\mathrm{L}}(\boldsymbol{H}_{mn}) \end{cases} \tag{4.21}$$

显然，这种基于时间特征先验的建模是基于 σ，即基于 HR 像素流特征的。

4.4.3　像素流超分辨率复原结果的估计

为执行式（4.9），对式（4.8）中的代价函数求关于 $\boldsymbol{H}_{mn}$ 的偏导数，产生一个梯度。将这个梯度设置为零，即得到

$$\frac{\partial}{\partial \boldsymbol{H}_{mn}} \big[\log P(\boldsymbol{H}_{mn}) \big] + \beta \boldsymbol{F}^{\mathrm{T}}(\boldsymbol{I}_{mn} - \boldsymbol{F}\boldsymbol{H}_{mn}) = 0 \tag{4.22}$$

理论上，式（4.22）的解为 $\boldsymbol{H}_{mn}$ 的精确估计。但事实上，因为其解通常是奇异的，所以解析求解 $\boldsymbol{H}_{mn}$ 很难实现。如果通过 $\boldsymbol{I}_{mn}$ 的插值对 $\boldsymbol{H}_{mn}$ 适当地初始化，那么式（4.22）的解可通过迭代优化有效地求得。优化中，一旦迭代终止判据满足，则 $\boldsymbol{H}_{mn}$ 的当前估计值将作为像素流超分辨率的最终结果。此外，需要说明的是，有许多插值方法，如核回归方法等[7,18]可用于 $\boldsymbol{H}_{mn}$ 的初始化，而具体哪种方法更适于此处的插值，虽然也是一个重要研究课题，但本书中不做深入介绍。

4.5　基于像素流和时间特征先验建模的时–空超分辨率算法

1. 基于像素流和时间特征先验建模解决时–空超分辨率的研究思路

针对基于视频时间的超分辨率中，在空间解模糊的同时有效消除运动模糊和设法提高插值帧的保真度这两个关键问题，可采用基于问题驱动、理论分析、构

建模型、性能评价的研究思路，如图 4-8 所示。

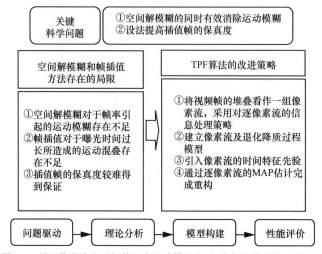

图 4-8　基于像素流和时间特征先验建模解决时-空超分辨率的研究思路

2. 低帧率运动模糊单视频的时间超分辨率复原

如上所述，运动视频中的模糊基本上是由两个因素叠加造成的，即高速运动和曝光时延。观测视频（即低帧率运动模糊视频）是高帧率视频时间卷积的降采样。因此，观测视频的每个帧可被看作高帧率视频几个帧的加权融合。正是一个曝光时延内的所有帧参与了一个观测帧的融合（观测视频形成的具体描述可见 4.2节）。然而，传统的单视频时间超分辨率复原仍面临两方面的困难。

① 如果采用帧插值，插值帧的保真度低，且仍旧有模糊现象。这是因为，选择何种插值函数（如样条函数、泰勒函数、正交函数和小波函数）一般缺乏依据。即使选择了以某函数为基的插值函数，基函数的阶数仍不能合理确定。例如，样条函数比泰勒函数是否更适合插值、2 阶（即二次）插值函数是否比 0 阶（即常数）插值函数更有效，这些都难以给出理论上的依据。

② 如果对运动模糊视频进行逐帧空间运算，则高帧率无法恢复。同时，空间去模糊并不是针对运动模糊形成机制展开的，因此它对运动模糊来说并不是最优方案。当逐帧对视频进行空间去模糊时，卷积核（即模糊核）必须事先设置或估计。在空间去模糊运算中，核的覆盖形状一般为图 4-9（a）和图 4-9（b）所示的中心对称的圆或椭圆。然而，对于运动模糊视频，其真实空间卷积核的形状却通常为图 4-9（c）和图 4-9（d）所示的一条线，它反映了视频的运动轨迹。虽然一些空间运算可以在一定程度上消除运动模糊，但并不一定恰当，这是因为设置或估计空间核的真实形状存在困难。本章还将在后续的仿真实验部分对上述的理论分析做进一步的分析和介绍。

(a) 圆　　　　　　(b) 椭圆　　　　　　(c) 直线　　　　　　(d) 曲线

图 4-9　卷积核的覆盖形状

综上，为了能用超分辨率复原高清高帧率视频，必须进行时间解卷积，这相当于对观测视频进行时间分解。将时间解卷积应用于视频，不仅可实现高帧率的恢复，而且可很好地去除视频模糊。在这里，针对低帧率运动模糊视频的基于时间的传统超分辨率将被升级改进，其思路是摒弃传统的逐帧空间复原，采用改进的逐流时间超分辨率复原（这个流时间超分辨率与 4.4.3 节中介绍的像素流超分辨率类似）。

3. TPF 算法

基于像素流和时间特征先验建模的时–空超分辨率图像复原算法的信息处理与计算包括以下几个步骤。

① 将观测视频看作如式（4.3）所示的矩阵，并将其分割为一组像素流 $\{I_{mn}\}$。

② 逐像素流执行时间的复原。

③ 根据式（4.23）将所有复原的高时间分辨率像素流 $\{\hat{H}_{mn}\}$ 组合为高帧率视频 $\hat{H}$。

$$\hat{H} = \begin{bmatrix} \hat{H}_{11} & \hat{H}_{12} & \hat{H}_{13} & \cdots \\ \hat{H}_{21} & \hat{H}_{22} & \hat{H}_{23} & \cdots \\ \hat{H}_{31} & \hat{H}_{32} & \hat{H}_{33} & \cdots \\ \vdots & \vdots & \vdots & \ddots \end{bmatrix} \tag{4.23}$$

基于像素流和时间特征先验建模的视频超分辨率复原算法（TPF 算法）如算法 4-1 所示。

算法 4-1　TPF 算法

Step1　输入低帧率运动模糊视频 $I = \{I(i) | i \in N \,\&\, 0 < i \leqslant S\}$，其中，$I(i)$ 为 I 的第 i 帧，S 为 I 中帧的数量；设 $I(i)$ 的大小为 $P \times Q$

Step2　根据式（4.3）和图 4-7，将 I 分割成一组像素流 $\{I_{mn} | m, n \in N \,\&\, 0 < m \leqslant P, 0 < n \leqslant Q\}$；$I_{mn} = \{I_{mn}(i) | i \in N \,\&\, 0 < i \leqslant S\}$ 表示位于坐标 (m, n) 处的像素流

Step3　初始化：$m = 0$；设定帧率放大倍数为 T

Step4　$m = m + 1$，$n = 0$；如果 $m > P$，则跳至 Step12

Step5　$n = n+1$；如果 $n > Q$，则返回 Step4

Step6　利用经典核回归对 $I_{mn} = \{I_{mn}(i) | i \in N \& 0 < i \leqslant S\}$ 进行插值，得到 H_{mn}^0，作为 HR 像素流 $H_{mn} = \{H_{mn}(i) | i \in N \& 0 < i \leqslant ST\}$ 的初始值

Step7　根据式（4.16）和式（4.17），分别计算 $\hat{\sigma}_G$ 和 $\hat{\sigma}_L$

Step8　根据式（4.18）和式（4.19），分别计算 $P_G(\varGamma H_{mn}^0, \hat{\sigma}_G)$ 和 $P_L(\varGamma H_{mn}^0, \hat{\sigma}_L)$

Step9　根据式（4.20）确定先验模型 $P(H_{mn})$

Step10　将式（4.21）代入式（4.9）和式（4.22），然后利用梯度下降法执行迭代优化，最终得到最优估计 $\hat{H}_{mn}$

Step11　返回 Step5

Step12　根据式（4.23），将所有恢复的高时间分辨率像素流 $\{\hat{H}_{mn}\}$ 组合，所得到的高帧率视频 $\hat{H}$ 即为最终输出的结果

4.6　超分辨率复原算法性能的评价

通过仿真实验及实验结果分析，对算法的性能进行评价。所采用的实验数据包括测试视频和真实视频。通过对基于像素流和时间特征先验建模的视频超分辨率复原算法和其他 SR 算法（如帧插值算法[7]、盲解卷积的逐帧算法[18]、泛化非局部均值模型算法、高斯先验的逐像素流算法、自适应正则化算法[5]）的仿真实验比较，以验证 TPF 算法的有效性和优越性。实验对比分析的 TPF 算法和其他算法名称及简称如表 4-1 所示。

表 4-1　实验对比分析的几种视频超分辨率算法

序号	视频超分辨率算法名称	算法简称
1	帧插值算法	FI 算法
2	盲解卷积的逐帧算法	BD 算法
3	泛化非局部均值模型算法	G-NLM 算法
4	高斯先验的逐像素流算法	GP 算法
5	自适应正则化算法	AR 算法
6	基于像素流和时间特征先验建模的视频超分辨率复原算法	TPF 算法

4.6.1　不同算法对测试视频的实验比较及性能评价

通过实验模拟比较，生成了低帧率运动模糊视频，然后用不同算法对其进行超分辨率复原。实际上，测试视频是自然场景 HR 视频降质后的结果。低帧率运

动模糊视频的模拟应该包括 2 个步骤:运动模糊和帧(时间)降采样,这两者都是通过像素流实现的。因此,帧(时间)降采样应通过对运动模糊像素流的降采样来实现。需要说明的是,采样的出发点不是运动模糊像素流的第一个像素,而需要向后偏移若干个像素。其原因是,当开始卷积时,卷积核 kernel 不能覆盖满 HR 像素流的像素,导致运动模糊像素流在前几个计算出的像素是不可靠的。如图 4-10 和图 4-11 所示,以 5 个像素大小的核为例,在计算第一个模糊像素时仅覆盖了 3 个像素,而当计算第三个模糊像素时才刚好覆盖满 5 个像素。因此,采样起始点要偏移若干个像素,以保证 LR 像素流中像素的可靠性。

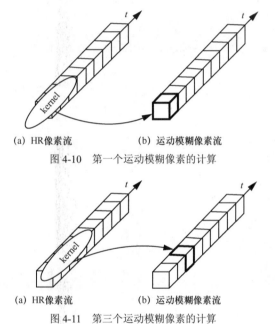

(a) HR像素流　　　　　　(b) 运动模糊像素流

图 4-10　第一个运动模糊像素的计算

(a) HR像素流　　　　　　(b) 运动模糊像素流

图 4-11　第三个运动模糊像素的计算

在接下来的实验和算法性能的评价中,衡量图像复原质量的客观评价指标选用均方误差(Mean Square Error,MSE),其表达式为

$$\text{MSE} = \frac{\left\| f - \hat{f} \right\|_2^2}{N} \tag{4.24}$$

其中,f 表示原始视频帧,$\hat{f}$ 表示恢复和重构视频中与 f 同步的帧,N 表示 f 中的像素总数。这里的 MSE 数值越小越好,即理想值是零(MSE→0)。

1. 针对"花与蜜蜂"低帧率运动模糊降质视频的实验(第一组实验)

本组实验测试环境是基于 Windows 下 Matlab 仿真平台,以"花与蜜蜂"(The Flower and Bee,F-B)观测视频为实验对象,分别对 TPF 算法、FI 算法、BD 算法[19]、G-NLM 算法、GP 算法、AR 算法等几种超分辨率复原算法进行实验测试,深入分析和比较这几种算法的图像复原实验结果，并通过 MSE 指标的客观定量评价和视觉效果的主观评价，验证 TPF 算法的优越性。

原始观测视频（灰度图像序列）是通过 50 frame/s 的摄像机获取的。从中选定若干帧（即 6、11、16、21、26 帧），而其中的第 21 帧省略未列出，如图 4-12（a）所示。降质的低帧率运动模糊视频，取其中 3 个相邻的运动模糊帧，如图 4-12（b）所示。BD 算法复原的视频如图 4-12（c）所示。

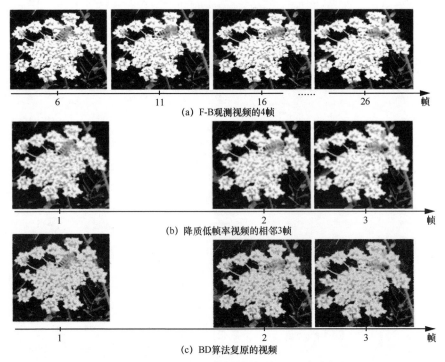

(a) F-B观测视频的4帧

(b) 降质低帧率视频的相邻3帧

(c) BD算法复原的视频

图 4-12　F-B 原始观测视频和降质视频及 BD 算法实验

降质的低帧率运动模糊视频是由原始观测视频模拟生成的。花与蜜蜂（F-B）观测视频的降质过程介绍如下。首先，依照式（4.23），观测视频被分成一组像素流；其次，用 11 像素大小的均匀核对每个像素流进行时间模糊处理，然后在时间轴进行 10 因子的降采样，并添加混合（高斯+椒盐）噪声（var=30，D=0.01），得到 LR 像素流，降采样的起始点偏移 5 个像素；最后，根据式（4.3），将所有 LR 像素流重组，得到 LR 视频。所得降质的低帧率视频，也可以看作模拟了低帧频 LR 摄像机获得的视频，图 4-12（b）列出了其中 3 个相邻的运动模糊帧。

图 4-12（c）与图 4-12（b）所示的降质低帧率视频具有相同的帧率。这是因为，盲解卷积的逐帧算法为传统逐帧的单帧超分辨率，尽管空间分辨率可复原，但帧率却无法提高。所以，逐帧超分辨率的性能较难超越可增加帧率的超分辨率复原。

对于不同 SR 算法实验恢复的高帧率视频，本章从中各选取同时段的 4 个相邻帧，分别给出了 FI 算法、G-NLM 算法、GP 算法、AR 算法和 TPF 算法的实验结果，如图 4-13 所示。其中，G-NLM 算法是在 G-NLM 滤波器基础上引入了常规的 TV 正则化约束，GP 算法是通过引入贝叶斯分类方法中常用的高斯先验使模型算法易于优化求解。设降采样因子为 2，模糊核为 3 像素均匀核，确定式（4.9）和式（4.22）中的退化矩阵 $\boldsymbol{F}$。TPF 算法的实验中，通过试错法选取式（4.22）中 β 参数的最佳取值。

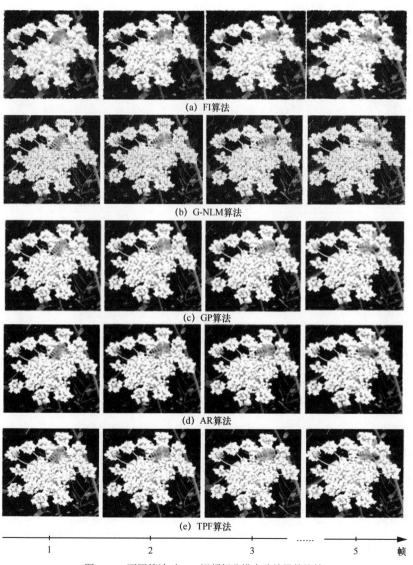

图 4-13　不同算法对 F-B 视频超分辨实验结果的比较

一般来说，核的中心对模糊像素的形成有最重要的影响。因此，模糊像素与生成此模糊像素时核中心所覆盖的像素最相似。例如，图 4-11（b）中的第三个像素与图 4-11（a）中的第三个像素最相似。在视频模拟生成降质过程中，无论生成图 4-12（b）中一帧的哪一个像素，核的中心始终位于原始视频同一帧的像素上。那么，根据视频降质过程，图 4-12（b）降质视频中的帧应分别与原始视频的第 6 帧、第 16 帧和第 26 帧相似。而且，降质视频中的帧也分别与图 4-13 中的第 1 帧、第 3 帧和第 5 帧相似，这是因为图 4-13 的视频都是降质视频中视频以因子 2 进行时间升频的结果。

因此，图 4-12（a）中 B-F 观测视频的第 6 帧、第 16 帧和第 26 帧应该分别与图 4-13 中的第 1 帧、第 3 帧和第 5 帧最相似。而原始观测视频的第 11 帧和第 21 帧（省略未列出）分别最相似于图 4-13 的第 2 帧和第 4 帧（省略未列出）也是合理的。所以说，原始观测视频的第 6 帧、第 11 帧、第 16 帧、第 21 帧和第 26 帧应该与图 4-13 的复原帧同步，图中原始观测视频显示了上述序号的帧。

表 4-2 列出了不同算法对"花与蜜蜂"运动模糊视频恢复出的相邻帧的 MSE 值（这里 MSE 值越小越好）。

表 4-2　"花与蜜蜂"运动模糊降质视频的 MSE 值

算法	第 6 帧	第 11 帧	第 16 帧	第 21 帧	第 26 帧
BD 算法	98.974	—	99.734 5	—	101.027
FI 算法	103.121	103.533	103.999	104.877	105.176
G-NLM 算法	98.803	98.814	99.102	99.025	99.441
GP 算法	93.183	93.563	94.000	94.815	95.115
AR 算法	88.496	88.635	89.433	90.440	90.776
TPF 算法	85.782	86.131	86.563	87.331	87.632

由于图 4-12、图 4-13 中同一列的所有帧应该是同步的，因此每一帧必须与相同列的原始观测帧进行计算，才能得到其 MSE 值。在这里，B-F 原始观测帧就是图 4-12（a）原始视频的帧。从图 4-12、图 4-13 和表 4-2 中的 MSE 实验值可以看到，TPF 算法视频复原的结果均是最好的。此外，由于逐帧超分辨率视频复原结果中帧的数量不足，在逐帧超分辨率中对运动模糊的空间去模糊处理效果并不理想，导致 BD 算法不佳，其 MSE 数值仅优于 FI 算法（帧插值不能实现去模糊），而低于其他算法。

在仿真实验中，由于假设模糊核和真实模糊核不同，导致 TPF 算法的视频复原结果并不是最优的。为了测试由于假设模糊核不同导致的影响，这里假设了几种不同大小的模糊核，分别用它们再进行 TPF 算法的实验及性能的评价。表 4-3列出了"花与蜜蜂"实验所得的 MSE 值。这里，模糊核假定为均匀的、大小分别为 3 像素、5 像素、7 像素、9 像素和 11 像素。从表 4-3 中可看出，随着假设核趋近于真实核（11 像素），均方误差（MSE）数值逐渐减小。

表 4-3　TPF 算法采用不同模糊核的运动模糊降质视频的 MSE 值

核的大小	第 6 帧	第 11 帧	第 16 帧	第 21 帧	第 26 帧
3 像素	85.782	86.131	86.564	87.330	87.633
5 像素	83.980	84.574	85.039	85.599	86.157
7 像素	82.184	82.703	83.186	83.799	84.376
9 像素	80.308	80. 805	81.264	81.736	82.196
11 像素	78.457	79.084	79.596	79.997	80.223

2. 针对"水文站水尺"低帧率运动模糊并含噪声视频的实验（第二组实验）

本组实验以河流水位测量中"水文站水尺"（Hydrological Station Gauge，HSG）监测视频为实验研究及算法评价的对象。原始视频包含 25 帧，通过 200 frame/s的高速摄像机获得，从中选定若干帧（即 5、9、13、17、21 帧），而其中的第17 帧，省略未列出，如图 4-14（a）所示。模拟生成的一段降质低帧率视频如图4-14（b）所示，BD 算法复原的视频如图 4-14（c）所示。

HSG 实验的模拟降质过程介绍如下。首先，设降采样因子为 2，模糊核为 3 像素均匀核；其次，采样起始点偏移改为 4 像素；再次，模糊像素流被标准差为 4 的零均值高斯噪声污染；最后，使用与第一组 F-B 实验相同的退化矩阵 F。考虑到原始观测视频的帧率为 200 frame/s 和降采样因子为 8，模拟生成的降质视频帧率为 25 frame/s。类似上述的花与蜜蜂（F-B）观测视频，由于降采样，图 4-14（b）中在相邻帧之间也出现了空白。

BD 算法复原的视频如图 4-14（c）所示。其他算法的视频超分辨实验测试结果如图 4-15 所示。

这里需要说明的是，图 4-14（b）、图 4-14（c）、图 4-15 中同一行的帧是相邻的，而同一列的帧是同步的。类似地，因为帧数不足，图 4-14（c）与图 4-15 不可比。

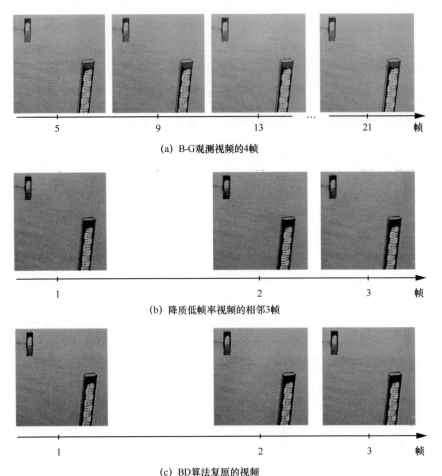

(a) B-G观测视频的4帧

(b) 降质低帧率视频的相邻3帧

(c) BD算法复原的视频

图 4-14　HSG 原始观测视频和降质视频及 BD 算法实验

从目视的主观评价分析可看出，即使添加了噪声，TPF 算法的目视效果还是最清晰些。特别是，在 HSG 的数字符号和水面气泡处，图 4-15（e）比图 4-14（c）以及图 4-15（a）～图 4-15（d）的目视效果好。

3. 针对"草丛中的蝴蝶"低帧率运动模糊并含噪声视频的实验（第三组实验）

本组实验以"草丛中的蝴蝶"（Butterfly in the Grass，B-G）观测视频为实验研究及算法评价的对象。通过 200 frame/s 的摄像机采集观测视频图像（灰度图像序列），从原始的观测视频序列中选定若干帧，如图 4-16（a）所示，原始观测视频中飞舞的蝴蝶几乎没有运动模糊（即翅膀的扇动较清晰可见）。模拟生成的一段降质的低帧率视频如图 4-16（b）所示，其中的第 17 帧省略未列出。BD 算法复原的视频如图 4-16（c）所示。

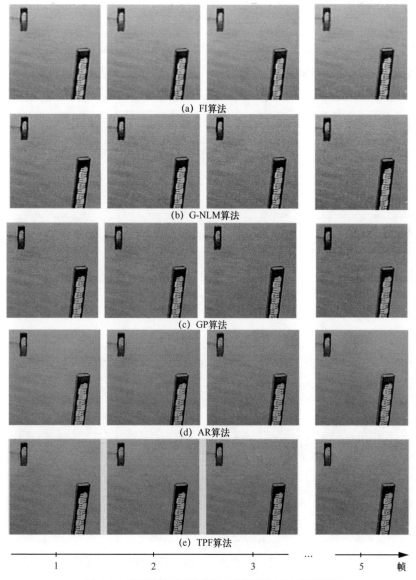

(a) FI算法

(b) G-NLM算法

(c) GP算法

(d) AR算法

(e) TPF算法

1　　　　　2　　　　　3　　　…　　5　帧

图 4-15　不同算法对运动模糊并含噪声的 HSG 视频实验

　　使用类似于第一组 F-B 实验中对原始观测视频退化方法，重新模拟生成了一段降质的低帧率视频，图 4-16（b）显示了"草丛中的蝴蝶"降质的低帧率视频的 3 个相邻帧。考虑到原始观测视频帧率为 200 frame/s 和降采样因子为 8，模拟生成的降质视频帧率为 25 frame/s。类似上述的花与蜜蜂（F-B）观测视频，由于降采样，图 4-16（b）中在相邻帧之间也出现了空白。不同算法的视频超分辨实验测试结果如图 4-17 所示。

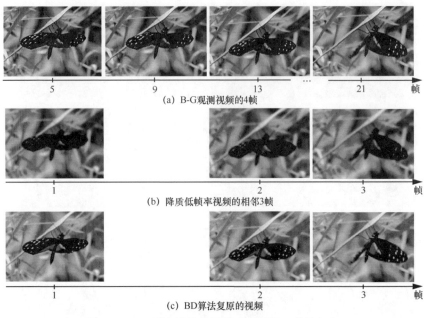

(a) B-G观测视频的4帧

(b) 降质低帧率视频的相邻3帧

(c) BD算法复原的视频

图 4-16　B-G 原始观测视频和降质视频及 BD 算法实验

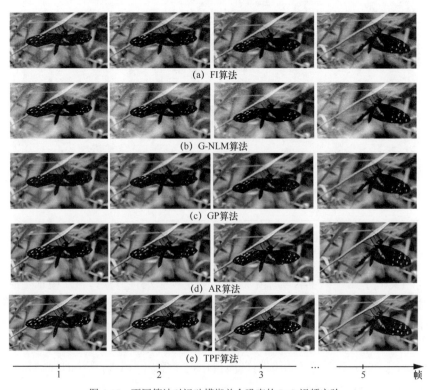

(a) FI算法

(b) G-NLM算法

(c) GP算法

(d) AR算法

(e) TPF算法

图 4-17　不同算法对运动模糊并含噪声的 B-G 视频实验

与花与蜜蜂（F-B）视频实验不同，这里"草丛中的蝴蝶"（B-G）视频的实验参数是 11 像素均匀核改为 9 像素均匀核；降采样因子改为 8；采样起始点偏移改为 4 像素；选择模糊像素流被混合（高斯+椒盐）噪声（高斯噪声 var=4，M=0）污染。

实验中，使用与上述的花与蜜蜂（F-B）实验相同的退化矩阵 F。然后，对"草丛中的蝴蝶"降质的低帧率视频进行超分辨率复原实验。实验方法和顺序也与"草丛中的蝴蝶"实验相同。在这里，图 4-17 中同一行的帧是相邻的，而同一列的帧是同步的。类似地，因为帧数不足，图 4-16（c）与图 4-17 中的图不可比。

不同算法对"草丛中的蝴蝶"复原实验的相邻帧 MSE 值如表 4-4 所示。通过观察图 4-17 可看出，TPF 算法实验结果比其他算法有更好的视觉效果（尤其在草丛和蝴蝶的细微图像上更明显），即使添加不同强度的噪声污染，TPF 算法的 MSE 值也优于其他算法。同样地，图 4-16（c）BD 算法的 MSE 指数仍逊于图 4-17（b）～图 4-17（e），但优于图 4-17（a）。

表 4-4　"草丛中的蝴蝶"运动模糊含噪声视频的 MSE 值

算法	第 5 帧	第 9 帧	第 13 帧	第 17 帧	第 21 帧
BD 算法	50.269	—	50.226	—	50.134
FI 算法	52.921	53.043	52.904	52.874	52.806
G-NLM 算法	49.702	49.670	49.807	49.084	49.376
GP 算法	44.961	45.090	45.051	44.981	44.909
AR 算法	33.695	33.822	33.937	33.852	33.769
TPF 算法	26.628	26.587	26.702	26.764	26.699

为进一步验证 TPF 算法对不同强度噪声污染视频恢复和重构的稳健性，这里将图 4-16（b）生成过程中添加的高斯噪声标准差分别改为 2、3、4、5 和 6，在此标准差噪声下，利用 TPF 算法对它们进行复原实验。MSE 值随不同标准差的变化曲线如图 4-18 所示。

图 4-18（a）和图 4-18（b）分别表示了第 5 帧和第 21 帧在不同算法、不同高斯噪声标准差的 MSE 数值变化曲线。图 4-18 表明，TPF 算法对不同强度噪声污染的视频具有稳健性，且其 MSE 值也均优于其他算法。

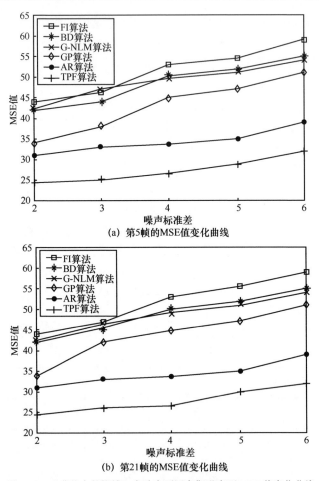

(a) 第5帧的MSE值变化曲线

(b) 第21帧的MSE值变化曲线

图 4-18 "草丛中的蝴蝶"实验中不同高斯噪声下 MSE 值变化曲线

4.6.2 不同算法对真实视频的实验比较及性能评价

以两段 25 frame/s 的真实视频为研究对象，进行灰度视频"Foreman"实验（第四组实验）和彩色视频"Pitcher"实验（第五组实验），进一步验证 TPF 算法的性能。

1. 真实灰度视频 Foreman 的实验（第四组实验）

第四组实验选用的是真实灰度视频 Foreman（工头），选出的真实低帧率视频相邻 3 帧如图 4-19 所示。超分辨实验测试结果如图 4-20 所示。

在拍摄过程中，由于低帧率和物体运动的综合作用，真实视频的每一帧都产生了运动模糊，视频中的这位 Foreman 不停地摇晃，使他的面部轮廓、牙齿和安全帽边缘出现了运动模糊。

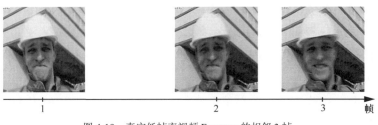

图 4-19　真实低帧率视频 Foreman 的相邻 3 帧

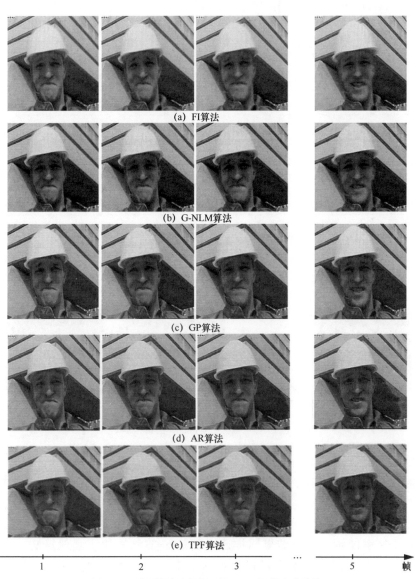

图 4-20　不同算法对真实视频 Foreman 的实验结果

　　显然，时间超分辨率可以在提高该视频时间分辨率的同时，对其进行去模糊。对于第一组实验，时间升频因子设置为 2，而视频的空间分辨率是保持不变的。在图 4-20 中，每种算法的实验结果中选出的 5 个相邻帧，其帧率为 50 frame/s。从图 4-20 可看出，TPF 算法的目视效果最清晰。特别是，图 4-20（e）中 Foreman 的面部轮廓、牙齿和安全帽边缘比图 4-20（a）~图 4-20（d）的目视效果好。

　　对于 Foreman 的实验，不同算法复原的相邻帧 MSE 值如表 4-5 所示。通过与图 4-20 的比较可看出，MSE 指标值客观评价与视觉效果评价是一致的。

表 4-5　Foreman 实验的均方误差 MSE 值

算法	第 5 帧	第 9 帧	第 13 帧	第 17 帧	第 21 帧
FI 算法	51.857	52.307	51.8946	51.795	51.953
G-NLM 算法	48.950	48.782	48.624	49.005	48.8300
GP 算法	43.871	43.894	44.008	43.872	43.656
AR 算法	33.584	33.711	33.826	33.740	33.658
TPF 算法	26.596	26.554	26.681	26.742	26.675

2. 真实彩色视频 Pitcher 的实验（第五组实验）

　　第五组实验选用另一组棒球比赛的真实彩色视频 Pitcher，图 4-21 为一场棒球比赛的相邻 3 帧。真实彩色视频 Pitcher 的不同算法实验结果如图 4-22 所示。

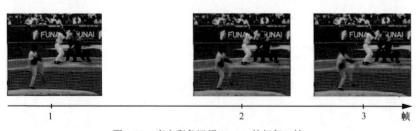

图 4-21　真实彩色视频 Pitcher 的相邻 3 帧

　　实验保留了视频 Pitcher 的色彩。图 4-22（a）中的模糊比 Foreman 中不停摇晃的 Foreman 模糊更严重，即棒球比赛真实彩色视频中投手的手臂和腿都有严重的运动模糊。运用灰度视频 Foreman（第四组实验）相同的方法和处理流程，对真实彩色视频 Pitcher 进行恢复和重构，获得了如图 4-22 所示的若干高帧率视频。实验结果同样证明了 TPF 算法均优于其他算法。目视分析评价图 4-22（e），投手手臂和腿的动作被清晰重现，而他的鞋子轮廓也几乎清晰可见。

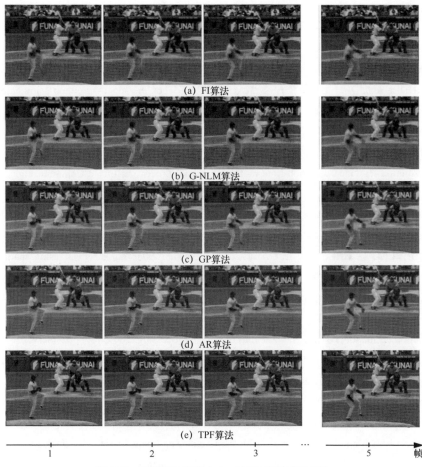

图 4-22　真实彩色视频 Pitcher 的不同算法实验结果

综上实验分析和算法的性能评价，得到以下结论。通过单路灰度视频和单路彩色视频的多组实验测试，经主观目视分析评价和 MSE 指标的客观定量评价，本章介绍的 TPF 算法与 FI 算法、BD 算法、G-NLM 算法、GP 算法和 AR 算法相比，在空间解模糊且有效消除运动模糊和提高插值帧保真度性能等方面具有一定的优势。另外，通过对不同强度噪声污染视频的实验，也验证了 TPF 算法具有较好的稳健性。

参考文献

[1]　GOLDBERG N, FEUER A, GOODWIN G C. Super-resolution reconstruction using

spatio-temporal filtering[J]. Journal of Visual Communication and Image Representation, 2003, 14(4): 508-525.

[2] SHECHTMAN E, CASPI Y, IRANI M. Space-time super-resolution[J]. IEEE Transactions on Pattern Analysis and Machine Intelligence, 2005, 27(4): 531-545.

[3] MUDENAGUDI U, BANERJEE S, KALRA P K. Space-time super-resolution using graph-cut optimization[J]. IEEE Transactions on Pattern Analysis and Machine Intelligence, 2011, 33(5): 995-1008.

[4] SALVADOR J, KOCHALE A, SCHWEIDLER S. Patch-based spatio-temporal super-resolution for video with non-rigid motion[J]. Signal Processing-Image Communication, 2013, 28(5): 483-493.

[5] SONG H, QING L, WU Y, et al. Adaptive regularization-based space-time super-resolution reconstruction[J]. Signal Processing-Image Communication, 2013, 28(7): 763-778.

[6] QUEVEDO E, CRUZ J D L, CALLICO G M, et al. Video enhancement using spatial and temporal super-resolution from a multi-camera system[J]. IEEE Transactions on Consumer Electronics, 2014, 60(3): 420-428.

[7] TAKEDA H, MILANFAR P, PROTTER M, et al. Super-resolution without explicit subpixel motion estimation[J]. IEEE Transactions on Image Processing, 2009, 18(9): 1958-1975.

[8] LI Y, LI X, FU Z, et al. Bilateral video super-resolution using non-local means with adaptive parameters[C]//2016 IEEE International Conference on Image Processing. Piscataway: IEEE Press, 2016: 1155-1159.

[9] PROTTER M, ELAD M, TAKEDA H, et al. Generalizing the nonlocal-means to super-resolution reconstruction[J]. IEEE Transactions on Image Processing, 2009, 18(1): 36-51.

[10] LI D, WANG Z. Video super-resolution via motion compensation and deep residual learning[J]. IEEE Transactions on Computational Imaging, 2017, 3(4): 749-762.

[11] DAI Q, YOO S, KAPPELER A, et al. Sparse representation based multiple frame video super-resolution[J]. IEEE Transactions on Image Processing, 2017, 26(2): 765-781.

[12] ZHANG T, GAO K, NI G, et al. Spatio-temporal super-resolution for multi-videos based on belief propagation[J]. Signal Processing: Image Communication, 2018, 68: 1-12.

[13] FARSIU S, ROBINSON M D, ELAD M, et al. Fast and robust multi-frame super-resolution[J]. IEEE Transactions on Image Processing, 2004, 13(10): 1327-1344.

[14] XU F, XU M, JIANG D, et al. Temporal super-resolution based on pixel stream and featured prior model for motion blurred single video[J]. Journal of Electronic Imaging, 2016, 25(5): 053011.

[15] XU F, FAN T, HUANG C, et al. Block-based MAP superresolution using feature-driven prior model[J]. Mathematical Problems in Engineering, 2014, 2014(7): 1-14.

[16] PICKUP L C. Machine learning in multi-frame image super-resolution[D]. Oxford: University of Oxford, 2007.

[17] KATSUKI T, TORII A, INOUE M. Posterior-mean super-resolution with a causal Gaussian Markov random field prior[J]. IEEE Transaction on Image Processing, 2012, 21(7): 3182-3193.

[18] 石爱业, 徐枫, 徐梦溪. 图像超分辨率重建方法及应用[M]. 北京: 科学出版社, 2016.

[19] BABACAN S D, MOLINA R, KATSAGGELOS A K. Variational bayesian super resolution[J]. IEEE Transaction on Image Processing, 2011, 20(4): 984-999.

第5章 稀疏字典学习与超分辨率复原

本章首先介绍稀疏表示与稀疏字典学习的基本知识，然后介绍基于稀疏表示的单帧图像超分辨率复原、基于全局分析性稀疏先验的超分辨率复原等内容。

5.1 稀疏表示与稀疏字典学习

（1）稀疏表示

稀疏表示作为一种信号表示方法，可以把信号表示成有限元素的线性组合。稀疏表示尽可能少地从原始信号中提取基本信息，然后对提取的信息进行线性组合后，用它来表示原始信号中的所有信息。这里，信号的表达通过稀疏表示方法可以变得更简单，于是信号中主要信息的获得就变得更加容易，这样便于信号的处理。压缩感知理论也证明，在不严苛的条件下，稀疏表示的信号可以从其下采样信号中正确地恢复，这为超分辨率图像/视频复原提供了理论基础。典型的稀疏表示过程如图 5-1 所示。

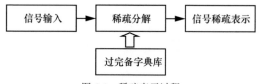

图 5-1　稀疏表示过程

图 5-1 所示的稀疏表示可以说是在给定的过完备字典库中用尽可能少的原子来表示信号，以获得信号更简洁的表示方式。从数学本质上看，信号稀疏表示也就是稀疏正规化下的信号分解，它包括字典的生成和信号的稀疏分解这两个主要任务[1-2]。

根据过完备稀疏表示理论，假设 $x \in R^n$ 是要编码的目标信号，$\phi = [\phi_1, \phi_2, \cdots, \phi_K] \in R^{n \times K}$ 是一个合适的过完备字典，定义 $\alpha = [\alpha_1, \alpha_2, \cdots, \alpha_K] \in R^K$ 为稀疏表示系数，x 可用 ϕ 中几个基元的线性组合来表示，即

$$x = \sum_{i=1}^{K} \phi_i \alpha_i = \phi \alpha \tag{5.1}$$

式（5.1）中，x 在 ϕ 上的稀疏表示问题就是要寻找一个尽可能稀疏的向量 α，

使 $x \approx \phi\alpha$。为控制噪声强度或稀疏表示误差 $\|x - \phi\alpha\|_2^2 \leqslant \varepsilon$，用 $\|\alpha\|_0 \ll n$ 来对 α 的稀疏性进行度量，$\|\alpha\|_0$ 表示计量 α 中非零元素的个数。利用拉格朗日乘子法（Lagrange Multiplier），则稀疏表示问题的最小化目标方程的正则化表示形式为

$$\hat{\alpha} = \arg\min_{\alpha}\{\|x - \phi\alpha\|_2^2 + \lambda\|\alpha\|_0\} \tag{5.2}$$

其中，$\|x - \phi\alpha\|_2^2$ 为稀疏表示的误差项，$\|\alpha\|_0$ 为稀疏性约束正则化项，λ 为正则化参数（用于均衡 $\|x - \phi\alpha\|_2^2$ 项和 $\|\alpha\|_0$ 项的相对影响）。

在 α 足够稀疏的条件下，可以用凸的 L_1 范数代替非凸的 L_0 范数，这时最小化目标方程（即稀疏表示模型）可表示为

$$\hat{\alpha} = \arg\min_{\alpha}\{\|x - \phi\alpha\|_2^2 + \lambda\|\alpha\|_1\} \tag{5.3}$$

最后，通过 $\hat{x} = \phi\hat{\alpha}$ 即可得到原始信号的估计。

（2）字典构造

在稀疏表示过程中，字典构造也是非常关键的一个环节。在构造字典时，字典原子需要满足以下条件：① 若信号维度为 N，那么字典原子必须能够张成整个 N 维空间；② 字典原子必须彼此线性无关，也就是信号的稀疏表示必须唯一。这样一来，用来作为字典原子的基函数的选择会直接对稀疏表示的性能产生影响。

对字典进行构造常采用的方法有两类，即基于数学建模的方法和基于自适应学习的方法。基于数学建模的方法，字典由数学模型构造，这类字典的构造有 DCT、脊波、小波等方法。基于数学建模的方法中，构造字典具有数值计算快、结构性好等特点，但由于其字典结构是不变的，故这类方法对数据处理缺乏自适应性。基于自适应学习的方法具有自适应性，采用学习的方法通过训练样本得到字典，能够更加准确地对信号进行表达。

（3）稀疏性先验与超分辨率复原

对单帧图像的超分辨率复原是在已知输入为 LR 图像的情况下，重构得到 HR 图像的输出。对于超分辨率复原求解的病态反问题，基于重建的正则化方法是通过引入图像的一些先验信息/知识对解空间加以约束，而基于稀疏表示的方法则利用图像的稀疏性作为先验约束。

稀疏性先验的约束求解通常是对 HR 自然场景图像 x 中的图像块 x_i（大小为 $\sqrt{n} \times \sqrt{n}$）进行稀疏性约束，假设 x_i 可稀疏表示为 $\hat{x}_i = \phi\alpha_i$，其中，α_i 是稀疏表示系数，ϕ 是 HR 字典。而图像块 x_i 又可表示为 $x_i = R_i x$，$i = 1, 2, \cdots, N$，R_i 是图像块提取矩阵。

自然场景 HR 图像原始信号 x 的估计可通过重建图像块 $\hat{x}_i$ 计算得到，结合 $\hat{x}_i = \phi\alpha_i$ 和 $x_i = R_i x$，$i = 1, 2, \cdots, N$，以及转置运算、字典 ϕ 构建等，$\hat{x}$ 可表示为

$$\hat{\boldsymbol{x}} = \left(\sum_{i=1}^{N} \boldsymbol{R}_i^{\mathrm{T}} \boldsymbol{R}_i\right)^{-1} \sum_{i=1}^{N} \boldsymbol{R}_i^{\mathrm{T}} \boldsymbol{\phi} \boldsymbol{\alpha}_i \qquad (5.4)$$

用 $\boldsymbol{\alpha}$ 表示所有 $\boldsymbol{\alpha}_i$ 的集合，则式（5.4）又可表示为

$$\hat{\boldsymbol{x}} = \boldsymbol{\phi}\boldsymbol{\alpha} \triangleq \left(\sum_{i=1}^{N} \boldsymbol{R}_i^{\mathrm{T}} \boldsymbol{R}_i\right)^{-1} \sum_{i=1}^{N} \left(\boldsymbol{R}_i^{\mathrm{T}} \boldsymbol{\phi} \boldsymbol{\alpha}_i\right) \qquad (5.5)$$

结合图像观测模型 $\boldsymbol{y} = \boldsymbol{DHx} + \boldsymbol{n}$，稀疏表示模型在考虑稀疏性作为先验约束条件下得到下述形式

$$\hat{\boldsymbol{\alpha}} = \arg\min_{\boldsymbol{\alpha}} \{\|\boldsymbol{y} - \boldsymbol{DH}\boldsymbol{\phi}\boldsymbol{\alpha}\|_2^2 + \lambda\|\boldsymbol{\alpha}\|_1\} \qquad (5.6)$$

在求得 $\hat{\boldsymbol{\alpha}}$ 之后，可得到对自然场景 HR 图像原始信号 $\boldsymbol{x}$ 的估计 $\hat{\boldsymbol{x}} = \boldsymbol{\phi}\hat{\boldsymbol{\alpha}}$，即实现对 HR 目标图像的超分辨率复原。

基于稀疏字典学习的超分辨率复原原理性计算与信息处理框架[3-4]如图 5-2 所示。其计算流程主要包括训练样本提取、字典学习和图像重构。

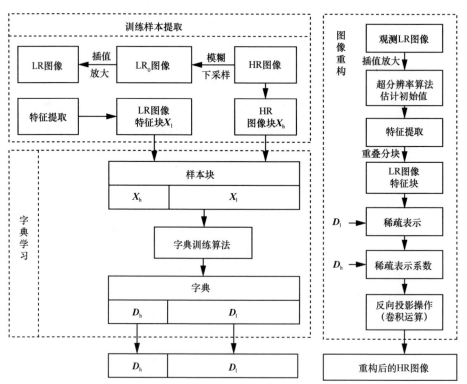

图 5-2　基于稀疏字典学习的 SR 原理性计算与信息处理流程

训练样本提取。LR 样本块是将训练数据集中的每一帧原始 HR 图像先进行模

糊和下采样操作，以得到 LR 图像，再对其进行插值以放大到原始尺寸（和原始 HR 图像一样大小的尺寸），所得图像依然是狭义上的 LR 图像，然后对该图像进行分块。为保证图像块之间的兼容性，Yang 等[3]所提方法的相邻块之间有重叠部分。对 LR 图像块利用 4 个滤波器进行特征提取，便得到 LR 图像特征块也即 LR 样本块。HR 样本块先对原始 HR 图像进行分块，然后每个块减去其像素均值即得 HR 样本块。

字典学习。输入 HR 图像经过样本提取环节获得样本块后学习出字典。首先将得到的 LR、HR 样本块组合在一起进行联合字典训练。在 Yang 等[3]提出的基于稀疏表示的单帧图像超分辨率重构方法中，得到的 LR、HR 字典能够保证 LR 图像块和 HR 图像块稀疏表示系数的一致性，然后用此系数乘以 HR 字典就能得到要恢复的 HR 图像块。

图像重构。输入 LR 图像，通过特征提取后结合学习到的字典，复原出 HR 目标图像。图像重构过程中，对所需重构的图像采用插值法放大到所需要的大小，对其进行特征提取，得到特征图后再进行分块操作，将 LR 图像特征块用 LR 字典进行稀疏表示，经稀疏系数后，结合 HR 字典，并在全局重构中采用反向投影滤波器用于重构过程的约束，最后得到 HR 目标图像。

5.2 基于稀疏表示的单帧图像超分辨率方法

基于稀疏表示的单帧图像超分辨率重构的代表性方法是由 Yang 等[3]提出的。该方法受图像块可以表示为选择适当过完备字典的稀疏线性组合形式的启发，采用一种对 LR 输入图像块的稀疏表示，然后用此稀疏表示的系数来生成 HR 输出的策略，通过对 LR 图像块字典和 HR 图像块字典的联合训练，强化 LR 和 HR 图像块与之对应真实字典稀疏表示的相似性，从而 LR 图像块的稀疏表示和 HR 图像的过完备字典一起作用来重建出 HR 图像块，然后由 HR 图像块合成得到最终完整的 HR 图像。该方法中的学习字典对是块对更紧凑的表示，它只需对大量图像块对进行采样，相比传统方法，计算成本可显著降低，且局部稀疏模型对噪声具有自适应稳健性。下面对基于稀疏表示的单帧图像超分辨率重构的代表性方法[3]做简单介绍。

5.2.1 稀疏表示的局部模型与全局重构的约束增强

1. 基本思路

令 $D \in R^{n \times K}$ 为 K 原子的过完备字典（$K > n$），并假设信号 $x \in R^n$ 可以表示为相对于 D 的稀疏线性组合。信号 x 可以写成 $x = D\alpha_0$，其中 $\alpha_0 \in R^K$ 是一个只有很

少个非零项的向量。实际中，人们可能只观察到 x 的一小部分测量值 y，即

$$y = Lx = LD\alpha_0 \qquad (5.7)$$

其中，$K > n$，$L \in R^{K \times n}$ 是投影矩阵。在超分辨率重建中，x 表示 HR 图像块，y 表示其 LR 对应部分（或从中提取的特征），X 和 Y 分别表示 HR 和 LR 图像，D 表示稀疏编码的字典，D_h 和 D_l 分别表示 HR 和 LR 图像块的字典。如果字典 D 太完备，则未知系数 α 的方程 $x = D\alpha$ 不确定，方程 $y = LD\alpha$ 的不确定性更大。然而，在不严苛的条件下，该方程的最稀疏解 α_0 将是唯一的。此外，如果 D 满足适当的近似等距条件，那么对于各种各样的矩阵 L，可以从 LR 图像块几乎完美地恢复 HR 图像块 x 相对于 D 的任何稀疏线性表示。

我们知道，单帧图像超分辨率复原是对于给定的 LR 图像 Y，恢复出相同场景的 HR 图像 X。为解决超分辨率复原的病态问题，需要建立两个约束条件，一是重建约束，要求相对于图像观测模型，恢复和重构的 X 应尽量与输入的 Y 一致。二是稀疏先验，假设可以选择合适的过完备字典稀疏地表示 HR 图像块，并且可以从 LR 观测中恢复其稀疏表示。

2. 重构约束

观测到的 LR 图像 Y 是 HR（自然场景）图像 X 的模糊和降采样版本，即

$$Y = SHX \qquad (5.8)$$

其中，H 表示模糊滤波器，S 表示下采样操作。

由于 SR 的病态问题，对于给定的输入 LR 图像 Y，理论上存在无限多的 HR 图像 X 满足上述重构的可能。因此首先在 X 的小块 x 上通过稀疏先验加以约束求解。

3. 稀疏先验

HR 图像 X 的块 x 可以表示为字典 D_h 中的稀疏线性组合，该字典 D_h 是从训练图像中采样的 HR 图像块中训练得到的，即

$$x \approx D_h \alpha, \ \alpha \in R^K 且 \|\alpha\|_0 \ll K \qquad (5.9)$$

对于与 D_h 共同训练的 LR 字典 D_l，通过表示 LR 图像 Y 的块 y，得到稀疏表示的系数 α。

4. 稀疏表示的局部模型

在稀疏表示的局部模型中，需要训练两个字典，一个是 HR 字典 D_h，另一个是 LR 字典 D_l，且要求这两个字典对每个 LR、HR 图像块的稀疏表示相同。对于每个图像块，减去其像素的平均值，得到的是字典表示的图像纹理，而非图像的绝对亮度。在恢复时，每个图像块减去的像素平均值由 LR 图像进行估计。

对于每个输入的 LR 图像块 y，先找出它相对于 D_l 的稀疏表示以及稀疏系数。

再根据稀疏系数从字典 D_h 中恢复出 HR 图像块 x，则 y 的最优稀疏表示问题可以描述为

$$\min \|\alpha\|_0, \quad \text{s.t.} \|FD_1\alpha - Fy\|_2^2 \leq \varepsilon \tag{5.10}$$

其中，F 为线性特征提取算子，其主要作用是提供一个关于稀疏系数 α 更接近 y 的约束。

已有的研究成果表明，有关 y 的最优稀疏表示问题，只要 α 足够稀疏，就可以通过最小化 L_1 范数来有效地进行重构，即

$$\min \|\alpha\|_1, \quad \text{s.t.} \|FD_1\alpha - Fy\|_2^2 \leq \varepsilon \tag{5.11}$$

拉格朗日乘数提供了一个等价的表达式

$$\min_{\alpha} \|FD_1\alpha - Fy\|_2^2 + \lambda \|\alpha\|_1 \tag{5.12}$$

其中，λ 是用来保持解的稀疏性和逼近 y 的保真性这两者之间的平衡。

对于每个局部图像块，如果各自单独依据式（5.12）计算，则不能确保相邻图像块之间的兼容。为此使用一趟聚类（one-pass）算法来协调相邻图像块间的兼容性，按照从左到右、从上到下的顺序对图像中的图像块进行光栅扫描式处理，通过对式（5.11）进行修正，使图像块 y 的重构 $D_h\alpha$ 被约束为与先前计算的相邻 HR 图像块高度相同，此时优化问题变为

$$\min \|\alpha\|_1, \quad \text{s.t.} \|FD_1\alpha - Fy\|_2^2 \leq \varepsilon_1 \|PD_h\alpha - \omega\|_2^2 \leq \varepsilon_2 \tag{5.13}$$

其中，矩阵 P 用于提取重叠区域，这个重叠区域是指当前目标图像块与重建后的 HR 图像之间重叠的部分，ω 是重建后的 HR 图像在重叠区域的值。式（5.13）可利用拉格朗日乘数等价为

$$\min_{\alpha} \|\tilde{D}\alpha - \tilde{y}\|_2^2 + \lambda \|\alpha\|_1 \tag{5.14}$$

其中，$\tilde{D} = \begin{bmatrix} FD_1 \\ \beta PD_h \end{bmatrix}$，$\tilde{y} = \begin{bmatrix} Fy \\ \beta\omega \end{bmatrix}$，$\beta$ 在匹配 LR 输入和寻找与相邻图像块兼容的 HR 图像块两者之间起平衡作用。得到最优解 α^* 后，HR 图像块可通过 $x = D_h\alpha^*$ 来重构。

5. 全局重构的约束增强

式（5.11）和式（5.13）并不要求 LR 图像块 y 与其重构 $D_1\alpha$ 之间精确相等，由于噪声的存在，得到的 HR 图像 X_0 可能不满足重构约束式（5.8）。对此，将 X_0 投影到 $SHX = Y$ 的解空间加以解决。计算

$$X^* = \arg\min_X \|SHX - Y\|_2^2 + c\|X - X_0\|_2^2 \tag{5.15}$$

基于梯度下降法优化求解，其迭代求解方程为

$$X_{t+1} = X_t + v\left[H^\mathrm{T} S^\mathrm{T} \left(Y - SHX_t \right) + c\left(X - X_0 \right) \right] \tag{5.16}$$

其中，X_t 为 t 次迭代后 HR 图像的估计值，v 为梯度下降的步长。

经优化求解计算，得到 X^* 优化结果，即是 HR 图像的最终估计。基于稀疏表示的单帧图像 SR 算法如算法 5-1 所示[3-4]。

算法 5-1 基于稀疏表示的单帧图像 SR 算法

Step1 输入训练字典 D_h 和 D_l，一帧 LR 图像 Y

Step2 对于 Y 的每个 3×3 块 y，从左上角开始，每个方向上有一个像素重叠；计算块 y 的平均像素值 m；依据式（5.14）定义的 $\tilde{D}$ 和 $\tilde{y}$ 优化求解；生成 HR 块，计算 HR 图像 X_0

Step3 使用梯度下降法优化求解，找到最接近 X_0 且满足重构约束的图像

Step4 输出超分辨率图像 X^*

5.2.2 学习字典对

每对 HR 和 LR 图像块相对于各自字典 D_h 和 D_l 的稀疏表示系数是一样的，直接对图像块进行成对采样是对 D_h 和 D_l 字典最简单的获取方法，这样可以保留 HR 和 LR 图像块之间的对应关系。然而，由于大量的字典需要处理，使计算成本较高。通过采用紧凑字典对的学习策略，可以提高计算效率。

1. 单一字典训练

稀疏编码所要解决的问题是设法找到信号相对于一个过完备字典 D 的稀疏表示，该字典往往从一组训练样本 $X = \{x_1, x_2, \cdots, x_t\}$ 中学习。采用已有成熟的稀疏编码算法，通过学习一个紧凑的字典，式（5.10）的稀疏表示可以从式（5.11）中的 L_1 范数最小化来恢复。

稀疏编码字典 D 的表达式为

$$D = \arg\min_{D,Z} \|X - DZ\|_2^2 + \lambda \|Z\|_1,\ \text{s.t.}\ \|D_i\|_2^2 \leqslant 1,\ i = 1, 2, \cdots, K \tag{5.17}$$

其中，L_1 范数 $\|Z\|_1$ 用来增强稀疏性，D 列上的 L_2 范数约束则用于消除缩放模糊度。式（5.17）在 D 和 Z 不同时都是凸的，但是当其中一个固定时，另一个是凸的。对于 D 和 Z，优化方式介绍如下。

① 用高斯随机矩阵初始化 D，并将每个列单元归一化。

② 固定字典 D，按式（5.18）更新 Z

$$Z = \arg\min_Z \|X - DZ\|_2^2 + \lambda \|Z\|_1 \tag{5.18}$$

③ 固定 Z，按式（5.19）更新 D

$$D = \arg\min_{D}\left\|X - DZ\right\|_2^2, \text{ s.t. } \left\|D_i\right\|_2^2 \leqslant 1,\ i = 1,2,\cdots,K \tag{5.19}$$

④ 进行迭代，直至收敛。

2. 联合字典训练

从样本集中训练出 LR、HR 图像块的字典，同时使 HR 图像块与相应 LR 图像块有相同的稀疏表示系数，HR 图像块的稀疏编码求解可以描述为

$$D_{\mathrm{h}} = \arg\min_{\{D_{\mathrm{h}},Z\}}\left\|X^{\mathrm{h}} - D_{\mathrm{h}}Z\right\|_2^2 + \lambda\left\|Z\right\|_1 \tag{5.20}$$

同样，LR 图像块的稀疏编码求解可类似地描述为

$$D_{\mathrm{l}} = \arg\min_{\{D_{\mathrm{l}},Z\}}\left\|Y^{\mathrm{l}} - D_{\mathrm{l}}Z\right\|_2^2 + \lambda\left\|Z\right\|_1 \tag{5.21}$$

HR 和 LR 图像块采用同样的稀疏编码来求解的联合表达式为

$$\min_{\{D_{\mathrm{h}},D_{\mathrm{l}},Z\}}\frac{1}{N}\left\|X^{\mathrm{h}} - D_{\mathrm{h}}Z\right\|_2^2 + \frac{1}{M}\left\|Y^{\mathrm{l}} - D_{\mathrm{l}}Z\right\|_2^2 + \lambda\left(\frac{1}{N}+\frac{1}{M}\right)\left\|Z\right\|_1 \tag{5.22}$$

其中，N 和 M 分别为 HR 和 LR 图像块向量形式的维度，$\frac{1}{N}$ 和 $\frac{1}{M}$ 是用来平衡式（5.20）和式（5.21）中的成本因子。

式（5.22）也可表示为

$$\min_{\{D_{\mathrm{h}},D_{\mathrm{l}},Z\}}\left\|X_{\mathrm{c}} - D_{\mathrm{c}}Z\right\|_2^2 + \lambda\left(\frac{1}{N}+\frac{1}{M}\right)\left\|Z\right\|_1 \tag{5.23}$$

或者

$$\min_{\{D_{\mathrm{h}},D_{\mathrm{l}},Z\}}\left\|X_{\mathrm{c}} - D_{\mathrm{c}}Z\right\|_2^2 + \hat{\lambda}\left\|Z\right\|_1 \tag{5.24}$$

其中，$X_{\mathrm{c}} = \begin{bmatrix}\frac{1}{\sqrt{N}}X^{\mathrm{h}}\\[4pt]\frac{1}{\sqrt{M}}Y^{\mathrm{l}}\end{bmatrix}$，$D_{\mathrm{c}} = \begin{bmatrix}\frac{1}{\sqrt{N}}D_{\mathrm{h}}\\[4pt]\frac{1}{\sqrt{M}}D_{\mathrm{l}}\end{bmatrix}$。

由此，可以仿照单一字典训练中使用的学习方法来训练这两个字典。此外，由于算法中使用了 LR 图像块的特征，因此 D_{h} 和 D_{l} 不能简单地通过线性变换连接，否则式（5.24）的训练过程仅由 HR 图像块决定[3]。

3. LR 图像块的特征表示

基于稀疏表示的单帧图像 SR 算法中使用了特征提取算子 F 来保证所计算的稀疏系数 α 能够非常接近地表示 LR 信号，从而对 HR 图像块重构有更准确的预估计[3]。一般来说，F 的作用相当于高通滤波器，因为人眼往往对图像的高频内容更敏感，所以对于 HR 目标图像中缺损的高频内容常常也是利用 LR 图像中的

高频分量进行预测的。

在算法中，参考了文献[5]将每个图像块经过一组滤波器生成的 4 个特征向量组合成一个向量的方法，将 LR 训练图像样本输入 4 个滤波器中，将 LR 训练图像样本输入以上 4 个滤波器，得到 4 个 LR 训练图像的梯度图，分别在 4 个梯度图中同一位置取出一个图像块，特征向量是由 4 个图像块组合得到的。所以，充分考虑了每一个 LR 图像块特征所表示的邻域信息，这有利于提高最终超分辨率图像中相邻块之间的兼容性。

为使重构效果更好，先对 LR 图像采用上采样方法进行处理，再提取特征。所以对 LR 图像先用双三次插值法进行两倍上采样操作，然后提取梯度特征。在训练和测试时，由于知道所有的缩放比，HR 图像块和上采样 LR 图像块之间的相应关系非常容易得到。因为采用了从 LR 图像块中提取特征的方法，使两个词典 D_h 和 D_l 并非简单地进行线性连接，所以式（5.24）中的联合训练过程更加完善和合理。

5.3 基于全局分析性稀疏先验的超分辨率方法

本节介绍一种基于全局分析性稀疏先验（Global Analytical Sparse Prior，GASP）的超分辨率图像复原方法。该方法针对 LR 图像特征提取中对旋转不变性考虑不足，受数字信号处理中最大响应滤波器组的启发，构造一组新的具有方向不变性的滤波器组来进行 LR 图像纹理和边缘特征的多特征提取，使提取的特征具有旋转不变性，以适合低维图像块的特征提取，并在提取的特征向量基础上，完成联合字典设计。同时，针对基于稀疏表示的经典超分辨率算法中先验模型对全局重构欠准确性的问题，借鉴残差补偿法，建立基于分析性稀疏先验的全局优化模型，通过差异图像的方差预测，最终完成图像的超分辨率复原。通过实验结果及对算法性能的分析评价，与基于插值方法、基于重建的双边全变分（BTV）、基于稀疏字典学习的经典超分辨率方法对比，GASP 方法具有一定的优越性。

5.3.1 相关工作

基于重建的一类经典超分辨率复原方法的重构和恢复结果受到多帧 LR 图像配准效果、参数估计及先验知识的选择等限制[6-12]。基于示例、基于流形等学习的方法以及基于深度学习的方法，在应用于人脸和文字等图像的恢复和重构方面有着比基于重建的方法更好的图像复原质量[13-20]。基于稀疏字典学习的 SR（或称基于稀疏表示的字典学习 SR）也属于基于学习的 SR 一类方法（相对深度学习而言，也称为基于浅层学习的一类方法），它通过基于稀疏信号表示（基于稀疏字典）的方法，利用稀疏表示模型建立 HR 和 LR 图像之间的内在关系，通过基于稀疏表示的字典学习来实现图像超分辨率重构[3,21-22]。稀疏表示作为一种新的图像表示模型具有特定的优势，能使学习任务简化、模型复杂度降低[1]。

Yang 等[3]提出的基于稀疏表示的超分辨率复原方法代表了典型的基于稀疏字典学习的 SR 方法，它是基于 LR、HR 图像块有相同的稀疏表示系数的思路，通过训练样本集得到 LR、HR 的字典对 D_h 和 D_l，然后通过先验知识从 LR 图像中预测出 HR 图像，最终完成图像的超分辨率重构和复原。这种算法主要包括字典学习和图像重构两个模块，在字典学习阶段，从大量的 LR、HR 图像中分别提取其高频特征，形成 LR、HR 的训练样本，然后通过字典学习算法训练出 LR、HR 的字典对 D_h 和 D_l；在图像重构阶段，首先将待重建的 LR 图像块 y_l 在 LR 的字典 D_l 上求得其稀疏表示系数 α，然后利用该系数和 HR 的字典 D_h，求得 HR 图像块 x_h，最后重构整帧 HR 图像 X。

在文献[3]的基础上，进一步的改进研究工作包括以下两个。针对所提取的 LR 图像特征不具备旋转不变性性质，构造的字典结构特征不够全面，进一步改进纹理结构复杂图像的复原质量；由于不能约束 LR、HR 图像块，且有着相同的稀疏表示系数，没有考虑重构的 HR 图像和原始的 HR 图像之间的误差，进一步改进能够更精确地完成图像超分辨率的全局重构过程。近年来，国内外许多学者提出了改进方法，例如，Ferreira 等[23]提出基于图像结构约束的单帧图像重构方法，减少了重构过程中的所谓边缘效应。Dong 等[24]提出基于非局部集中的稀疏表示图像重构方法，通过图像非局部自相关性来更好地估计稀疏编码系数，以更好地重构图像细节和提高复原质量。

基于全局分析性稀疏先验的图像超分辨率复原方法[25-26]，试图克服对图像的局部结构做约束的不足，聚焦构建全局的先验模型。该方法在特征提取阶段，对输入的 LR 图像进行多特征的提取，并对训练样本进行联合学习得到 LR、HR 字典；同时建立一个全局优化重构模型，将分析性稀疏先验作为残差补偿，并通过其方差预测出超分辨率复原图像，使重构图像的细节信息得到增强。

5.3.2　基于全局分析性稀疏先验的超分辨率图像复原

1. **基于全局分析性稀疏先验方法的基本思想**

基于全局分析性稀疏先验的超分辨率图像复原方法，其基本思想是基于全局分析性稀疏先验对分析性稀疏先验模型进行优化。在字典学习阶段，通过改进的具有方向不变性的滤波器组进行图像的纹理和边缘多特征提取，使提取的特征具有旋转不变性，以适合低维图像块的特征提取；然后采用稀疏表示中联合字典学习的方式进行字典训练，避免特征提取的单一化，并使字典学习效率得以提高。对于彩色图像来说，提取其亮度特征，并对其进行稀疏表示的局部重构，然后建立基于分析性稀疏先验的全局优化模型，再做进一步重建。基于全局分析性稀疏先验的超分辨率图像复原方法的构造如图 5-3 所示。

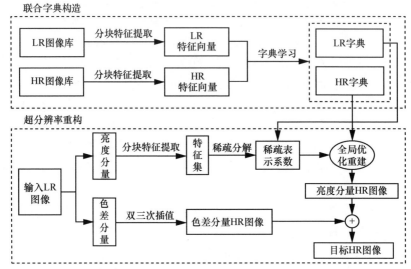

图 5-3　基于全局分析性稀疏先验的超分辨率图像复原方法的构造

2. 基于改进滤波器组的特征提取

对于一般训练样本的特征提取来说,主要是提取图像中的高频信息,文献[5,27-28]分别对 LR 图像中的边缘信息、梯度特征、轮廓特征等进行提取,但这种特征提取方法仍存在以下不足。提取的这些高频特征比较简单,且提取的边缘特征具有方向性而不具备旋转不变性,导致不能表达复杂图像的纹理信息;当图像块的维数很小时,由于受到噪声的影响,二阶梯度导数提取的特征效果欠理想。改进的方法可以通过采用多个滤波器提取图像的多个特征来更好地保留 LR 图像块的高频信息。

基于图像特征的样本信息比基于图像块的样本信息更能准确表达图像的信息,因此不以图像块的方式提取训练样本,而以提取图像的多个特征来更好地保留 LR 图像块的高频信息。受最大响应滤波器组进行特征提取分类的启发[25-27, 29],对这种原始的特征提取方式做出改进。将原始的一阶、二阶滤波器换成由一个尺度为 σ=10 的高斯滤波器、一个尺度为 σ=10 的高斯–拉普拉斯滤波器(Laplacian of a Gaussian,LOG)和两组尺度为 (σ_x, σ_y)=(1,3), (2,6)的边缘滤波器组成的滤波器组来提取图像的边缘和纹理特征。

对于训练样本集中的 HR 图像,将 HR 图像和对应的插值放大后的 LR 图像的差值图像作为 HR 图像的高频信息。对于训练样本集中的 LR 图像,首先通过上插值操作放大图像,以保持和 HR 图像大小的一致性,然后再进行图像的多特征提取。将 LR 图像块与上述高斯滤波器、高斯–拉普拉斯滤波器、边缘滤波器 1

和边缘滤波器 2 这 4 个滤波器进行卷积得到以下 4 种响应，即高斯响应、高斯–拉普拉斯响应，以及边缘 1 和边缘 2 滤波器的最大响应，然后将这些响应组成 LR 图像的特征向量。

　　基于上述 4 个滤波器的多特征提取过程如图 5-4 所示。通过不同尺度的各向异性滤波器和两个各向同性滤波器来进行 LR 图像纹理特征和边缘特征的多特征提取，使提取的特征具有旋转不变性，且适合于低维图像块的特征提取，同时提取的特征向量与原始特征向量的维数相同，对算法的计算效率影响也小。

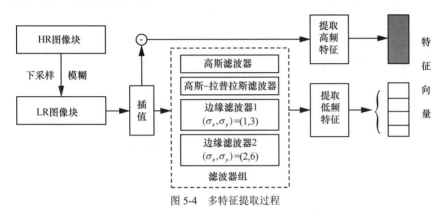

图 5-4　多特征提取过程

3. 基于多特征的联合过完备字典学习

　　要获得 HR 和 LR 字典对 D_h 和 D_l，传统的单字典训练是先通过 HR 训练样本特征得到 HR 字典，然后再通过 LR 样本特征得到 LR 字典，这种方法虽然简单，但字典数据量大，运算速度慢，最终影响图像重构的效率。

　　这里采用一种联合过完备字典学习的设计方案，对 LR、HR 特征向量同时进行字典训练，以保证 LR、HR 图像的稀疏表示系数相同。

　　在对训练样本的多特征提取的基础上，可以得到训练样本集

$$P = \{X, Y\} \tag{5.25}$$

其中，HR 样本特征向量和 LR 样本特征向量分别为

$$X = [x_1, \cdots, x_n] \in R^{m \times n} \tag{5.26}$$

$$Y = [y_1, \cdots, y_n] \in R^{l \times n} \tag{5.27}$$

　　若保证 LR、HR 图像稀疏表示系数 Z 相同，则将 LR、HR 图像的稀疏编码过程合并，得到联合字典的学习表达式为

$$< D_\mathrm{h}, D_\mathrm{l} > = \arg \min_{D_\mathrm{h}, D_\mathrm{l}, Z} \frac{1}{2m} \| X - D_\mathrm{h} Z \|_2^2 + \frac{1}{2l} \| Y - D_\mathrm{l} Z \|_2^2 + \lambda \left(\frac{1}{m} + \frac{1}{l} \right) \| Z \|_1 \tag{5.28}$$

其中，m 和 l 分别为 HR 和 LR 图像块的维数。将式（5.28）表示为标准的稀疏表

示形式，即

$$\min_{D_x, D_y, Z} \frac{1}{2} \left\| X_c - D_c Z \right\|_2^2 + \hat{\lambda} \left\| Z \right\|_1 \tag{5.29}$$

其中，有

$$X_c = \begin{bmatrix} \dfrac{1}{\sqrt{m}} X \\ \dfrac{1}{\sqrt{l}} Y \end{bmatrix}, \quad D_c = \begin{bmatrix} \dfrac{1}{\sqrt{m}} D_h \\ \dfrac{1}{\sqrt{l}} D_l \end{bmatrix}, \quad \hat{\lambda} = \lambda \left(\dfrac{1}{m} + \dfrac{1}{l} \right) \tag{5.30}$$

对于式（5.2），由传统的 K-奇异值分解（Singular Value Decomposition，SVD）字典学习算法[29-30]计算 D_c，即

$$\left\| X_c - D_c Z \right\|_2^2 = \left\| X_c - \sum_{j=1}^n d_c^{(j)} z_T^{(j)} \right\|_2^2 = \left\| (X_c - \sum_{j \neq k}^n d_c^{(j)} z_T^{(j)}) - d_c^{(k)} z_T^{(k)} \right\|_2^2 \tag{5.31}$$

$$E_k^R = (X_c - \sum_{j \neq k}^n d_c^{(j)} z_T^{(j)}) \Omega_k = U \Delta V^T \tag{5.32}$$

根据式（5.3）和式（5.4）对字典 D_c 中的每一列原子进行更新，同时更新其对应的稀疏系数矩阵的行向量，对 E_k^R 进行 SVD，得到更新的字典原子 $d_c^{(k)}$，循环迭代得到 D_c，然后得到字典对 D_h 和 D_l。

4. 基于分析性稀疏先验的全局重构模型

Yang 等[3]提出的超分辨率算法是基于综合性的稀疏模型，重构的 HR 图像与 HR 目标图像会产生细微的误差，经对全局重构模型进行优化，建立一种基于分析性稀疏先验的重构模型，用差异图像 ΔX 代替 X。通过差异图像 ΔX 的方差作为稀疏先验信息来预测重构 HR 图像是一种残差补偿方法[31-32]，缓解了超分辨率重构过程的病态问题，有利于加强重构高频信息。下面对基于分析性稀疏先验的重构模型做进一步介绍[25-26]。

LR 图像的观测模型为

$$Y = SHX + N \tag{5.33}$$

其中，S 和 H 分别为下采样矩阵和模糊矩阵，N 为叠加噪声。同时假设待重构的 LR 图像经过上插值操作 U（如双三次插值）后，保证与 HR 图像大小相同，则

$$X = \Delta X + UY \tag{5.34}$$

其中，ΔX 称为 HR 差异图像。

参考稀疏表示系数 α^* 与 LR、HR 图像相结合的思想，同样可以通过稀疏表示系数来预测 $\Delta \hat{x}_N$

$$\Delta \hat{\pmb{x}}_N = \pmb{D}_x \pmb{\alpha}^* \tag{5.35}$$

其中，$\pmb{\alpha}^*$ 由式（5.36）可得，通过 $\pmb{N}$ 来体现在字典学习阶段和图像重构阶段的归一化过程中 $\Delta \pmb{x}$ 的尺度变化。

$$\pmb{\alpha}^* = \min_{\alpha} \frac{1}{2} \left\| \tilde{\pmb{y}} - \tilde{\pmb{D}}\pmb{\alpha} \right\|_2^2 + \lambda \left\| \pmb{\alpha} \right\|_1 \tag{5.36}$$

其中，$\tilde{\pmb{D}} = \begin{bmatrix} \pmb{FD}_{\mathrm{l}} \\ \beta \pmb{PD}_{\mathrm{h}} \end{bmatrix}$，$\tilde{\pmb{y}} = \begin{bmatrix} \pmb{Fy} \\ \beta w \end{bmatrix}$，$\beta$ 为权衡因子。

在忽略噪声的前提下，可得

$$\pmb{SH}\Delta \pmb{X} = \pmb{Y} - \pmb{SHUY} \tag{5.37}$$

这里，首先假设在无噪声情况下进行公式推导，然后通过迭代反向投影方法进行图像的去噪。

Ning 等[31]提出的信号 ω 的方差和 $\pmb{SH}\omega$ 的方差有着很强的线性关联，因此可以推出 $\Delta \pmb{X}$ 的方差 $\mathrm{Var}(\Delta \pmb{X})$ 和 $\pmb{SH}\Delta \pmb{X}$ 的方差 $\mathrm{Var}(\pmb{SH}\Delta \pmb{X})$，它们之间也有着很强的线性关联。

另外，$\mathrm{Var}(\pmb{SH}\Delta \pmb{X})$ 又等价于 $\mathrm{Var}(\pmb{Y} - \pmb{SHUY})$。令 $\pmb{R}_s = \pmb{Y} - \pmb{SHUY}$，所以 $\Delta \pmb{x}$ 可由式（5.38）预测。

$$\Delta \pmb{x} = \beta \Delta \hat{\pmb{x}}_N \frac{\sigma(r_s)}{\sigma(\Delta \hat{\pmb{x}}_N)} \tag{5.38}$$

其中，σ 是标准差 $\sigma(\omega) = \sqrt{\mathrm{Var}(\omega)}$，$r_s$ 是由 LR 图像组成的 $\pmb{R}_s$ 的图像块，β 是一个比例项。因而，式（5.38）等价于对 $\Delta \hat{\pmb{x}}_N$ 方差的归一化，通过 r_s 方差来调整 $\Delta \pmb{x}$ 的值，并通过预测得到的 $\Delta \pmb{x}$ 来重构 HR 差异图像 $\Delta \pmb{X}$。

由于在图像分块时采取的是图像块之间有重叠的方式，因此在重构时，每个图像块的重叠部分取它们的平均值，这样能得到更具连贯性的 HR 图像。HR 图像 $\pmb{X}$ 为

$$\pmb{X} = \pmb{UY} + \Delta \pmb{X} \tag{5.39}$$

基于全局分析性稀疏先验的超分辨率图像复原算法如算法 5-2 所示。

算法 5-2 基于全局分析性稀疏先验的超分辨率图像复原算法

Step1 输入 LR 图像 $\pmb{Y}$，LR、HR 字典对 $\pmb{D}_{\mathrm{h}}$ 和 $\pmb{D}_{\mathrm{l}}$

Step2 对于每个大小为 4×4 的 LR 图像块 $\pmb{y}$，以两个像素重叠；提取图像块 $\pmb{y}$ 的特征向量，计算特征向量最小值

Step3 由图像块 $\pmb{y}$ 提取 r_s 图像块，并计算 r_s 方差

Step4 由式（5.35）和式（5.38）预测出 $\Delta \pmb{x}$

Step5 将求得的 $\Delta \pmb{x}$ 来重建 $\Delta \pmb{X}$，同时计算重叠区域的平均值

Step6 由式（5.39）计算 HR 图像 **X**

Step7 通过反投影算法去除噪声

Step8 end

5.3.3 算法性能的评价

1. 实验参数设置

本节主要针对彩色图像做超分辨率复原实验，并对不同算法的性能做出评价。实验环境为 PC 机 CPU 主频为 1.7 GHz，内存为 4 GB；仿真软件为 Matlab（R2013b）。

仿真实验中是将 R、G、B 变换到 C-Y 彩色空间（YCrCb）中进行重构和复原，未采用在 RGB（红绿蓝）色彩模式中 R、G、B 这 3 个通道上独立进行超分辨率重构的技术路线。YCrCb 即 YUV（一种优化彩色视频信号传输的方式），与 RGB 要求 3 个独立的视频信号同时传输相比，只需占用极少的频宽（RGB），且能够兼容早期的黑白电视制式。YUV 中的 Y 表示明亮度（即灰阶值），U 和 V 则是描述影像色彩及饱和度。色度用于指定像素的颜色，"亮度"是通过 RGB 输入信号部分地叠加来建立的，"色度"则定义了颜色的两个方面：色调与饱和度，分别用 Cr 和 Cb 来表示，其中，Cr 反映了 RGB 输入信号红色部分与 RGB 信号亮度值之间的差异，Cb 反映了 RGB 输入信号蓝色部分与 RGB 信号亮度值之间的差异。YUV 色彩空间的亮度信号 Y 和色度信号 U、V 是分离的，如果只有 Y 信号分量而没有 U、V 分量，那么表示的是黑白灰度图像。彩色电视采用 YUV 空间正是为了用亮度信号 Y 解决彩色电视机与黑白电视机的兼容问题，使黑白电视机也能接收彩色电视信号。

由于图像的主要能量集中在亮度分量上，而且人眼对颜色变化敏感较弱，因此在 C-Y 色空间中只对 Y 亮度分量进行超分辨率重构，对另外两个色差分量直接进行基于双三插值的重构。最后再将 C-Y 空间重构的图像转换至 RGB 空间，这样可以较显著地减少重构的数据量，提高运算效率[29]。

超分辨率实验中，采用的自然图像和具有典型结构特征的图像样本集包括具有纹理清晰的植物图像、轮廓明显的建筑物图像、特征明显的人物图像、字母符号等。

在字典训练过程中，随机采集 100 000 个图像块，其中 LR 图像块维数为 4×4，下采样因子为 2，对应的 HR 图像块维数为 8×8，超分辨率重构阶段的参数设置分别是进行水平方向和垂直方向的像素移动，随机向上移动 0~3 个像素，随机参数表达式为 random(0,3)；随机向左移动 0~2 个像素，随机参数表达式为 random(0,2)。实验中设放大倍数为 2，权衡因子 β 为 1，正则化因子 λ 为 0.1，字典原子个数为 1 024。

2. 实验结果对比分析及算法性能的评价

经 LR、HR 训练样本集得到 LR、HR 学习字典，然后通过多组实验进行对比分析并对不同的算法性能做出评价。

（1）4 种标准测试彩色图像的实验及不同算法性能的评价

对标准测试彩色图像莱娜（Lena）、赛车（Bike）、鹦鹉（Parrot）和照相机（Camera）这 4 种图像分别做超分辨率复原实验。

以大小为 256 像素×256 像素的 Lena、Bike 标准测试彩色图像为例，首先将原始高清图像与模板大小为 5×5、噪声标准差为 2（NSD=2）的高斯滤波，并进行卷积模糊，再经过采样因子为 2 的下采样操作，另外叠加噪声标准差为 7（NSD=7）的高斯白噪声污染，得到模拟的退化降质图像。原始的 Lena、Bike 标准测试图像分别如图 5-5（a）和图 5-6（a）所示。退化降质图像如图 5-5（b）和图 5-6（b）所示，这里，为观察方便，将退化降质后的图像放大至原始高清图像尺寸。

 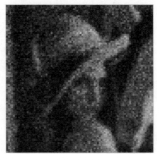

(a) 原始 HR 图像　　　　　　　(b) 降质图像（已放大）

图 5-5　Lena 图像和降质图像

(a) 原始 HR 图像　　　　　　　(b) 降质图像（已放大）

图 5-6　Bike 图像和降质图像

图 5-7 和图 5-8 分别是经双线性插值算法（简称 BIL 算法）、基于 L_1 范数的双边全变分（BTV）算法（简称 L_1+BTV 算法）、基于经典稀疏表示的算法[3]（简称 SC 算法），以及基于全局分析性稀疏先验的算法（简称 GASP 算法）[25-27]对 Lena 和 Bike 图像的复原实验结果。

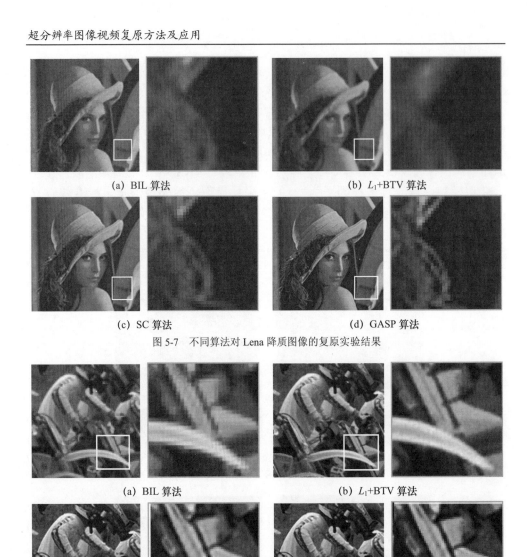

(a) BIL 算法　　　　　　　　　(b) L_1+BTV 算法

(c) SC 算法　　　　　　　　　(d) GASP 算法

图 5-7　不同算法对 Lena 降质图像的复原实验结果

(a) BIL 算法　　　　　　　　　(b) L_1+BTV 算法

(c) SC 算法　　　　　　　　　(d) GASP 算法

图 5-8　不同算法对 Bike 降质图像的复原实验结果

比较图 5-7 和图 5-8，从目视评价看，BIL 算法的复原图像视觉效果最差，L_1+BTV 算法的复原图像视觉效果好于 BIL 算法，差于 SC 算法，GASP 算法的复原图像视觉效果以及图像边缘细节保持是最好的，Lena 的帽檐处羽毛部分的纹理、Bike 的局部块细节也较清晰。

客观定量评价选择峰值信噪比（PSNR）和结构相似性（SSIM）指标。表 5-1

列出了标准测试彩色图像 Lena、Bike、Parrot 和 Camera 这 4 种图像的 PSNR 和 SSIM 的实验值。对比分析表 5-1 中的客观评价指标 PSNR、SSIM 值，L_1+BTV 算法优于 BIL 算法，SC 算法又优于 L_1+BTV 算法，GASP 算法对于 4 种实验图像的平均 PSNR 和平均 SSIM 是最优的，这与上述目视的主观评价结论也是一致的。

表 5-1　不同算法对于彩色图像实验的客观评价指标值

算法	PSNR（理想值→∞）/dB					SSIM（理想值→1）				
	Lena	Bike	Parrot	Camera	平均	Lena	Bike	Parrot	Camera	平均
BIL 算法	24.001 5	24.273 0	23.404 0	23.314 2	23.748 2	0.849 0	0.853 2	0.815 1	0.820 3	0.834 4
L_1+BTV 算法	25.703 7	26.097 0	25.089 0	25.203 0	25.523 2	0.842 1	0.875 7	0.826 0	0.858 5	0.850 5
SC 算法	26.646 5	26.739 0	26.186 4	26.242 6	26.453 6	0.858 0	0.878 1	0.888 4	0.907 4	0.881 7
GASP 算法	26.570 0	27.140 6	26.101 0	26.220 4	26.508 0	0.888 1	0.926 2	0.883 9	0.834 7	0.883 2

（2）添加不同噪声的 Lena 图像实验及不同算法性能的评价

以标准测试图像 Lena 为实验图像，实验参数设置同上。改变对其叠加不同的高斯白噪声，噪声标准差分别设为 0、4、6、8、10。以 PSNR 值为评价指标，不同算法的 Lena 图像实验指标值如表 5-2 所示。从表 5-2 中可以看出，L_1+BTV 算法的复原质量和抗噪性能优于 BIL 算法，SC 算法和 GASP 算法又优于 L_1+BTV 算法。

表 5-2　添加不同噪声下 Lena 图像的 PSNR 指标值

算法	PSNR/dB					
	NSD=0	NSD=4	NSD=6	NSD=8	NSD=10	平均值
BIL 算法	24.144 0	23.893 0	23.780 5	23.990 5	23.701 8	23.901 8
L_1+BTV 算法	26.031 4	25.769 1	25.794 7	25.754 4	25.604 7	25.790 9
SC 算法	26.802 6	26.692 5	26.642 9	26.670 8	26.563 1	26.674 4
GASP 算法	26.863 0	26.722 9	26.670 1	26.701 0	26.492 0	26.689 8

（3）文本（Text）图像的实验及不同算法性能的评价

文本（Text）图像的超分辨率复原实验以含有字母–符号的文本、大小为 256 像素×256 像素的 Text 图像（选自某国际会议学术论文集）做实验，以验证本章算法对重建效果的提高。

对原始图像的退化降质模拟过程为经采样因子为 2 的下采样过程，并与大小为 10×10、NSD=3 的高斯掩埋进行卷积，同时添加混合（高斯+椒盐）噪声，混合噪声参数为方差 var=40，密度 D=0.01。

表 5-3 列出了 Text 图像的 PSNR、SSIM 实验值。对比分析表 5-3 中的客观评

价指标值，L_1+BTV 算法优于 BIL 算法，SC 算法和 GASP 算法又优于 L_1+BTV 算法，相较 SC 算法，GASP 算法是次优的。

表 5-3　Text 图像实验的客观评价指标值

算法	PSNR（理想值→∞）/dB	结构相似性 SSIM（理想值→1）
BIL 算法	22.840 1	0.810 4
L_1+BTV 算法	24.091 3	0.838 1
SC 算法	25.526 8	0.872 5
GASP 算法	25.483 5	0.869 0

SC 算法和 GASP 算法[25-26]的平均 PSNR 值的比较如表 5-4 所示。通过上述的多组仿真实验，验证了本章介绍的 GASP 算法与其他几种算法相比，其复原视觉效果、客观定量化指标评价等都具有一定的优越性。但对于 Text 图像的实验，GASP 算法性能略差于 SC 算法。

表 5-4　SC 和 GASP 算法的平均 PSNR 值比较

算法	平均 PSNR/dB	
	彩色图像	Text 图像
SC 算法	26.453 6	25.526 8
GASP 算法	26.508 0	25.483 5

参考文献

[1] 周志华. 机器学习[M]. 北京: 清华大学出版社, 2016.

[2] JIANG J, MA J, CHEN C, et al. Noise robust face image super-resolution through smooth sparse representation[J]. IEEE Transactions on Cybernetics, 2017, 47(11): 3991-4002.

[3] YANG J C, WRIGHT J, HUANG T S, et al. Image super resolution via sparse representation[J]. IEEE Transactions on Image Processing, 2010, 19(11): 2861-2873.

[4] MILANFAR P. Super-resolution imaging[M]. Boca Raton: CRC Press, 2010.

[5] CHANG H, YEUNG D Y, XIONG Y. Super-resolution through neighbor embedding[C]//IEEE Conference on Computer Vision and Pattern Recognition. Piscataway: IEEE Press, 2004: 275-282.

[6] GONG R, WANG Y, CAI Y, et al. How to deal with color in super resolution reconstruction of images[J]. Optics Express, 2017, 25(10): 11144-11156.

[7] VRIGKAS M, NIKOU C, KONDI L P. Accurate image registration for MAP image

super-resolution[J]. Signal Processing: Image Communication, 2013, 28(5): 494-508.

[8] XU F, FAN T, HUANG C, et al. Block-based MAP super resolution using feature-driven prior model[J]. Mathematical Problems in Engineering, 2014, 2014(7): 1-14.

[9] 徐梦溪, 徐枫, 黄陈蓉, 等. 优化-最小求解的广义总变分图像复原[J]. 中国图象图形学报, 2011, 16(7): 1317-1325.

[10] 黄淑英. 基于正则化先验模型的图像超分辨率重建[M]. 上海: 上海交通大学出版社, 2014.

[11] FARSIU S, ROBINSON M D, ELAD M, et al. Fast and robust multi-frame super resolution[J]. IEEE Transactions on Image Processing, 2004, 13(10): 1327-1344.

[12] SHI A Y, HUANG C R, XU M X, et al. Image super-resolution fusion based on hyperacutiy mechanism and half quadratic Markov random field[J]. Intelligent Automation & Soft Computing, 2011, 17(8): 1167-1178.

[13] FREEMAN W T, JONES T R, PASZTOR E C. Example-based super-resolution[J]. IEEE Computer Graphics and Applications, 2002, 22(2): 56-65.

[14] LI X G, LAM K M, QIU G P, et al. Example based image super-resolution with class-specific predictors[J]. Journal of Visual Communication and Image Representation, 2009, 20(5): 312-322.

[15] 曹明明. 基于邻域嵌入的图像超分辨率重建研究[D]. 南京: 南京邮电大学, 2014.

[16] DONG C, LOY C C, HE K M, et al. Image super-resolution using deep convolutional networks[J]. IEEE Trans-actions on Pattern Analysis and Machine Intelligence, 2016, 38(2): 295-307.

[17] LEDIG C, THEIS L, HUSZAR F, et al. Photo-realistic single image super-resolution using a generative adversarial network[C]//2017 The IEEE Conference on Computer Vision and Pattern Recognition. Piscataway: IEEE Press, 2017: 4681-4690.

[18] LIM B, SON S, KIM H, et al. Enhanced deep residual networks for single image super-resolution[C]//2017 IEEE Conference on Computer Vision and Pattern Recognition Workshops. Piscataway: IEEE Press, 2017: 4071-4089.

[19] HARIS M, SHAKHNAROVICH G, UKITA N. Deep back-projection networks for super-resolution[C]//2018 The IEEE Conference on Computer Vision and Pattern Recognition. Piscataway: IEEE Press, 2018.

[20] 彭亚丽, 张鲁, 张钰, 等. 基于深度反卷积神经网络的图像超分辨率算法[J]. 软件学报, 2018, 29(4): 926-934.

[21] XU M, YANG Y, SUN Q, et al. Image super-resolution reconstruction based on adaptive sparse representation[J]. Concurrency and Computation: Practice and Experience, 2018, 30(24): e4968.1-e4968.10.

[22] 孙镇诚. 基于压缩感知的图像超分辨率重建[D]. 南京: 南京理工大学, 2017.

[23] FERREIRA J C, LE MEUR O, GUILLEMOT C, et al. Single image super-resolution using sparse representations with structure constraints[C]//IEEE International Conference on Image Processing. Piscataway: IEEE Press, 2014.

[24] DONG W S, ZHANG L, SHI G M, et al. Non-locally centralized sparse representation for image restoration[J]. IEEE Transactions on Image Processing, 2013, 22(4): 1620-1630.

[25] 王欣. 基于全局分析性稀疏先验的图像超分辨率重新建方法研究[D]. 南京: 河海大学, 2015.

[26] ZHANG L L, WANG X, LI C M, et al. One new method on image super-resolution reconstruction[C]//IEEE International Conference on Information and Automation. Piscataway: IEEE Press, 2015.

[27] SUN J, ZHENG N N, TAO H, et al. Image hallucination with primal sketch priors[C]//IEEE Computer Society Conference on Computer Vision & Pattern Recognition. Piscataway: IEEE Press, 2003: 729-736.

[28] FREEMAN W T, PASZTOR E C, CARMICHAEL O T. Learning low-level vision[J]. International Journal of Computer Vision, 2000, 40(1): 25-47.

[29] ANARON M, ELAD M, BRUEKSTEIN A M. The K-SVD: an algorithm for designing of over complete dictionaries for sparse representation[J]. IEEE Transactions on Signal Processing, 2006, 54(11): 4311-4322.

[30] VARMA M, ZISSERMAN A. A statistical approach to texture classification from single images[J]. International Journal of Computer Vision, 2005, 62(1-2): 61-81.

[31] TOM B C, KATSAGGELOS A K. Resolution enhancement of monochrome and color video using motion compensation[J]. IEEE Transactions on Image Processing, 2001, 10(2): 278-287.

[32] ZEYDE R, ELAD M, PROTTER M. On single image scale-up using sparse-representations[C]// Proceedings of the 7th international conference on Curves and Surfaces. Berlin: Springer, 2011: 711-730.

[33] NING Q, CHEN K, YI L, et al. Image super-resolution via analysis sparse prior[J]. IEEE Signal Processing Letters, 2013, 20(4): 399-402.

第6章 自适应稀疏表示结合正则化约束的超分辨率方法

本章结合图像的稀疏表示和范数求极值的变分法进行超分辨复原（SR），介绍一种基于自适应稀疏表示结合改进的非局部自相似正则化方法。首先分析基于稀疏字典学习的超分辨率复原方法在构建全局过完备字典，对不同结构图像块的稀疏表示、稀疏表示建模、稀疏表示系数的约束等方面存在的困难，并在此基础上，通过采用自适应稀疏表示和改进非局部自相似正则化约束的策略，对经典的基于稀疏字典学习的超分辨图像复原方法进行改进，然后利用绝对差值的总和（SAD）度量图像块结构相似性，以减少计算量、提升计算效率。通过多组仿真实验与多种其他方法对比，并经复原图像视觉效果的主观评价和基于峰值信噪比（PSNR）指标的客观定量评价，本章介绍的基于自适应稀疏表示结合改进的非局部自相似正则化新算法（简称 ASR-INSR 算法），在复原图像视觉效果及边缘细节的保持、噪声抑制、计算效率等性能上均得到一定的提升。

6.1 引言

经典的基于稀疏字典学习的 SR 算法[1-4]需要通过对大量样本的学习构建出一个过完备字典，这个过完备字典的普适通用性，可以用来对各种不同的图像结构进行稀疏编码（也称字典学习）。但这种过完备字典的普适通用性难以适应某些图像变化的局部结构，因此，对于要重构的每一图像块来说，普适通用的过完备字典并不一定是最优的，而且它的很多原子对于某一特定图像块来说并不都是相关的，甚至可能是完全不相关的，这直接影响了稀疏编码效率。

近年来，基于稀疏表示的单图像超分辨率复原已引起越来越多的关注。Yang等[5]利用 K-均值聚类对图像块分类，针对不同子类学习对应子字典，对图像块进行稀疏表示。Dong 等[6]提出一种非局部集中稀疏表示模型，引入稀疏编码噪声的概念和非局部自回归模型构建保真项进行基于稀疏表示的插值重构，使图像边缘信息得到保护，并改善了复原图像质量。Yang 等[4]从训练图像块聚类中学习对应的几何字典，利用不同的几何字典对重建的图像块进行聚类，通过残差补偿实现保留图像细微细节，提出一种基于多重几何字典和稀疏编码聚类的单帧图像 SR 方法。Peleg 等[7]通过估计最小均方误差获得 HR 图像块的初始估计，并利用联合预测模型通过多层放大方案逐步实现图像的放大，提出基于稀疏表示和统计预测模型的单帧图像 SR 方法。Zhang 等[8]提出基于结构调制的稀疏表示 SR 方法。程培涛[9]结合稀疏邻域嵌入和图像块可变形思想，基于迭代稀疏邻域搜索和图像块变形策略，提出一种基于稀疏变形邻域嵌入的单帧图像 SR 方法。Cao 等[10]针对基于范数 L_0 的 SR 优化是一个非凸和 NP 难题，以及对范数 L_1 优化通常需要更多的度量等问题，提出一种基于范数 $L_p(0 < p < 1)$ 正则化的 SR 方法，该方法通过对范数 $L_p(0, 1)$ 中的所有 p 提供最佳选择，设计了一种对每个图像块自适应选择范数值的方案，能够得到比 $L_1(p=1)$ 的正则化方法更稀疏的解，并提出自适应估计正则化参数 λ 最佳值方法，以及选择 p 和参数 λ 的迭代方法。

针对基于稀疏字典学习的经典算法易导致重构结果产生伪影和失真问题，Yang 等[3,11]采用稀疏表示系数进行正则化约束方法，引入局部稀疏性先验项。Lu 等[12]从提高稀疏表示模型构建的准确性入手，提出利用非局部自相似性先验来构建 F 范数正则化项。Glasner 等[13]提出 LR 图像自相似性结合非局部自相似的 SR 方法。Buades 等[14]利用非局部自相似作为先验进行图像去噪，也被用于超分辨率重构。Yang 等[15]利用图像双稀疏及非局部自相似先验进行超分辨率重构。引入非局部自相似先验项来对相似图像块的稀疏表示系数间的关系进行约束，充分利用了图像结构先验信息，但其在相似性度量方面只考虑了像素灰度信息，还需考虑像素之间的关联，进一步提高图像块的匹配精度，以得到更准确的非局部先验。

如何进一步刻画图像的边缘结构、纹理等形态成分在图像中的重要视觉特征，提高超分辨率复原算法对图像不同视觉特征的保持能力，解决超分辨的不适定性问题，在针对单帧图像的超分辨率复原研究中，综合考虑稀疏表示的准确性和稀疏编码效率以及图像边缘细节信息保持能力的提升，是可行的技术路线。下面介绍基于自适应稀疏表示结合改进的非局部自相似正则化 SR 算法（简称 ASR-INSR 算法）。ASR-INSR 算法采用基于问题驱动、理论分析、模型构建、性能评价的研究思路如图 6-1 所示。

ASR-INSR 算法采用下述的 3 种改进策略。

① 自适应稀疏表示。通过学习得到 HR 图像训练集每一子集的对应子字典，然后对要重构的每一图像块自适应选取与其最相关的子字典，从而设法提高更准确的稀疏表示效果和计算效率。

② 改进的非局部自相似正则化约束（解决范数函数求极值问题的变分方法）。非局部自相似先验信息以正则化项的形式引入作为重构求解的约束，借鉴双边滤波（Bilateral Filtering，BF）思想改进非局部自相似正则化项，在考虑像素灰度相似性的同时加入对像素空间位置距离的约束，选择合理的权重系数，以进一步保

持图像的边缘信息，提高超分辨率重构效果。

③ 基于绝对差值的总和（Sum of Absolute Difference，SAD）来度量图像块结构相似性，改进常规欧氏距离的度量方法，以提升计算效率。

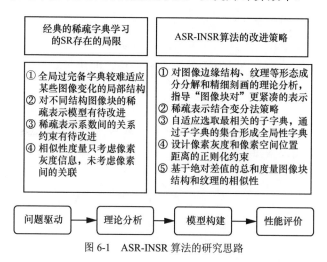

图 6-1　ASR-INSR 算法的研究思路

6.2　非局部自相似先验的正则化技术策略

在 Yang 等[3]提出的基于稀疏表示的单帧图像超分辨率重构方法中，首先通过字典学习的方法训练出两个字典，分别为 LR、HR 字典。假设 HR、LR 图像块具有相同的稀疏表示系数，对输入的 LR 图像块在 LR 字典下编码，得到稀疏表示编码系数，再用系数乘以 HR 字典，得到要恢复的 HR 图像块。

在稀疏表示编码过程中，对于图像块结构差别较大情况的稀疏表示偏差较大。在基于稀疏表示的经典字典学习方法中，若对稀疏性先验约束考虑不足，求解图像观测模型的反问题可能会不能保证解成为或接近良态，致使超分辨率复原性能不佳。所以在稀疏表示模型中引入非局部自相似先验信息是必要的。

所谓非局部自相似先验的正则化技术策略，通过确定权值大小比较两个像素点邻域（也即图像块的灰度分布）来确定其相似性，充分利用了图像结构先验信息，以正则化项的形式引入超分辨率复原，这与仅比较两个像素点不同，将图像的这种结构相似信息体现于对相似像素点值的约束上，考虑了像素点在其图像空间中的结构特征关系。这有助于提升超分辨率重构质量，并有效地保持图像边缘纹理及结构信息[16-18]。

对于任一图像块 x_i，可以在整个图像 x 或者其足够大的搜索域 $I(i)$ 内寻找到与它相似的块。在 $I(i)$ 中找到前 L 个与 x_i 最相似的块，则 x_i 的中心像素值 $\hat{x}_i$ 可利

用相似块的中心像素值 $\boldsymbol{x}_i^l$ 的加权均值来估计，即

$$\hat{\boldsymbol{x}}_i = \sum_{l=1}^{L} b_i^l \boldsymbol{x}_i^l \qquad (6.1)$$

其中，b_i^l 表示 $\boldsymbol{x}_i^l$ 相对于 $\boldsymbol{x}_i$ 的非局部权重。

将图像块之间的像素灰度欧氏距离作为相似性的判据，设 e_i^l 为图像块 $\boldsymbol{x}_i$ 与 $\boldsymbol{x}_i^l$ 之间的距离，又设 $\boldsymbol{x}_i^l$ 为 $\boldsymbol{x}_i$ 在 $I(i)$ 内的一个相似块，即满足

$$e_i^l = \left\| \boldsymbol{v}(\hat{\boldsymbol{x}}_i) - \boldsymbol{v}(\hat{\boldsymbol{x}}_i^l) \right\|_2^2 \leqslant t \qquad (6.2)$$

其中，$\hat{\boldsymbol{x}}_i$ 和 $\hat{\boldsymbol{x}}_i^l$ 分别表示图像块 $\boldsymbol{x}_i$ 和 $\boldsymbol{x}_i^l$ 的当前估计，$\boldsymbol{v}(\hat{\boldsymbol{x}}_i)$ 和 $\boldsymbol{v}(\hat{\boldsymbol{x}}_i^l)$ 分别表示图像块的像素值，t 表示设置的阈值[19-20]。

b_i^l 定义为：$b_i^l = \dfrac{\exp \dfrac{-e_i^l}{h}}{c_i}$，其中，$h$ 表示权重控制因子，它与图像的噪声方差成正比；$c_i = \sum_{l=1}^{L} \exp \dfrac{-e_i^l}{h}$ 表示归一化因子。

图像中存在很多当前图像块的非局部相似结构块，要得到中心像素点值的最好估计，就是要使 $\boldsymbol{x}_i$ 的估计误差 $\left\| \boldsymbol{x}_i - \sum_{l=1}^{L} b_i^l \boldsymbol{x}_i^l \right\|_2$ 尽可能小。

6.3　自适应稀疏表示和改进的非局部自相似正则化项及 SR 算法

6.3.1　图像块几何结构信息分析和自适应稀疏表示

通过对 LR 输入图像块进行稀疏表示，然后用此稀疏表示的系数来生成 HR 输出，这种基于稀疏表示的经典方法，一般对整帧图像采用一个通用的全局性过完备字典，缺点是对于不同结构的图像块不能进行最有效的稀疏表示。因为一个过完备字典尽管能够稀疏编码所有可能的图像结构，但对于每个给定的图像块 $\boldsymbol{x}_i$，字典 $\boldsymbol{\phi}$ 中的许多原子是与其无关的，这不仅会降低稀疏编码效率，同时也降低了准确性。

改进的方法是一种基于自适应稀疏表示的方法，通过子字典的集合形成全局性字典 $\boldsymbol{\phi}$。基于自适应稀疏表示的方法先对 HR 样本块集利用 MOD（Method of Optimal Direction）、K-均值聚类分析（K-Means Clustering Analysis）、K 次奇异值

分解（K-Singular Value Decomposition，K-SVD）等过完备字典训练算法进行分类，运用主成分分析（PCA）法学习得到每一个子类对应的子字典，然后对于重构图像的每一图像块，利用其与各个子类聚类中心的距离来自适应选取与其最相关的子字典。这种基于自适应稀疏表示的方法是通过构建的子字典对图像的每一块的有效稀疏表示，进而对整帧图像实现有效的稀疏表示[2,5,19-20]。

结合图像观测模型 $\boldsymbol{y} = \boldsymbol{DHx} + \boldsymbol{n}$，稀疏表示模型在考虑稀疏性作为先验约束条件下的形式为

$$\hat{\boldsymbol{\alpha}} = \arg\min_{\boldsymbol{\alpha}} \{ \|\boldsymbol{y} - \boldsymbol{DH\phi\alpha}\|_2^2 + \lambda \|\boldsymbol{\alpha}\|_1 \} \tag{6.3}$$

对于字典 $\boldsymbol{\phi}$ 的构建，本章采用基于自适应稀疏表示的方法，通过稀疏表示过完备字典的训练算法对字典 $\boldsymbol{\phi}$ 和稀疏表示模型 $\boldsymbol{\alpha}$ 进行联合优化，即对于每一图像块 $\boldsymbol{x}_i$ 通过对不同的图像训练样本集图像的共性结构信息进行分类，在 GCS（Gauge Coordinate System）坐标系下提取图像几何结构特征，同时引入图像的空间信息，考虑了当前像素附近的邻域像素，并自适应选取最优子字典 $\boldsymbol{\phi}_{ki}$，所有 $\boldsymbol{\phi}_{ki}$ 的集合即为全局稀疏字典 $\boldsymbol{\phi}$。

（1）子字典的学习

① 对 HR 样本库图像进行分块处理（大小为 $\sqrt{n} \times \sqrt{n}$），用 $\boldsymbol{s}_i$ 表示任一 HR 图像块，将方差 $\mathrm{var}(\boldsymbol{s}_i)$ 小的图像块筛选掉，保留具有一定边缘结构的图像块。

② 在对不同的图像训练样本集提取的图像共性几何结构信息进行分析的基础上，引入当前像素附近邻域像素的图像空间信息，选定的训练集记为 $\boldsymbol{S} = [\boldsymbol{s}_1, \boldsymbol{s}_2, \cdots, \boldsymbol{s}_M]$，选用图像块的高通滤波结果作为特征进行聚类。采用 K-均值聚类[21]算法将高通滤波集 $\boldsymbol{S}_h$ 聚类成 K 类，$\boldsymbol{S}$ 也被聚类成相应的 K 个子集 $\boldsymbol{S}_k$（$k = 1, 2, \cdots, K$）。

③ 关于子字典 $\boldsymbol{\phi}_k$ 和稀疏表示系数矩阵 $\boldsymbol{\Lambda}_k = [\boldsymbol{\alpha}_1, \boldsymbol{\alpha}_2, \cdots, \boldsymbol{\alpha}_K]$ 的联合优化求解问题，为提高计算效率，利用主成分分析法对信号进行去相关和降维处理，用来学习子字典 $\boldsymbol{\phi}_k$，即对子集 $\boldsymbol{S}_k$ 的协方差矩阵 $\boldsymbol{\Omega}_k$ 进行奇异值分解（Singular Value Decomposition，SVD），得到一个正交变换矩阵 $\boldsymbol{P}_k$。由子集 $\boldsymbol{S}_k$ 学习对应子字典 $\boldsymbol{\phi}_k$，字典的构造可通过式（6.4）得到。

$$(\hat{\boldsymbol{\phi}}_k, \hat{\boldsymbol{\Lambda}}_k) = \arg\min_{\boldsymbol{\phi}_k, \boldsymbol{\Lambda}_k} \{ \|\boldsymbol{S}_k - \boldsymbol{\phi}_k \boldsymbol{\Lambda}_k\|_F^2 + \lambda \|\boldsymbol{\Lambda}_k\|_1 \} \tag{6.4}$$

为使式（6.4）中包含的 L_1 范数正则化项和 L_2 范数保真项达到更好平衡，特征向量个数的选取能够起到折中作用。依据重要性在 $\boldsymbol{P}_k$ 中选取前 r 个特征向量，由此组成字典 $\boldsymbol{\phi}_r = [\boldsymbol{p}_1, \boldsymbol{p}_2, \cdots, \boldsymbol{p}_r]$，则 $\boldsymbol{S}_k$ 关于 $\boldsymbol{\phi}_r$ 的稀疏表示系数为 $\boldsymbol{\Lambda}_r = \boldsymbol{\phi}_r^{\mathrm{T}} \boldsymbol{S}_k$。若特征向量个数选取越少，也即 r 越小，L_2 范数重构误差项 $\|\boldsymbol{S}_k - \boldsymbol{\phi}_r \boldsymbol{\Lambda}_r\|_F^2$ 将越大，但是 $\|\boldsymbol{\Lambda}_r\|_1$ 会随之减小。

特征向量个数的最佳值 r_0 为

$$r_0 = \arg\min_r \{\|\boldsymbol{S}_k - \boldsymbol{\phi}_r \boldsymbol{\Lambda}_r\|_F^2 + \lambda \|\boldsymbol{\Lambda}_r\|_1\} \tag{6.5}$$

由 $\boldsymbol{S}_k$ 学习得到子字典 $\boldsymbol{\phi}_k = [\boldsymbol{p}_1, \boldsymbol{p}_2, \cdots, \boldsymbol{p}_k]$。对每个 $\boldsymbol{S}_k$ 应用上述过程进行学习，那么最终就可以得到 K 个子字典。

（2）基于图像块几何结构信息的子字典自适应选择

关于 MAP 框架下针对保真项及正则化项构建存在的局限所开展的改进研究，从图像结构和纹理等形态成分分解的观点来看，在对图像形态成分更加精细刻画、进一步提升对图像不同视觉特征的保持能力等方面还需要深入研究。

对 HR 图像 $\boldsymbol{x}$ 的每一图像块 $\boldsymbol{x}_i$ 自适应选取其最优子字典 $\boldsymbol{\phi}_{ki}$；对 $\boldsymbol{x}$ 选定一个初始估计 $\hat{\boldsymbol{x}}$，可采用双三次插值从低质 LR 图像 $\boldsymbol{y}$ 中选定初始估计 $\hat{\boldsymbol{x}}$；对应 $\boldsymbol{x}_i$ 的估计，用 $\hat{\boldsymbol{x}}_i$ 表示 $\hat{\boldsymbol{x}}$ 的任一图像块。考虑到对不同的图像训练样本集提取的共性几何结构信息和当前像素附近邻域像素的图像空间信息，利用图像块 $\hat{\boldsymbol{x}}_i$ 的高通滤波结果 $\hat{\boldsymbol{x}}_i^h$ 与每个子类的聚类中心 $\boldsymbol{\mu}_k$ 的距离来进行对应子字典 $\boldsymbol{\phi}_{ki}$ 的适应性选择。自适应性选取的 $\boldsymbol{\phi}_{ki}$ 的集合就是 $\boldsymbol{x}$ 对应的全局稀疏字典 $\boldsymbol{\phi}$，即所有 $\boldsymbol{\phi}_{ki}$ 的集合为 $\boldsymbol{\phi}$。

为避免 $\hat{\boldsymbol{x}}$ 噪声的影响，选择在 $\boldsymbol{\mu}_k$ 的子空间中进行 $\hat{\boldsymbol{x}}_i^h$ 的子字典的确定，记 $\boldsymbol{U} = [\boldsymbol{\mu}_1, \boldsymbol{\mu}_2, \cdots, \boldsymbol{\mu}_k]$，对 $\boldsymbol{U}$ 的协方差矩阵进行奇异值分解得到一变换矩阵。选用其前几个特征向量，组成投影矩阵 $\boldsymbol{\phi}_c$，在投影矩阵 $\boldsymbol{\phi}_c$ 的子空间中进行距离计算，则 $\hat{\boldsymbol{x}}_i$ 的子字典的自适应选择可表示为

$$k_i = \arg\min_k \left\{\|\boldsymbol{\phi}_c \hat{\boldsymbol{x}}_i^h - \boldsymbol{\phi}_c \boldsymbol{\mu}_k\|_2\right\} \tag{6.6}$$

其中，$\hat{\boldsymbol{x}}_i$ 对应于子字典 $\boldsymbol{\phi}_{ki}$，$\hat{\boldsymbol{x}} = \boldsymbol{\phi}\hat{\boldsymbol{\alpha}}$ 是对自然场景图像原始信号的估计，最终得到复原结果为 $\boldsymbol{x}^*$。通过 $\hat{\boldsymbol{\alpha}} = \arg\min_{\alpha} \{\|\boldsymbol{x} - \boldsymbol{\phi}\boldsymbol{\alpha}\|_2^2 + \lambda \|\boldsymbol{\alpha}\|_1\}$ 最小化目标方程（即稀疏表示模型）来更新 $\boldsymbol{x}$ 的估计值 $\hat{\boldsymbol{x}} = \boldsymbol{\phi}\hat{\boldsymbol{\alpha}}$，这样，$\boldsymbol{x}$ 自适应选取的字典也随之更新，一直迭代到 $\hat{\boldsymbol{x}}$ 收敛。这里，稀疏表示模型迭代求解公式依据 $\boldsymbol{\alpha}^{\left(k+\frac{1}{2}\right)} = [\boldsymbol{\phi}_{k_1}^T \boldsymbol{R}_1 \hat{\boldsymbol{x}}^{\left(k+\frac{1}{2}\right)}, \boldsymbol{\phi}_{k_2}^T \boldsymbol{R}_2 \hat{\boldsymbol{x}}^{\left(k+\frac{1}{2}\right)}, \cdots, \boldsymbol{\phi}_{k_N}^T \boldsymbol{R}_N \hat{\boldsymbol{x}}^{\left(k+\frac{1}{2}\right)}]$ 进行计算。

6.3.2 改进的非局部自相似正则化

通过改进现有的非局部自相似先验的正则化技术策略，设计构建一种改进的非局部自相似正则化项，引入作为重构求解的约束，保持图像（边缘）细节信息和抑制噪声。基本思路是，借鉴 BF 思想，在考虑像素灰度相似性的同时加入对像素空间位置距离的约束，选择合理的权重系数，以进一步保持图像的边缘信息，提高超分辨率重构效果。同时，利用 SAD 度量图像块结构相似性。与其他相似度

评价法相比，SAD 法能更高效和稳定地对图像块结构相似性进行度量和匹配。BF 由于保存了过多的高频信息，对低频信息具有较好的滤波效果，对于彩色图像的高频噪声滤除效果较差。尽管 SAD 算法处理速度快、计算效率高，但精确度差些。

对于图像滤波来说，直观的感觉是：（自然）图像在空间中变化缓慢，因此相邻的像素点会更相近。实际上这个假设在图像的边缘处是不成立的。如果在边缘处以"相邻相近"的观点进行滤波的话，则得到的结果必然会模糊掉边缘。这是因为在边缘两侧的点的像素值差别很大，需要根据像素值的不同邻域给予不同权重的滤波。空间邻近度以及灰度相似度因子决定了权重系数的大小，对距离较远、灰度值相差较大的像素设置较小的权重系数。对于非局部自相似性的度量，加入像素空间距离约束，即在其权重部分引入空间邻近度因子。考虑到图像变化一般具有一定的连续性，与当前图像块 x_i 距离越近的图像块一般含有与 x_i 更多的相似结构信息，所以在考虑自相似性时设置较大的权重系数。在借鉴 BF 的超分辨率复原中，正是同时考虑了被滤波的图像像素点的空域信息和值域信息，来实现对图像边缘的滤波。BF 可以达到保持边缘、降噪平滑的效果。BF 采用基于空间分布的高斯滤波函数，利用周边像素亮度值的加权平均代表某个像素的强度。双边滤波的权重不仅考虑了像素的欧氏距离（维纳滤波或高斯滤波会模糊边缘，使高频细节保护效果不明显），还考虑了像素范围域中的辐射差异（例如卷积核中像素与中心像素之间相似程度、颜色强度、深度距离等），在计算中心像素时需要同时考虑这两个权重。

设 x_i^l 为 x_i 的任一相似块，$\left\| u(x_i) - u(x_i^l) \right\|_2^2$ 为 x_i^l 和 x_i 间的空间坐标距离。考虑到相似块对应像素点的空间距离均是相等的，为减少计算量，可以将图像块空间距离度量用图像块 x_i 与 x_i^l 对应的中心像素点 x_i 与 x_i^l 的位置距离代替，即表示为 $\left\| u(x_i) - u(x_i^l) \right\|_2^2$。

综合考虑图像块灰度和空间位置距离，在计算包含空间位置信息的权重时，分别定义灰度相似度因子和空间邻近度因子 $b_{i,1}^l$ 和 $b_{i,2}^l$，总的归一化因子 c_i'，权重 b_i^l，即

$$b_{i,1}^l = \exp\left(\frac{-e_{i,1}^l}{h_1}\right) \quad e_{i,1}^l = \left\| v(\hat{x}_i) - v(\hat{x}_i^l) \right\|_2^2 \tag{6.7}$$

$$b_{i,2}^l = \exp\left(\frac{-e_{i,2}^l}{h_2}\right) \quad e_{i,2}^l = \left\| u(x_i) - u(x_i^l) \right\|_2^2 \tag{6.8}$$

$$c_i' = \sum_{l=1}^{L} \exp\left(\frac{-e_{i,1}^l}{h_1}\right) \exp\left(\frac{-e_{i,2}^l}{h_2}\right) \tag{6.9}$$

其中，$e_{i,1}^l$ 表示图像块 x_i 与 x_i^l 之间的像素灰度欧氏距离，$e_{i,2}^l$ 表示 x_i 与 x_i^l 的中心像

素之间的空间坐标欧氏距离。

改进后的权重 b_i^l 计算式为

$$b_i^l = \frac{b_{i,1}^l b_{i,2}^l}{c_i^l} \tag{6.10}$$

距离是描述像素间关系的基本参数，现有的非局部自相似性算法中，用常规的欧氏距离对两个像素邻域相似度进行衡量，但其涉及平方运算，计算量过大。SAD 是图像块之间相似度的量度。通过选取原始块中的每个像素与用于比较的块中的相应像素之间的绝对差来计算，然后将这些差值相加以创建块相似度的简单度量，计算差异图像的 L_1 范数或两个图像块之间的曼哈顿距离。本章采用 SAD 替代衡量像素邻域灰度相似性的欧氏距离，而对于空间距离的衡量已简化为中心像素点坐标欧氏距离，所以空间距离的衡量仍然采用欧氏距离度量。这时，$e_{i,1}^l$ 表示为

$$e_{i,1}^l = \text{SAD}(\boldsymbol{v}(\hat{\boldsymbol{x}}_i), \boldsymbol{v}(\hat{\boldsymbol{x}}_i^l)) = \sum_n \left| \boldsymbol{v}(\hat{\boldsymbol{x}}_{i,n}) - \boldsymbol{v}(\hat{\boldsymbol{x}}_{i,n}^l) \right| \tag{6.11}$$

其中，n 为像素数。

利用 SAD 度量图像块结构相似性，即对像素灰度相似性进行度量，可以有效地反映像素灰度的差异，且算法中仅涉及加法、减法等简单计算，使计算效率得到提高。

由此，非局部自相似正则化项可表示为

$$\sum_{\boldsymbol{x}_i \in X} \left\| \boldsymbol{x}_i - \sum_{l=1}^{L} b_i^l \boldsymbol{x}_i^l \right\|_2^2 = \sum_{\boldsymbol{x}_i \in X} \left\| \boldsymbol{x}_i - \boldsymbol{b}_i^{\mathrm{T}} \boldsymbol{\beta}_i \right\|_2^2 \tag{6.12}$$

其中，$\boldsymbol{b}_i$ 是包含所有权重系数 b_i^l 的列向量，$\boldsymbol{\beta}_i$ 是所有 $\boldsymbol{x}_i^l$ 组成的列向量。

结合式（6.12），依据稀疏表示模型，正则化项可表示为关于稀疏表示系数的形式，即

$$R(\boldsymbol{\alpha}) = \left\| (\boldsymbol{E} - \boldsymbol{B}) \boldsymbol{\phi} \boldsymbol{\alpha} \right\|_2^2 \tag{6.13}$$

其中，$\boldsymbol{E}$ 是单位矩阵，$\boldsymbol{B}(i,l) = \begin{cases} b_i^l, \boldsymbol{x}_i^l \in \boldsymbol{\beta}_i, b_i^l \in \boldsymbol{b}_i \\ 0, 其他 \end{cases}$。

6.3.3　基于自适应稀疏表示结合改进的非局部自相似正则化算法

（1）子字典的集合形成全局性字典的稀疏字典学习

针对全局过完备字典存在的缺少对图像局部结构的适应性及计算效率低等问题，在分析研究现有的自适应稀疏表示的字典学习方法研究的基础上，考虑到如何进一步精细刻画图像的边缘结构、纹理等形态成分在图像中的重要视觉特征，以及对不同的图像训练样本集提取的共性几何结构信息和当前像素附近邻域像素的图像空间信息，采用子字典的集合形成全局性字典的稀疏字典学习方法，由图

像块子集学习得到一系列对应子字典，然后对每一重建图像块自适应选取最优子字典，从而可以进行更准确的稀疏表示。子字典学习框架如图 6-2 所示。

（2）基于自适应稀疏表示结合改进的非局部自相似正则化 SR 计算式

通过结合图像的稀疏表示和范数求极值的变分法进行超分辨图像复原，基于自适应稀疏表示结合正则化约束的 SR 算法具有一定的性能优势。该算法利用双边滤波的思想，引入像素之间空间位置距离作为约束，对非局部自相似正则化技术策略进行改进，以更好地保持图像边缘细节信息；同时，对图像块间灰度和空间位置距离的相似性度量估计方法进行改进，以减少计算量。

结合式（6.3）、式（6.4）、式（6.12）和式（6.13），基于非局部自相似正则化的自适应稀疏表示式为 $\hat{\boldsymbol{\alpha}} = \arg\min\limits_{\boldsymbol{\alpha}}\left\{\left\|\boldsymbol{y}-\boldsymbol{DH\phi\alpha}\right\|_2^2 + \lambda\left\|\boldsymbol{\alpha}\right\|_1 + \eta\left\|(\boldsymbol{E}-\boldsymbol{B})\boldsymbol{\phi\alpha}\right\|_2^2\right\}$，大括号中，从左至右依次为 L_2 范数保真项 $\left\|\boldsymbol{y}-\boldsymbol{DH\phi\alpha}\right\|_2^2$、自适应加权局部稀疏约束项（$L_1$ 范数项）$\lambda\left\|\boldsymbol{\alpha}\right\|_1$（$\lambda$ 是自适应权重参数）和非局部自相似正则化项（L_2 范数项）$\left\|(\boldsymbol{E}-\boldsymbol{B})\boldsymbol{\phi\alpha}\right\|_2^{2\,[19\text{-}23]}$。

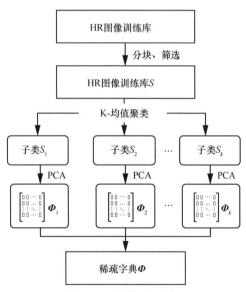

图 6-2　子字典学习框架

L_2 范数保真项旨在确保 HR 图像解 $\hat{\boldsymbol{x}} = \boldsymbol{\phi\hat{\alpha}}$ 在退化因子 $\boldsymbol{H}$、$\boldsymbol{D}$ 作用后，与输入 LR 图像 $\boldsymbol{y}$ 尽可能接近。L_1 范数项用来对图像估计 $\hat{\boldsymbol{x}}$ 在字典 $\boldsymbol{\phi}$ 下表示系数的稀疏性进行约束。L_2 范数项以正则项的形式引入非局部自相似先验信息，用于更好地保持恢复和重构图像的细节信息。

另外，自适应加权局部稀疏约束项 $\lambda\left\|\boldsymbol{\alpha}\right\|_1$ 的 λ 是自适应权重参数而非固定

常数，可以对 $\|\alpha\|_0$ 的稀疏性进行更好的等效表示，这有利于提高稀疏表示的重构效果。

引入自适应权重参数 $\lambda_{i,j}$，稀疏表示式可改写为[22-23] $\hat{\alpha} = \arg\min_{\alpha}\left\{\|\boldsymbol{y} - \boldsymbol{DH}\boldsymbol{\phi}\boldsymbol{\alpha}\|_2^2 + \sum_{i=1}^{N}\sum_{j=1}^{n}\lambda_{i,j}|\alpha_{i,j}| + \eta\|(\boldsymbol{E}-\boldsymbol{B})\boldsymbol{\phi}\boldsymbol{\alpha}\|_2^2\right\}$，其中，$\alpha_{i,j}$ 是与 ϕ_{ki} 第 j 个原子有关的系数；自适应权重参数 $\lambda_{i,j}$ 可以采用 $\lambda_{i,j} = \dfrac{1}{|\hat{\alpha}_{i,j}| + \varepsilon}$ 的方法计算[24]，$\hat{\alpha}_{i,j}$ 是 $\alpha_{i,j}$ 的估计，ε 是一个很小的常数。

当输入 LR 图像受标准差为 σ_n 的高斯白噪声扰动下，自适应权重参数 $\lambda_{i,j}$ 可应用更稳健的公式计算即 $\lambda_{i,j} = \dfrac{2\sqrt{2}\sigma_n^2}{\hat{\sigma}_{i,j} + \varepsilon}$，其中，$\hat{\sigma}_{i,j}$ 是 $\sigma_{i,j}$ 的估计值，$\sigma_{i,j}$ 是 $\alpha_{i,j}$ 的标准差[19-23]。

基于自适应稀疏表示结合改进非局部自相似正则化计算式可进一步表示为

$$\hat{\alpha} = \arg\min_{\alpha}\left\{\left\|\begin{bmatrix}\boldsymbol{y}\\\boldsymbol{0}\end{bmatrix} - \begin{bmatrix}\boldsymbol{DH}\\\eta(\boldsymbol{E}-\boldsymbol{B})\end{bmatrix}\boldsymbol{\phi}\boldsymbol{\alpha}\right\|_2^2 + \sum_{i=1}^{N}\sum_{j=1}^{n}\lambda_{i,j}|\alpha_{i,j}|\right\} \tag{6.14}$$

令 $\tilde{\boldsymbol{y}} = \begin{bmatrix}\boldsymbol{y}\\\boldsymbol{0}\end{bmatrix}$，$\boldsymbol{K} = \begin{bmatrix}\boldsymbol{DH}\\\eta(\boldsymbol{E}-\boldsymbol{B})\end{bmatrix}$，则式（6.14）可表示为

$$\hat{\alpha} = \arg\min_{\alpha}\left\{\|\tilde{\boldsymbol{y}} - \boldsymbol{K}\boldsymbol{\phi}\boldsymbol{\alpha}\|_2^2 + \sum_{i=1}^{N}\sum_{j=1}^{n}\lambda_{i,j}|\alpha_{i,j}|\right\} \tag{6.15}$$

式（6.15）可认为是一个加权 L_1 范数最优化问题，选用迭代收缩算法进行求解。其中，$\alpha_{i,j}^{(k+1)} = \text{threshold}\left(\alpha_{i,j}^{\left(k+\frac{1}{2}\right)}, \tau_{i,j}\right)$，$\tau$ 为阈值。

定义迭代中可变阈值 $\text{threshold}(\cdot, \tau)$ 函数为

$$\text{threshold}\left(\alpha_{i,j}^{\left(k+\frac{1}{2}\right)}, \tau_{i,j}\right) = \text{sign}\left(\alpha_{i,j}^{\left(k+\frac{1}{2}\right)}\right)\max\left\{\left|\alpha_{i,j}^{\left(k+\frac{1}{2}\right)}\right| - \tau_{i,j}, 0\right\} \tag{6.16}$$

在信息处理与计算流程中，threshold 函数的阈值为 $\tau_{i,j} = \dfrac{\lambda_{i,j}}{r}$，$\lambda_{i,j}$ 按照 $\lambda_{i,j} = \dfrac{1}{|\hat{\alpha}_{i,j}| + \varepsilon}$ 或 $\lambda_{i,j} = \dfrac{2\sqrt{2}\sigma_n^2}{\hat{\sigma}_{i,j} + \varepsilon}$ 计算[25]。$\hat{x}^{\left(k+\frac{1}{2}\right)}$ 依据式（6.17）求解。

$$\hat{\boldsymbol{x}}^{\left(k+\frac{1}{2}\right)} = \hat{\boldsymbol{x}}^{(k)} + \boldsymbol{K}^{\mathrm{T}}(\tilde{\boldsymbol{y}} - \boldsymbol{K}\hat{\boldsymbol{x}}^{(k)}) = \hat{\boldsymbol{x}}^{(k)} + ((\boldsymbol{DH})^{\mathrm{T}}(\boldsymbol{DH})\boldsymbol{y} - (\boldsymbol{DH})^{\mathrm{T}}(\boldsymbol{DH})\hat{\boldsymbol{x}}^{(k)} - \eta^2(\boldsymbol{E}-\boldsymbol{B})^{\mathrm{T}}(\boldsymbol{E}-\boldsymbol{B})\hat{\boldsymbol{x}}^{(k)}) \tag{6.17}$$

特征向量个数的选择需满足 $r > \left\| (K\boldsymbol{\phi})^{\mathrm{T}} K\boldsymbol{\phi} \right\|_2$，为减少计算量，可以根据经验取一常数值。常整数 M 的设定是为了使算法每 M 次迭代才能更新一次子字典 $\boldsymbol{\phi}_{ki}$ 和非局部权重 $\boldsymbol{b}_i$。算法 6-1 给出了基于自适应稀疏表示结合改进的非局部自相似正则化 SR 计算步骤。

算法6-1　基于自适应稀疏表示结合改进的非局部自相似正则化 SR 计算步骤

Step1　初始化（收敛准则，步长、控制迭代收敛的阈值、r 等参数的设置）初始化非局部正则化参数 η，阈值 M、e 及最大迭代次数 Max_iter

Step2　初始化 $k = 0$，对输入 LR 图像 $\boldsymbol{y}$ 做双三次插值，得到 $\hat{\boldsymbol{x}}$ 作为 HR 图像 $\boldsymbol{x}$ 的初始估计，对 $\hat{\boldsymbol{x}}$ 进行分块，利用式（6.6）对其每一图像块 $\hat{\boldsymbol{x}}_i$ 选取其对应子字典 $\boldsymbol{\phi}_{ki}$，并计算得到每一 $\hat{\boldsymbol{x}}_i$ 的非局部权重向量 $\boldsymbol{b}_i$，初始化 $\boldsymbol{B}$

循环迭代直至 $\hat{\boldsymbol{x}}$ 收敛或者达到最大迭代次数，

即 $\dfrac{\left\| \hat{\boldsymbol{x}}^{(k)} - \hat{\boldsymbol{x}}^{(k+1)} \right\|_2^2}{N} \leqslant e$ 或者 $k \geqslant \mathrm{max\_iter}$

Step3　迭代计算原始自然场景 HR 图像 $\boldsymbol{x}$ 的初始估计值 $\boldsymbol{\phi}\hat{\boldsymbol{\alpha}}$

Step4　根据稀疏表示模型 $\boldsymbol{\alpha}^{\left(k+\frac{1}{2}\right)}$ 进行迭代；根据式（6.16）求解 $\alpha_{i,j}^{(k+1)}$

Step5　对每一图像块 $\boldsymbol{x}_i$ 自适应选取最优子字典 $\boldsymbol{\phi}_{ki}$，重建得到每一图像块 $\hat{\boldsymbol{x}}_i$；利用每一图像块 $\hat{\boldsymbol{x}}_i$ 迭代逼近原始 HR 图像估计值 $\hat{\boldsymbol{x}}$

Step6　如果 $\mathrm{mod}(k, M) = 0$，则由 $\hat{\boldsymbol{x}}^{(k+1)}$ 重新进行自适应字典的选取，即更新原始图像 $\boldsymbol{x}$ 的稀疏域，并更新 $\boldsymbol{B}$

6.4　超分辨率复原算法性能的评价

通过仿真实验及实验结果分析，对算法的性能进行评价。仿真实验是基于运行于 Windows 下的 Matlab 仿真平台进行 3 类仿真实验：① 算法对不同训练样本集的稳健性实验；② 无噪和加噪情况下的实验；③ 算法计算效率的实验，并对基于自适应稀疏表示结合改进的非局部自相似正则化新算法（简称 ASR-INSR 算法）及相关性能进行实验验证。

通过多组仿真实验，对比分析 ASR-INSR 算法对不同训练样本集的稳健性以及无噪和加噪条件下的性能。将 ASR-INSR 与采用欧氏距离的度量方式进行对比实验，实验中采用峰值信噪比（PSNR）作为客观评价指标来定量检验各种算法的重构效果。ASR-INSR 算法和其他几种常规算法及其算法简称如表 6-1 所示。

表 6-1　实验对比分析的几种超分辨率复原算法

序号	超分辨率复原算法名称	简称
1	双三次插值算法	BIC 算法
2	基于常规自适应稀疏表示的算法	CASR 算法
3	自适应稀疏表示结合非局部自相似的正则化算法	ASR-NSR 算法
4	常规的双边全变分 BTV 正则化算法	BTVR 算法
5	自适应稀疏表示结合局部先验的正则化算法	ASR-SPR 算法
6	稀疏表示的 L_p $(0 < p < 1)$ 正则化算法	SRAR 算法
7	自适应稀疏表示结合改进的非局部自相似的正则化算法	ASR-INSR 算法

6.4.1　参数设置

经 3×3、5×5、7×7 不同图像分块下的 Lena 图像 SR 预实验发现，ASR-INSR 算法对 7×7 图像分块下 SR 的峰值信噪比（PSNR）值是最优的，所以在下面的实验中，对训练样本图像采用 7×7 分块，为更好地保持块之间的一致性，相邻图像块间重叠 5 个像素。利用方差 var(s_i) > 16 来剔除平滑块，总共从训练集选取 363 807 个图像块，将其聚类成 210 个子类，分别进行学习得到对应子字典。

无噪和加噪两种情况下的实验参数设置介绍如下。

（1）无噪情况

分别对原始 HR 图像进行模糊和下采样操作，对 HR 图像在 0～3 个像素间随机做水平方向和垂直方向的像素移动，得到无噪 LR 图像；标准差为 1.0，模糊核函数为 $h = \frac{[1\ 4\ 6\ 4\ 1]^{\mathrm{T}}[1\ 4\ 6\ 4\ 1]}{256}$，下采样系数为 4，$r$ 为常数值 4.5，非局部正则化参数 η 为 0.3。

（2）加噪情况

分别加入均值为 0、方差 var=0.01 的高斯白噪声和噪声密度 D=0.05 的椒盐噪声，利用模糊和下采样操作进行降质处理，得到含噪 LR 图像。重构时，采用 7×7 的图像分块，且块与块之间重叠 5 个像素，r 为常数值 4.5，η 为 0.5。

6.4.2　算法对于不同训练样本集的稳健性实验及性能评价

在验证 ASR-INSR 算法对不同图像训练样本集（Image Training Sample Set）的稳健性实验中，尽管样本图像在内容上各有不同，但是其由各种基本结构组成。本章选取包含有丰富结构信息的图像块，提取基本结构及相关信息，进行子字典的学习。

图像训练样本集选取两组不同的训练样本集，图 6-3 分别为两个训练样本集中的图像示例。图 6-3（a）给出了原始 HR 图像训练样本集（SSa）的示例，SSa 主要内容为风景和建筑物图像。图 6-3（b）给出了原始 HR 图像训练样本集（SSb）

的示例，SSb 内容为人物图像。SSa 和 SSb 这两组图像训练样本集均包含有丰富的结构信息。

(a) HR 图像训练样本集（SSa）

(b) HR 图像训练样本集（SSb）

图 6-3　两组不同的 HR 图像训练样本集示例

为验证算法对训练样本集的稳健性，使用两组不同的 HR 训练集分别与 BIC、CASR、ASR-NSR、ASR-INSR 等不同算法做对比实验。对选取的单帧鹦鹉图像和单帧树叶图像采用不同算法的超分辨率复原实验结果分别如图 6-4 和图 6-5 所示。

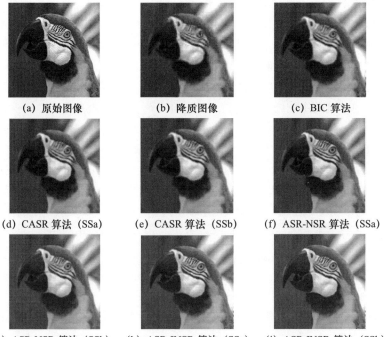

(a) 原始图像　　　　(b) 降质图像　　　　(c) BIC 算法

(d) CASR 算法（SSa）　(e) CASR 算法（SSb）　(f) ASR-NSR 算法（SSa）

(g) ASR-NSR 算法（SSb）　(h) ASR-INSR 算法（SSa）　(i) ASR-INSR 算法（SSb）

图 6-4　针对不同训练样本集稳健性验证的鹦鹉图像实验结果（无噪实验）

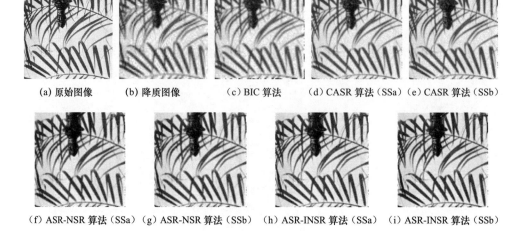

(a) 原始图像　　(b) 降质图像　　(c) BIC 算法　　(d) CASR 算法 (SSa) (e) CASR 算法 (SSb)

（f）ASR-NSR 算法（SSa）（g）ASR-NSR 算法（SSb）　（h）ASR-INSR 算法（SSa）　（i）ASR-INSR 算法（SSb）

图 6-5　针对不同训练样本集稳健性验证的树叶图像实验结果（加噪实验）

　　图 6-4（a）和图 6-5（a）、图 6-4（b）和图 6-5（b）分别是原始 HR 图像和经降质的 LR 图像。对比分析鹦鹉、树叶这两组图像的实验结果，从视觉效果上看，图 6-4（c）、图 6-5（c）复原效果最差，尤其是图 6-5（c）加噪实验，噪声影响更严重。图 6-4（d）～图 6-4（g）和图 6-5（d）～图 6-5（g）的复原质量均不如图 6-4（h）、图 6-4（i）和图 6-5（h）、图 6-5（i）的复原质量。另外，ASR-NSR 相比 CASR 图像更加清晰，如图 6-4 中鸟的眼睛以及周围的羽绒纹理处、图 6-5 中的树叶和佛像及周围的细节处保持得较好，这说明了引入非局部正则化项的有效性。而 ASR-INSR 算法的实验结果又比 ASR-NSR 算法的视觉效果更好。

　　鹦鹉、树叶这两组图像无噪实验和加混合噪声实验的 PSNR 值如表 6-2 所示。表中列出的 PSNR 值的大小反映出与上述主观视觉效果一致的结论。在无噪实验和添加混合噪声实验中，BIC 的 PSNR 值最小，CASR 和 ASR-NSR 算法的 PSNR 值大于 BIC，而 ASR-INSR 算法的 PSNR 值是最大的。在不同的训练样本集（SSa、SSb）下，CASR、ASR-NSR 以及 ASR-INSR 算法的 PSNR 值与各自算法本身相比均相差不大，说明 CASR、ASR-NSR 和 ASR-INSR 采用子字典的集合形成全局性字典的一类 SR 算法，对于不同的 HR 图像训练样本集，均具有较好的适应性。

6.4.3　无噪和加噪情况下的实验及算法性能评价

　　为更全面地验证 ASR-INSR 算法的优越性，在无噪和加噪情况下分别对单帧的花、辣椒、头像、花与蜜蜂、照相机、书、遥感影像、IKONOS 星的蓝波段影像、合成孔径雷达（SAR）影像、工业启闭机、水面近红外成像、水面可见光成像进行 SR 实验验证，对比分析不同算法的 SR 性能。

表 6-2　不同训练样本集实验的 PSNR 值

算法	鹦鹉（无噪实验）/dB	树叶（加噪实验）/dB
BIC 算法	22.003	20.014
CASR 算法（SSa）	24.563	22.016
CASR 算法（SSb）	24.409	22.255
ASR-NSR 算法（SSa）	24.207	22.795
ASR-NSR 算法（SSb）	24.291	22.746
ASR-INSR 算法（SSa）	24.879	23.575
ASR-INSR 算法（SSb）	24.901	23.532

在上述的仿真实验中已验证了 ASR-INSR 算法对于不同 HR 图像训练样本集的稳健性性能，故本实验在稀疏字典学习中仅选用 SSb 一种训练样本集。实验中仍采用 6.4.1 节（参数设置）所设置的实验参数。

图 6-6 给出了用于实验的单帧 HR 原始图像组，共 12 种实验图像。

(a) 花　　　　　(b) 辣椒　　　　　(c) 头像　　　　　(d) 花与蜜蜂

(e) 照相机　　　(f) 书　　　　　(g) 遥感影像　　　(h) IKONOS 星的蓝波段影像

(i) SAR 影像　　(j) 工业启闭机　　(k) 水面近红外成像　(l) 水面可见光成像

图 6-6　用于实验的单帧 HR 原始图像组

表 6-3～表 6-5 给出了无噪以及加噪情况下，不同算法对 12 种实验图像的实验 PSNR 值（这里 PSNR 值越大越好）。分析表中 PSNR 值的变化情况，不论是在无噪实验还是在加噪实验情况下，BIC 的 PSNR 值均最小，相比于 BIC，BTVR

和 ASR-SPR 的 PSNR 值均有提升。总体上说，SRAR 的 PSNR 值大于 ASR-SPR，ASR-SPR 的 PSNR 值又大于 BTVR 算法，而 ASR-INSR 算法的 PSNR 平均值是最高的，优于其他算法。

需要说明的是，尽管 ASR-INSR 在 SAR 雷达影像实验上不如 SRAR 的 PSNR 值大，但 ASR-INSR 对 12 种实验图像的 PSNR 平均值是最高的。

表 6-3　无噪情况下不同算法对 12 种实验图像的实验 PSNR 值

图像	花	辣椒	头像	花与蜜蜂	照相机	书	遥感影像	IKONOS星的蓝波段影像	SAR影像	工业启闭机	水面近红外成像	水面可见光成像	平均值
BIC 算法/dB	22.005	22.602	22.106	22.561	20.608	19.601	18.704	20.004	19.004	22.001	21.707	21.803	21.059
BTVR 算法/dB	23.185	25.194	24.062	24.798	22.503	20.833	19.621	21.211	20.07	25.247	26.374	26.31	23.284
ASR-SPR 算法/dB	24.318	26.515	25.170	24.98	23.717	21.498	20.299	21.871	20.464	26.247	27.157	27.243	24.123
SRAR 算法/dB	25.205	27.201	26.910	25.612	24.627	22.707	21.611	23.004	21.732	27.196	28.426	28.331	25.216
ASR-INSR 算法/dB	25.510	27.490	26.987	26.102	25.113	23.107	21.702	23.082	21.671	27.245	28.681	28.614	25.442

表 6-4　高斯白噪声（var=0.01）下不同算法对 12 种实验图像的实验 PSNR 值

图像	花	辣椒	头像	花与蜜蜂	照相机	书	遥感影像	IKONOS星的蓝波段影像	SAR影像	工业启闭机	水面近红外成像	水面可见光成像	平均值
BIC 算法/dB	21.422	22.343	21.712	21.792	19.511	19.003	16.504	19.217	18.981	22.615	22.803	22.711	20.718
BTVR 算法/dB	23.032	24.585	24.617	23.822	21.844	20.004	18.007	19.961	19.67	24.515	25.201	25.707	22.580
ASR-SPR 算法/dB	24.011	25.683	25.028	24.026	23.53	21.006	19.208	21.375	20.201	25.654	27.396	27.203	23.693
SRAR 算法/dB	24.601	26.454	26.805	24.497	24.046	21.903	19.997	22.819	21.615	26.502	28.752	28.407	24.670
ASR-INSR 算法/dB	24.839	26.601	26.739	24.645	24.301	22.112	20.001	22.983	21.568	26.648	28.897	28.701	24.836

表 6-5　椒盐噪声（D=0.05）下不同算法对 12 种实验图像的实验 PSNR 值

图像	花	辣椒	头像	花与蜜蜂	照相机	书	遥感影像	IKONOS星的蓝波段影像	SAR影像	工业启闭机	水面近红外成像	水面可见光成像	平均值
BIC 算法/dB	21.312	22.234	21.807	21.74	19.406	18.98	16.437	18.802	18.220	22.505	22.701	22.612	20.563
BTVR 算法/dB	23.020	24.572	24.008	23.812	21.830	20.001	18.006	19.463	19.494	24.503	25.184	25.691	22.465
ASR-SPR 算法/dB	24.008	25.673	25.647	24.019	23.518	21.001	19.013	20.850	19.105	25.641	27.384	27.184	23.587

（续表）

图像	花	辣椒	头像	花与蜜蜂	照相机	书	遥感影像	IKONOS星的蓝波段影像	SAR影像	工业启闭机	水面近红外成像	水面可见光成像	平均值
SRAR 算法/dB	24.597	26.459	26.701	24.493	24.044	21.905	19.970	22.765	21.579	26.487	28.732	28.309	24.670
ASR-INSR 算法/dB	24.831	26.581	26.819	24.630	24.293	22.113	20.006	22.871	21.494	26.641	28.891	28.700	24.823

6.4.4　重构计算效率评价

重构计算效率的实验包括实验分析像素灰度和空间位置距离的度量性能以及算法的计算效率。ASR-INSR 算法是基于 SAD 进行度量的算法，ASR-NSR 是基于欧氏距离度量的方法，将 ASR-INSR 与 ASR-NSR 算法进行实验对比，分析基于 SAD 度量的 ASR-INSR 能够在保证重构质量的同时减少计算量的性能。

分别对单帧的辣椒、植物、遥感、花和水面近红外成像这 5 种图像在无噪环境下做计算效率实验。图 6-7 和图 6-8 分别给出了在保证重构效果的同时提升计算效率的辣椒和植物图像实验示例。由于遥感花和水面近红外成像的实验结果与辣椒和植物的实验结果类似，因此，不再列出。目视分析发现，基于欧氏距离度量的 ASR-NSR 算法差于基于 SAD 度量的算法的视觉效果。

(a) 原始图像　　　　(b) 降质图像　　　　(c) ASR-NSR 算法　　　　(d) ASR-INSR 算法

图 6-7　辣椒图像实验结果

(a) 原始图像　　　　(b) 降质图像　　　　(c) ASR-NSR 算法　　　　(d) ASR-INSR 算法

图 6-8　植物图像实验结果

表 6-6 列出了不同算法重构结果的 PSNR 值以及平均计算时间。在表 6-6 中，从基于欧氏距离度量的 ASR-NSR 算法和 ASR-INSR 算法的 PSNR 值看，ASR-INSR 算法是最好的，这与上述的实验结论是一致的。但从计算时间看，在同样的实验图像尺寸、同样的硬软件仿真实验环境下，ASR-INSR 算法平均用时大约 170 s，比基于欧氏距离度量的 ASR-NSR 算法约少用 20 s，节省了约 10%的用时。

表 6-6　无噪下实验结果的 PSNR 值以及平均计算时间

算法	辣椒/dB	植物/dB	花/dB	遥感/dB	书/dB	计算时间/s
ASR-NSR 算法	26.772	26.202	24.772	21.514	22.430	约 190
ASR-INSR 算法	27.490	26.710	25.510	21.702	23.107	约 170

综合上述实验分析和算法的性能评价，有以下 4 个结论成立。

① 通过上述的多组仿真实验（即算法对不同训练样本集的稳健性实验、无噪和加噪情况下的实验、算法的计算效率实验），验证了 ASR-INSR 算法超分辨复原性能与其他几种算法相比，其复原视觉效果、客观定量化指标 PSNR 评价、噪声抑制能力、计算效率等均有一定的提升。

② ASR-INSR 算法是采用子字典集合形成全局性字典的一类超分辨率复原方法，对于不同的训练样本集（SSa、SSb），SR 实验结果的客观评价指标 PSNR 值以及视觉效果差别不大，说明 ASR-INSR 算法对不同的训练样本集具有稳健性。

③ 不论是在无噪还是在加噪实验环境下，相比 BIC、CASR、ASR-NSR、BTVR、ASR-SPR、SRAR 这几种算法，ASR-INSR 算法的 PSNR 平均值是最优的。

④ ASR-INSR 算法的重构计算效率也得到一定的提升，相比基于欧氏距离度量的算法节省了约 10%的用时。

参考文献

[1] PARK S C, PARK M K, KANG M G. Super-resolution image reconstruction: a technical overview[J]. IEEE Signal Processing Magazine, 2003, 20(3): 21-36.

[2] JIANG J, MA J, CHEN C, et al. Noise robust face image super-resolution through smooth sparse representation[J]. IEEE Transactions on Cybernetics, 2017, 47(11): 3991-4002.

[3] YANG J C, WRIGHT J, HUANG T S, et al. Image superresolution via sparse representation[J]. IEEE Transactions on Image Processing, 2010, 19(11): 2861-2873.

[4] YANG S, WANG M, CHEN Y, et al. Single-image super-resolution reconstruction via learned geometric dictionaries and clustered sparse coding[J]. IEEE Transactions on Image Processing, 2012, 21(9): 4016-4028.

[5] YANG S, LIU Z, WANG M, et al. Multitask dictionary learning and sparse representation based single-image super-resolution reconstruction[J]. Neurocomputing, 2011, 74(17): 3193-3203.

[6] DONG W, ZHANG L, SHI G, et al. Nonlocally centralized sparse representation for image restoration[J]. IEEE Transactions on Image Processing, 2013, 22(4): 1620-1630.

[7] PELEG T, ELAD M. A statistical prediction model based on sparse representations for single image super-resolution[J]. IEEE Transactions on Image Processing, 2014, 23(6): 2569-2582.

[8] ZHANG Y, LIU J, YANG W, et al. Image super-resolution based on structure-modulated sparse representation[J]. IEEE Transactions on Image Processing, 2015, 24(9): 2797-2810.

[9] 程培涛. 基于学习的单幅图像超分辨率重建方法研究[D]. 西安: 西安电子科技大学, 2017.

[10] CAO F, CAI M, TAN Y, et al. Image super-resolution via adaptive $l_p(0<p<1)$ regularization and sparse representation[J]. IEEE Transactions on Neural Networks and Learning Systems, 2016, 27(7): 1550-1561.

[11] YANG J, WRIGHT J, HUANG T, et al. Image super-resolution as sparse representation of raw image patches[C]//2008 IEEE Conference on Computer Vision and Pattern Recognition. Piscataway: IEEE Press, 2008: 1-8.

[12] LU X, YUAN H, YAN P, et al. Geometry constrained sparse coding for single image super-resolution[C]//2012 IEEE Conference on Computer Vision and Pattern Recognition. Piscataway: IEEE Press, 2012: 1648-1655.

[13] GLASNER D, BAGON S, IRANI M. Super-resolution from a single image[C]//2009 IEEE 12th International Conference on Computer Vision. Piscataway: IEEE Press, 2009: 349-356.

[14] BUADES A, COLL B, MOREL J M. A review of image denoising algorithms, with a new one[J]. Siam Journal on Multiscale Modeling & Simulation, 2005, 4(2): 490-530.

[15] YANG S, WANG M, SUN Y, et al. Compressive sampling based single-image super-resolution reconstruction by dual-sparsity and non-local similarity regularizer[J]. Pattern Recognition Letters, 2012, 33(9): 1049-1059.

[16] LU X, YUAN H, YAN P, et al. Geometry constrained sparse coding for single image super-resolution[C]//2012 IEEE Conference on Computer Vision and Pattern Recognition. Piscataway: IEEE Press, 2012: 1648-1655.

[17] GLASNER D, BAGON S, IRANI M. Super-resolution from a single image[C]//2009 IEEE 12th International Conference on Computer Vision. Piscataway: IEEE Press, 2009: 349-356.

[18] BUADES A, COLL B, MOREL J M. A review of image denoising algorithms, with a new one[J]. Siam Journal on Multiscale Modeling & Simulation, 2005, 4(2): 490-530.

[19] 杨芸. 图像超分辨率重建算法研究[D]. 南京: 河海大学, 2016.

[20] XU M, YANG Y, SUN Q, et al. Image super-resolution reconstruction based on adaptive sparse

representation[J]. Concurrency and Computation: Practice and Experience, 2018, 30(24): e4968.1-e4968.10.

[21] LIU X Z, FENG G C. Kernel bisecting k-means clustering for SVM training sample reduction[C]//2008 19th International Conference on Pattern Recognition. Piscataway: IEEE Press, 2008: 1-4.

[22] DONG W, ZHANG L, SHI G, et al. Image deblurring and super-resolution by adaptive sparse domain selection and adaptive regularization[J]. IEEE Transactions on Image Processing, 2011, 20(7): 1838-1857.

[23] 陈少冲. 一种自适应学习的图像超分辨率重建算法研究[D]. 西安: 西安电子科技大学, 2011.

[24] CANDES E J, WAKIN M B, BOYD S P. Enhancing sparsity by reweighted l_1 minimization[J]. Journal of Fourier Analysis and Applications, 2008, 14(5-6): 877-905.

[25] DAUBECHIES I, DEFRISE M, DE MOL C. An iterative thresholding algorithm for linear inverse problems with a sparsity constraint[J]. Communications on Pure and Applied Mathematics, 2004, 57(11): 1413-1457.

第7章　卷积神经网络与超分辨率复原

本章首先介绍有关卷积神经网络的基本知识，以及公开的图像/视频样本数据集，然后依次介绍基于深度的卷积神经网络的超分辨复原（SRCNN）方法、基于高效的亚像素卷积神经网络（ESPCN）超分辨率复原方法、基于深度递归卷积网络（DRCN）的超分辨率复原方法等内容。

7.1　卷积神经网络

7.1.1　引言

卷积神经网络（Convolution Neural Network，CNN）是一类包含卷积计算且具有深度结构的前馈神经网络，是深度学习的代表算法之一，受生物自然视觉认知机制启发而来。CNN现已经成为众多科学领域的研究热点之一。

1962 年，Hubel等[1]通过对猫视觉皮层细胞的研究，提出了感受野的概念。1982 年，日本科学家Fukushima等[2]首次将感受野概念应用于人工神经网络领域，提出一种基于神经认知机构建卷积神经网络的方法，随后又进一步研究用于手写数字的识别。认知机模型是一个具有深度结构的神经网络，并被认为是最早提出的深度学习算法之一。认知机的隐含层由S层和C层交替构成，其中S层单元在感受野内对图像特征进行提取，C层单元接收和响应不同感受野返回的相同特征，S层与C层组合能够进行特征提取和筛选，实现了卷积神经网络中卷积层和池化层的部分功能，被认为是启发了卷积神经网络的开拓性研究。

21 世纪以来，随着深度学习理论的提出和大规模高速计算技术应用的发展，卷积神经网络得到了快速发展。CNN是一种专门针对图像获取与识别处理问题设计的神经网络，它模仿人类的多层过程，首先瞳孔摄入像素，大脑皮层某些细胞初步处理，发现形状边缘、方向，然后抽象判定形状（如圆形、方形），做出进一步抽象判定等，现已普遍应用于图像工程、计算机视觉、自然语言处理等领域[3-11]。

在图像处理和计算机视觉方面，CNN较普通的神经网络具有如下优点。输入图像和网络的拓扑结构能很好地吻合；特征提取和模式分类同时进行，并同时在训练中产生；权重共享可以减少网络的训练参数，使网络结构变得更简单、适应性更强等。典型的应用包括图像检测与识别、行为认知以及超分辨率图像/视频复原等。在图像检测与识别中，CNN作为核心算法之一，在学习数据充足时有稳定的表现。对于一般的大规模图像分类问题，CNN可用于构建阶层分类器，也可以在精细分类识别中用于提取图像的判别特征以供其他分类器进行学习。对于后者，特征提取可以人为地将图像的不同部分分别输入CNN，也可以由CNN通过非监督学习自行提取。

对于字符检测和识别/光学字符的读取，CNN被用于判断输入的图像是否包含字符，并从中剪取有效的字符片断，例如，使用多个归一化指数函数直接分类的CNN被用于谷歌街景图像的门牌号识别，包含条件随机场（Conditional Random Field，CRF）模型的CNN可以识别图像中的单词，CNN与递归神经网络（Recurrent Neural Network，RNN）相结合分别从图像中提取字符特征和做出序列标注等应用。

在卫星遥感应用中，CNN可对下垫面及地物做变化检测、海冰覆盖率的遥感反演等。

在图像的行为认知研究中，CNN提取的图像特征被应用于行为分类。在视频的行为认知研究中，CNN可以保持其二维结构并通过堆叠连续时间片段的特征进行学习，建立沿时间轴变化的三维CNN，或者逐帧提取特征并输入递归神经网络等。

在基于深度学习的超分辨率图像/视频复原方面，CNN是典型的深度学习模型之一。CNN的权值共享网络结构使之更类似于生物神经网络，降低了网络模型的复杂度，减少了权值的数量，使多维图像可以直接作为网络的输入，避免了传统识别算法中复杂的特征提取和数据重构过程。CNN是第一个能真正成功训练多层网络结构的学习算法，它利用空间关系减少需要学习的参数数目以提高普通的误差逆传播（Back Propagation，BP）人工神经网络算法的训练性能。在CNN中，图像的一小部分（局部感受区域、感受野）作为层级结构的最低层的输入，信息再依次传输到不同的层，每层通过一个数字滤波器去获得观测数据最显著的特征，这个方法能够获取对平移、缩放和旋转不变的观测数据的显著特征。

近年来，基于深度学习及CNN的超分辨率图像/视频复原取得了一系列研究和应用成果，例如，Dong等[12-13]率先提出基于卷积神经网络的超分辨率（SRCNN）方法。Shi等[14]提出一种在LR图像上直接计算卷积得到HR图像的高效率方法，即基于高效的亚像素卷积神经网络（Efficient Sub-Pixel Convolutional Neural Network，ESPCN）的超分辨率方法。Kim等[15]在卷积神经网络中增加递归层以进一步提升其性能，提出一种深度递归卷积网络（Deeply-Recursive Convolutional Network，DRCN）。2017年CVPR（IEEE Computer Vision and Pattern Recognition）会议、2018

年CVPR会议，以及 2019 年CVPR会议，可以说是基于深度学习及CNN的SR最新研究成果汇聚展现平台。2017 年，继Google的RAISR（Rapid and Accurate Image Super Resolution）技术之后[6]，华为公司开发了一款用于移动端的海思HiSR（Hisilicon Super-Resolution）技术，通过Kirin 970 芯片的HiAI（Hisilicon Artificial Intelligence）移动人工智能平台加速，专门设计 7 层深度卷积神经网络，实现了能保留丰富细节和纹理的超分辨率复原。2017 年，腾讯QQ空间联合优图实验室推出一种基于 10 层深度卷积神经网络的腾讯SR（Tencent Super Resolution，TSR）新技术，可在普通的用户手机端运行。Ledig等[16]认为使用均方误差（MSE）、峰值信噪比（PSNR）作为评价图像复原质量不符合人眼的感受，图像效果会过于平滑，为此提出基于生成对抗网络的单帧图像超分辨率（Single Image Super-Resolution Based on Generative Adversarial Network，SRGAN）方法，SRGAN的优势在于能够生成更加自然、逼真、符合人类视觉习惯的图像。Wang等[17]在SRGAN方法基础上，提出了一种增强型超分辨率生成对抗网络（Enhanced Super-Resolution Generative Adversarial Network，ESRGAN）模型，该模型比以前的超分辨率方法具有更好的感知质量。

7.1.2　卷积神经网络基本原理

1. 卷积神经网络架构

卷积神经网络是由用于特征提取的卷积层和用于特征处理的亚采样层交叠组成的多层神经网络。卷积神经网络与普通的神经网络相似，它们都以人工神经元作为神经网络的基本单位，一个神经元连接到同一层或另一层的另一个神经元，涉及的要素包括偏置（偏移）、连接权重、作为非线性引入网络的激活函数、输入层（网络的第一层）、隐含层（带有对输入数据应用不同变换的神经元/节点）、输出层（网络的最后一层）、前向传播（前向传播的过程是向网络馈送输入值并得到预测值的输出）、反向传播（前向传播后，得到一个预测值的输出）、学习率（学习率决定了更新权重/参数值的速度）、收敛（迭代时输出趋近于特定值）、全连接层和损失函数（计算单个训练示例的误差）/代价函数（整个训练集的损失函数的平均值）等。

从机器学习的角度看，常规的神经网络模型的结构基本上属于仅有 1～2 层隐含层节点的浅层学习模型，如图 7-1 所示。而卷积神经网络区别于浅层机器学习，属于深度机器学习模型，有许多层的隐含层节点，强调模型结构的深度和特征学习。

CNN通常包含输入层、卷积层、激活函数层、池化层和全连接层，如图 7-2 所示。CNN通常默认输入是图像，其输入是三维的，3 个维度的神经元有宽度、高度、深度（注：这个深度不是深度学习的深度），输出也是三维的。

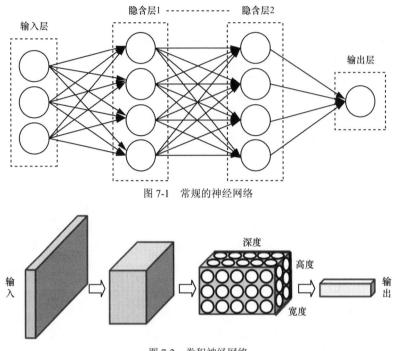

图 7-1　常规的神经网络

图 7-2　卷积神经网络

CNN的卷积层用于学习输入数据的特征表示，卷积层由很多的卷积核组成，卷积核用来计算不同的特征图。卷积层由若干个特征图组成，每个特征图上的所有神经元共享同一个卷积核的参数，由卷积核对前一层输入图像做卷积运算得到。卷积核中每一个元素都作为权值参数，同输入图像相应区块的像素值相乘，然后将各项乘积求和，并经过激活函数得到输出像素。激活函数为CNN引入了非线性，常用的有Sigmoid、tanh、ReLU等函数，其中ReLU常用于卷积层，Sigmoid或tanh常用于全连接层。池化层也称为采样层，其作用是基于局部相关性原理进行池化采样，用于降低卷积层输出的特征向量，在减少数据量的同时保留有用信息，同时改善操作运算结果，防止出现过拟合（如使用正则化方法）。在卷积层和采样层后，通常会连接一个或多个全连接层。全连接层的结构和全连接神经网络的隐含层结构相同，全连接层的每个神经元都会与下一层的每个神经元相连。通过卷积层与池化层，可以获得更多的抽象特征，全连接层将卷积层和池化层堆叠后，形成一层或多层全连接层。

卷积神经网络可以使用BP算法进行训练，但在训练中，卷积层中每个特征图的所有神经元都共享相同的连接权重，这样可以大幅减少需要训练的参数数目。

CNN的基本架构为

$$\text{INPUT} \rightarrow [[\text{CONV} \rightarrow \text{RELU}] \times N \rightarrow \text{POOL?}] \times M \rightarrow [\text{FC} \rightarrow \text{RELU}] \times K \rightarrow \text{FC} \quad (7.1)$$

其中，符号?表示 0 次或 1 次。通常情况下，$0 \leqslant N \leqslant 3$，$M \geqslant 0$，$0 \leqslant K \leqslant 3$。堆叠几个卷

积和激活函数ReLU，再加一个池化层，重复这个模式，最后由全连接层控制输出。

下面，按CNN的层级依次介绍卷积层、激活函数、池化层和全连接层。

2. 卷积层

CNN中每层卷积层由若干卷积单元组成，每个卷积单元的参数通过反向传播算法优化得到。卷积运算的目的是提取输入的不同特征，第一层卷积层可能只提取一些低级的特征如边缘、线条和角等，更多层的网络能从低级特征中迭代提取更复杂的特征。卷积层的基本特征包括局部感知、空间排列、参数共享、卷积等。

普通神经网络采用输入层和隐含层全连通的网络设计方案。从计算的角度来讲，相对较小的图像从整帧图像中计算特征是可行的。但如果是更大的图像，通过这种神经元与输入数据体之间的全连通方案来学习整帧图像上的特征，计算量过大。例如，如果输入图像尺寸为 1 000×1 000，即使只有一个颜色通道（如灰度图像），也有 10^6 个像素点（输入维度为 10^6）。如果采用输入层和隐含层全连通设计方案，输入层与隐含层为相同大小（10^6 个隐含层节点），则产生 $10^6×10^6=10^{12}$ 个连接，这样的运算量极其巨大。而利用卷积层的局部感知性质，将全连通设计方案修改为局部连接，可对隐含单元和输入单元间的连接加以限制，每个隐含单元仅能连接输入单元的一部分，或者说，每个隐含单元仅连接输入图像的一小片相邻区域（每个隐含单元连接的输入区域称为感受野），将所有局部区域的信息综合起来就可以得到全局的信息。这时，假设局部感受野大小是 10×10，即每个隐含节点只与 10×10 个像素点相连，则只需要 $10×10×10^6=10^8$ 个连接。

卷积层的空间排列涉及输出数据体中神经元的数量，以及它们的排列方式。输出数据体的大小由深度、步长和零填充 3 个超参数控制。输出数据体的深度与使用滤波器的数量一致，在滑动滤波器时，必须指定步长，步长决定相邻隐含单元输入区域中重叠区域（部分）的多少，补零可控制输出数据体的空间尺寸，常用来保持输入数据体在空间上的尺寸，使输入和输出的宽、高大小相等。

在对每一个输入层和权重做卷积层操作中应用的参数共享（或称权值共享），可以大幅度减少网络的参数数量，在防止过拟合的同时又能降低网络模型的复杂度。一方面，应用参数共享能够对重复单元进行特征识别，而不考虑它在可视域中的位置，另一方面，对抽取特征更加有效。仍以输入的灰度图像尺寸是 1 000×1 000 为例，由于局部连接方式的卷积操作默认每一个隐含节点的参数都完全一样，这时不论图像尺寸多大，都将是 10×10=100 个参数，即卷积核的尺寸，因此卷积中应用参数共享可显著减少参数数量。

卷积输出的解析式为

$$V = \text{conv2}(\boldsymbol{W}, \boldsymbol{X}, "same") + b \tag{7.2}$$

激活输出的解析式为

$$Y = \varphi(V) \tag{7.3}$$

式（7.2）和式（7.3）分别是对每一个卷积层的卷积输出和激活输出的计算式，卷积方式属"same"填充函数类型，即全"0"填充方式。其中，X是输入图像，Y是整个卷积网络的输出，X、Y、W均是矩阵形式，每一个卷积层设有不同的卷积核权重矩阵W，conv2() 是Matlab商业数学软件中二维卷积运算的函数，b是偏置，$\varphi(\cdot)$是激活函数。

对于输入图像，将其转化为矩阵，矩阵的元素为对应的像素值。假设有一个5×5 的图像，使用一个 3×3 卷积核（也称为滤波器）进行卷积，可得到一个 3×3 的特征映射图。3×3 卷积核卷积运算的图解如图 7-3 所示。

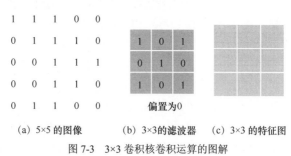

(a) 5×5 的图像　　(b) 3×3的滤波器　　(c) 3×3 的特征图

图 7-3　3×3 卷积核卷积运算的图解

对一个特征映射图采用一个卷积核进行卷积，具体过程图解分别如图 7-4～图 7-6 所示[18]。在对一个特征图采用一个卷积核进行卷积运算的过程中，深色区域块表示卷积核在输入矩阵中的滑动，图中示意了深色区域块的位置滑动变化，其每滑动到一个位置，就将对应数字相乘并求和，得到一个特征映射图矩阵的元素。

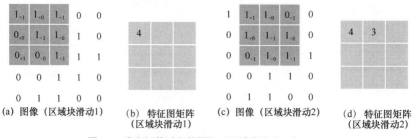

(a) 图像（区域块滑动1）　(b) 特征图矩阵　(c) 图像（区域块滑动2）　(d) 特征图矩阵
　　　　　　　　　　　（区域块滑动1）　　　　　　　　　　　（区域块滑动2）

图 7-4　卷积运算过程的图解（区域块滑动 1 和 2）

卷积核每次滑动一个单位（其滑动的幅度可以根据需要进行调整），如果滑动步幅大于 1，则卷积核有可能无法恰好滑动到边缘，针对这种情况，可在矩阵最外层补"0"，补一层"0"后的矩阵如图 7-7 所示。人们可根据需要设定补"0"层的层数，它是一个可以设置的超参数，根据卷积核的大小、步幅，对输入矩阵的大小进行调整，以使卷积核恰好滑动到边缘。一般情况下，输入的图像矩阵以及卷积运算获得的特征映射图矩阵均为方阵。

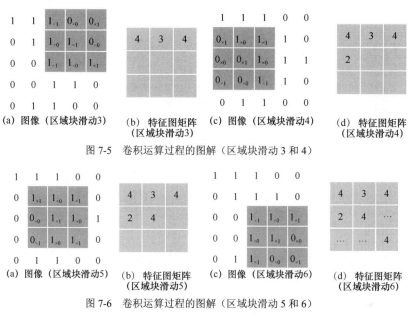

(a) 图像（区域块滑动3）　(b) 特征图矩阵（区域块滑动3）　(c) 图像（区域块滑动4）　(d) 特征图矩阵（区域块滑动4）

图 7-5　卷积运算过程的图解（区域块滑动 3 和 4）

(a) 图像（区域块滑动5）　(b) 特征图矩阵（区域块滑动5）　(c) 图像（区域块滑动6）　(d) 特征图矩阵（区域块滑动6）

图 7-6　卷积运算过程的图解（区域块滑动 5 和 6）

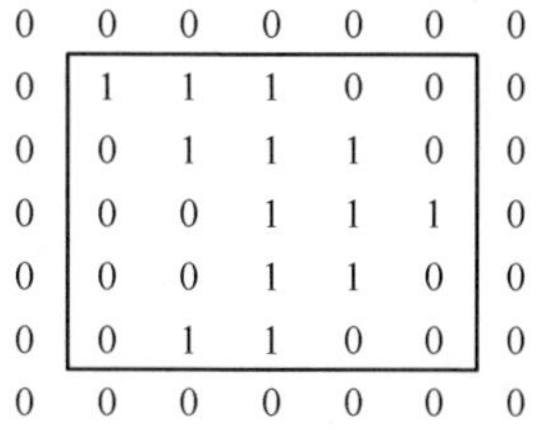

图 7-7　补 "0" 运算的图解

设输入为 w，卷积核为 k，步帧为 s，补 "0" 层数为 p，则卷积后产生的特征图计算式为

$$w' = \frac{w+2p-k}{s}+1 \tag{7.4}$$

为提取更多的特征，可以采用多个卷积核分别进行卷积，得到多个特征映射图。对于一张三通道彩色图像，输入的是一组矩阵，这时卷积核也不再是单层的，而应变成相应的深度。

一个特征图采用两个卷积核卷积的运算过程如图 7-8～图 7-11 所示[18]。特征图的 3 个通道分别与两个卷积核进行卷积，卷积核每次滑动两个单位，这里，两个卷积核进行卷积运算的图解示意中省略了中间过程，具体的运算过程与单个卷积核进行卷积运算的过程类似。

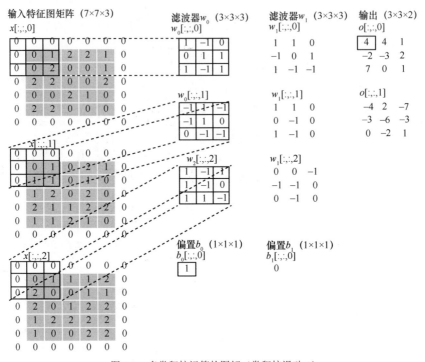

图 7-8　多卷积核运算的图解（卷积核滑动 1）

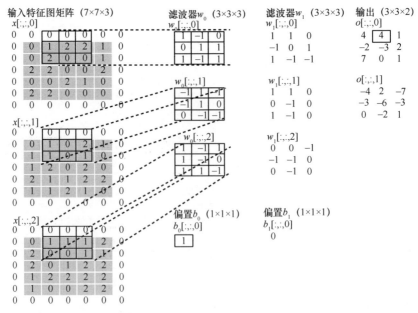

图 7-9　多卷积核运算的图解（卷积核滑动 2）

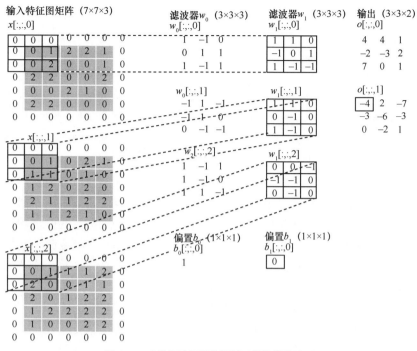

图 7-10　多卷积核运算的图解（卷积核滑动 3）

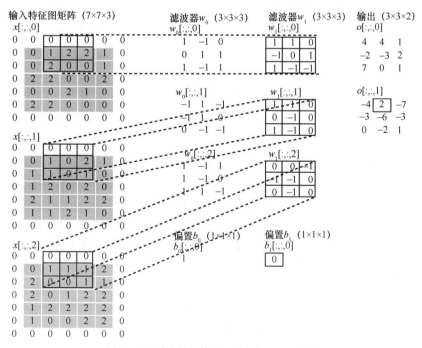

图 7-11　多卷积核运算的图解（卷积核滑动 4）

3. 激活函数

CNN的上一层输出，映射（输入）到下一层不是线性组合关系，而是具有高度复杂的非线性特性。为避免线性组合关系，通常在每一层的输出后面添加激活函数，否则CNN就无法学习到图像、语音等数据中的复杂映射关系。激活函数的主要作用是为CNN提供非线性建模能力，CNN使用激活函数引入非线性，将上一层网络的输出映射到下一层网络的输入。如果没有激活函数，那么网络仅能表达线性映射，此时即便有再多的隐含层，其整个网络与单层神经网络也是等价的。只有加入了激活函数之后，CNN才具备了分层的非线性映射学习能力。

在神经网络中，每个神经元节点接收上一层神经元的输出值作为本层神经元的输入值，并将输入值传递给下一层，输入层神经元节点会将输入属性值直接传递给下一层（隐含层或输出层）。在多层神经网络中，上一层节点的输出和下一层节点的输入之间具有一个函数关系，这个函数称为激活函数（又称激励函数）。

神经网络与非线性激活函数如图 7-12 所示。对于某一个隐含层的节点，计算该节点的激活值一般包括两个步骤，假设输入该节点的值为x_1、x_2，输入（进入）该隐含层节点后，首先做线性变换，计算 $z^{[1]} = w_1 x_1 + w_2 x_2 + b^{[1]} = W^{[1]} x + b^{[1]}$ 的值，其中w表示可学习的权重，b表示偏置常量，上标[1]表示第一层隐含层；然后做非线性变换，即经过非线性激活函数，计算该节点的输出值（激活值）$y^{[1]} = f(z^{[1]})$，其中 $f(z)$ 为非线性激活函数。

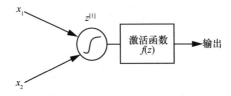

图 7-12　神经网络与非线性激活函数

激活函数的基本性质包括可微性、单调性、输出值的范围等。激活函数的可微性对于基于梯度的优化方法来说是必要的。单调性能够保证单层网络是凸函数。当激活函数的输出为有限值时，由于特征的表示受有限权值的影响更显著，基于梯度的优化方法会更加稳定；当输出值为无限值时，更有利于模型训练，但这时一般更需要合适的学习率，以保障收敛性。常用的激活函数有Sigmoid、tanh、ReLU、PReLU等函数。

（1）Sigmoid函数

Sigmoid函数是使用范围最广的一类激活函数，是一个在生物学中常见的S型函数，也称为S型生长曲线，如图 7-13 所示。

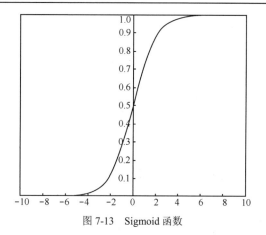

图 7-13　Sigmoid 函数

在信息科学中，由于其单增以及反函数单增等性质，Sigmoid函数常被用作神经网络的阈值函数，该函数是将取值为（-∞，+∞）的数映射到（0，1），其表达式为

$$f(z) = \frac{1}{1 + e^{-z}} \tag{7.5}$$

Sigmoid函数的定义域为实数集，在值域（0，1）范围处处连续可导。在CNN中，Sigmoid激活函数引入非线性，且形式简单，易于使用。缺点是Sigmoid函数具有软饱和性，容易造成梯度消失，在输入数值较极端的情况下使函数的导数趋向于 0；其次是因为其导数形式较复杂，计算量大，收敛缓慢。

（2）tanh函数

tanh函数属双曲函数类，tanh()为双曲正切函数。tanh函数图形如图 7-14 所示。

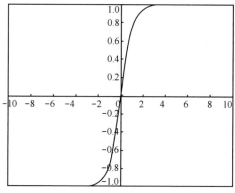

图 7-14　tanh 函数

在数学中，tanh双曲正切函数由基本双曲函数即双曲正弦和双曲余弦函数推导而来。tanh函数的表达式为

$$\tanh(x) = \frac{e^x - e^{-x}}{e^x + e^{-x}} \tag{7.6}$$

tanh函数是将取值为（−∞，+∞）的数映射到实数域（−1，1），这种特性克服了Sigmoid函数不以 0 为中心的优化难题，且收敛速度较快。但由于函数趋势和Sigmoid函数相似，tanh函数一样具有软饱和性，不能解决梯度消失问题，另外，由于tanh函数本身的形式，使求导数 $f'(x) = 1 - \tanh^2(x)$ 计算复杂。

（3）ReLU函数

ReLU函数是一种分段线性函数，其表达式为

$$f(x) = \max(0, x) \tag{7.7}$$

ReLU函数是基于生物神经的激活模型，也称为线性整流函数。当输入数值小于 0 时，函数为 0，起到抑制作用；当输入数值大于 0 时，梯度始终保持为 1。这种简单的计算形式使ReLU函数的拟合速度十分快速，并且避免了Sigmoid函数及tanh函数的梯度消失问题。但偏移现象和神经元死亡会共同影响网络的收敛性。ReLU函数图形如图 7-15 所示。

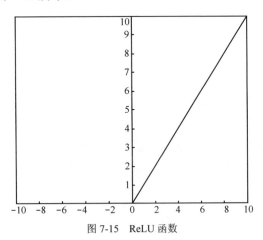

图 7-15　ReLU 函数

（4）PReLU函数

PReLU函数是对ReLU函数的改进，其表达式为

$$f(x) = \max(k, x) \tag{7.8}$$

PReLU函数将ReLU函数表达式 $\max(0, x)$ 修改为 $\max(k, x)$，将系数设为k而非 0，通常取 $k = 0.01$。PReLU函数在输入数值为负时也有梯度，并可根据实际情况对梯度进行调节，克服了ReLU函数因梯度为 0 造成的神经元死亡问题。PReLU函数图形如图 7-16 所示。

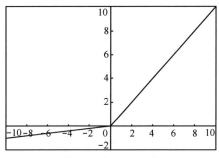

图 7-16　PReLU 函数

4. 池化层

池化层是CNN的重要组成部分，通过减少卷积层之间的连接，可降低运算复杂程度。池化层通过降低卷积层输出的特征向量，同时改善操作运算结果，防止出现过拟合现象。通常在卷积层之后得到的维度特征很大，池化层的主要目的是通过降采样的方式，将特征切成几个区域，在不影响图像质量的情况下压缩图片、减少参数，从而得到新的、维度较小的特征。池化的思想来自视觉机制，是对信息进行抽象的过程，池化的作用主要是增大感受野、平移不变性、降低优化难度和参数。池化运算一般包括最大池化（最常用的池化方法）、均值池化（如取 4个点的均值池化）、借鉴高斯模糊的高斯池化、可训练的池化等。其中高斯池化和可训练的池化方法使用较少。近年来，研究人员对池化层池化方法取得了许多有益的改进，包括混合池化、随机池化、重叠池化和空间金字塔池化等。

假设池化层为最大池化，最大池化运算的图解如图 7-17 所示。与卷积类似，池化也有一个滑动的核，可称之为滑动窗口。图 7-17 中的滑动窗口大小为 2×2，步幅为 2，每滑动到一个区域，则取最大值作为输出。

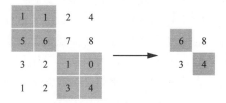

图 7-17　最大池化运算的图解

5. 全连接层

全连接层位于CNN隐含层的最后部分，将卷积层和池化层堆叠，形成多层全连接层，并将所有局部特征结合形成全局特征，能够实现高阶的推理能力。按表征学习观点，CNN中的卷积层和池化层能够对输入数据进行特征提取，全连接层的作用则是对提取的特征进行非线性组合以得到输出，即全连接层本身不被期望具有特征提取能力，而是试图利用现有的高阶特征完成学习目标。

全连接层神经元的输入输出计算式与传统的前馈神经网络类似，在此不另做介绍。对于最后一层全连接层，将其设为第 L 层，输出是向量形式的 $\boldsymbol{y}^L$，期望输出是 $\boldsymbol{d}$，则有均方误差式为

$$E = \frac{1}{2}\left\|\boldsymbol{d} - \boldsymbol{y}^L\right\|_2^2 \tag{7.9}$$

CNN中输出层的上游通常是全连接层，因此其结构和工作原理与传统前馈神经网络中的输出层相同。对于图像分类问题，输出层使用逻辑函数或归一化指数函数输出分类标签。在物体识别问题中，输出层可设计为输出物体的中心坐标、大小和分类。在图像语义分割中，输出层直接输出每个像素的分类结果。

7.1.3　前向传播与反向传播

前向传播、反向传播、损失函数等是CNN训练过程中涉及的概念。

CNN的训练过程大致分为两个阶段，分别是前向传播阶段和反向传播阶段。前向传播阶段，数据由低层次向高层次传播，输入的图形图像数据经过多层卷积层的卷积和池化处理，提取出特征向量，将特征向量传入全连接层中，得出分类识别的结果，当输出的结果与期望值相符时，输出结果。反向传播阶段，当前向传播得出的结果与预期不相符时，则进行反向传播过程，求出结果与期望值的误差，再将误差一层一层地返回，计算出每一层的误差，然后进行权值更新。反向传播过程的主要目的是通过训练样本和期望值来调整网络权值。

损失函数（或称代价函数）是将随机事件或其有关随机变量的取值映射为非负实数以表示该随机事件的"风险"或"损失"函数。在统计学和机器学习中被用于模型的参数估计，在宏观经济学中被用于风险管理和决策，在控制理论中被用于最优控制理论。这里，损失函数是CNN模型对数据拟合程度的反映，即度量模型预测值与真实值之间的差异，拟合越差，损失函数的值越大，同时还期望当损失函数较大时，所对应的梯度也应较大，使变量更新会更快。

CNN通常使用的是监督学习范式，其后也发展使用了非监督学习范式。CNN在本质上是一种输入到输出的映射，它能够学习大量的输入与输出之间的映射关系，而不需要任何输入和输出之间精确的数学表达式。通过对CNN加以训练，网络就具有输入输出对之间的映射能力。网络输入训练数据集，得到输出结果后与原始数据的对应标签依据损失函数计算误差，由误差从网络自下而上地反馈并更新权值，通过不停地迭代逐渐使模型收敛，最终拟合出有效的模型。

CNN训练过程可分为前向传播算法与反向传播算法。前向传播算法通常是从样本集中取一个样本，并将其输入CNN，然后计算相应的实际输出。反向传播算法通常先计算实际输出与相应的理想输出的差，然后按极小化误差的方法反向传播调整权矩阵。

1. 前向传播

前向传播是卷积神经网络输入图像后依次将本层处理后的图像信息传递到下一层的过程，顾名思义，是由前往后进行的一个算法。图片作为数据输入神经网络，一般使用矩阵存储图像信息，假设图像矩阵为 X，X 的维度根据图像的属性变化，例如彩色图像，X 为三维矩阵，包含R、G、B这 3 个通道的图像信息。无论矩阵的维度如何，都可以将图像输入前向传播到卷积层的过程表示为

$$a^l = \sigma(z^l) = \sigma(a^{l-1} * W^l + b^l) \tag{7.10}$$

其中，上标 l 为层数，*为卷积操作，b 为偏置，σ 为激活函数，一般为ReLU或PReLU函数。对于全连接层，前向传播的计算式为

$$a^l = \sigma(z^l) = \sigma(W^l a^{l-1} + b^l) \tag{7.11}$$

对于第 L 层输出层，前向传播表示为

$$a^L = \text{Softmax}(z^L) = \text{Softmax}(W^L a^{L-1} + b^L) \tag{7.12}$$

当样本图像信息在网络中传递结束时，输出的结果需要计算所有输出神经元的误差值，计算式为

$$E = \sum \frac{1}{2}(\text{target} - \text{output})^2 \tag{7.13}$$

前向传播通过输入原始数据并经过网络参数的层层计算，最终与标签数据使用损失函数计算出误差。

2. 反向传播

反向传播算法是多层神经网络训练中一种重要的学习算法，它建立在梯度下降法的基础上。CNN需要一个合适的损失函数评价网络的输出，然后设法缩小损失拟合出最优化的结果，这个结果对应网络的系数与偏置。如果讨论机器学习或者感知机结构的最优化问题，一般都是通过梯度下降法逐步逼近函数最优解。对CNN的反向传播算法来说，其损失函数使用梯度下降法迭代求解最优解。

假设神经网络所选取的损失函数是均方误差，对于每帧图像数据，则需要优化

$$J(W, b, x, y) = \frac{1}{2} \left\| a^L - y \right\|_2^2 \tag{7.14}$$

其中，a^L 为输出结果，W 为网络参数，b 为偏置，x 为输入数据，y 为标签。输出层的损失函数为

$$J(W, b, x, y) = \frac{1}{2} \left\| a^L - y \right\|_2^2 = \frac{1}{2} \left\| \sigma(W^L a^{L-1} + b^L) - y \right\|_2^2 \tag{7.15}$$

根据梯度的求解公式，分别针对 W^L 和 b^L 进行求导，就可以得出输出层的梯度为

$$\frac{\partial J(W,b,x,y)}{\partial W^L} = \frac{\partial J(W,b,x,y)}{\partial z^L}\frac{\partial z^L}{\partial W^L} = (a^L - y)\odot\sigma'(z^L)(a^{L-1})^{\mathrm{T}} \tag{7.16}$$

$$\frac{\partial J(W,b,x,y)}{\partial b^L} = \frac{\partial J(W,b,x,y)}{\partial z^L}\frac{\partial z^L}{\partial b^L} = (a^L - y)\odot\sigma'(z^L) \tag{7.17}$$

得到输出层的梯度之后就可以利用以上结果，推导到上一层的梯度中去，即

$$\delta^l = \frac{\partial J(W,b,x,y)}{\partial z^l} = \frac{\partial J(W,b,x,y)}{\partial z^L}\frac{\partial z^L}{\partial z^{L-1}}\frac{\partial z^{L-1}}{\partial z^{L-2}}\cdots\frac{\partial z^{l+1}}{\partial z^l} \tag{7.18}$$

将损失函数针对 z^l 层的梯度记为 δ^l，如果得到了某一层的梯度，就可以计算出第 l 层的 W^l 和 b^l 的梯度，分别为

$$\frac{\partial J(W,b,x,y)}{\partial W^l} = \frac{\partial J(W,b,x,y)}{\partial z^l}\frac{\partial z^l}{\partial W^l} = \delta^l(a^{l-1})^l \tag{7.19}$$

$$\frac{\partial J(W,b,x,y)}{\partial b^l} = \frac{\partial J(W,b,x,y)}{\partial z^l}\frac{\partial z^l}{\partial b^l} = \delta^l \tag{7.20}$$

输出层的 δ^l 已经被求出，所以根据推导关系，我们可以利用式（7.20）求出第 l 层的 δ^l 为

$$\delta^l = \frac{\partial J(W,b,x,y)}{\partial z^l} = \frac{\partial J(W,b,x,y)}{\partial z^{l+1}}\frac{\partial z^{l+1}}{\partial z^l} = \delta^l\frac{\partial z^{l+1}}{\partial z^l} \tag{7.21}$$

根据前向传播算法公式可知

$$z^{l+1} = W^{l+1}a^l + b^{l+1} = W^{l+1}\sigma(z^l) + b^{l+1} \tag{7.22}$$

将式（7.22）代入 δ^l 的计算式，可得出以 δ^{l+1} 反向传播到 δ^l 的公式为

$$\delta^l = \delta^{l+1}\frac{\partial z^{l+1}}{\partial z^l} = (W^{l+1})^{\mathrm{T}}\delta^{l+1}\odot\sigma'(z^l) \tag{7.23}$$

至此我们就可以由损失函数反推，通过式（7.23）求解任意一层的权值与偏置对应的梯度公式。神经网络就是通过前向计算输入数据与真实标签的误差，反向传播更新网络的参数与偏置来不停迭代使模型收敛，最终拟合出符合训练预期的神经网络模型。

7.2 图像/视频样本数据集

图像/视频样本数据集可分为训练集、测试集和验证集。训练集主要用于训练模型和确定模型参数，测试集主要用于检验模型和评价算法性能，验证集主要用于确定网络结构和选择最终优化的模型。在实际使用中，可将训练集的一部分用于模型训练，另一部分作为验证集。同样，测试集的一部分可用于评估模型或算

法的泛化能力，另一部分作为验证集。不管是训练集还是测试集，这些数据集包含了既有平滑部分又有高频部分的图像/图片，不仅含有丰富的高频细节和锐利的边缘，也有足够的阴影和纹理，这样使训练集有助于学习到尽可能多的图像信息，测试集能够保证网络模型的性能和稳定性。

有关CNN的超分辨率和图像修复中公开的样本数据集如表 7-1 所示。有关图像/视频处理及应用的公开数据集分别如表 7-2～表 7-6 所示。

表 7-1　有关 CNN 的超分辨率和图像修复中公开的样本数据集

数据集	图像数目
Set5	5 幅
Set14	14 幅
Middlebury	33 幅
Timofte	91 幅
General-100	100 幅
Urban-100	100 幅
Manga109	109 幅
PIRM	200 幅
BSD-100	100 幅
BSD-300	300 幅
BSD-500	500 幅
DIV2K	1 000 幅
NYU v2	1 449 幅
OutdoorScene	10 624 幅

表 7-2　有关图像与视频分析的数据集

数据集	图像/视频数目
SOD	300 幅图像
SYMMAX	300 幅图像
ECSSD	1 000 幅图像
Visual Genome	108 077 幅图像
DAVIS	50 个视频
HMDB51	7 000 个视频
UCF101	13 320 个视频
MED	32 744 个视频
AVA	57 600 个视频
LabelMe	3 825 幅图像和标签
NUS-WIDE	269 648 幅图像和标签
VRD	5 000 幅图像，37 993 对关系

表 7-3　有关图像分类的数据集

数据集	图像数目
Caltech101	101 类/9 146 幅图像
Caltech256	256 类/30 607 幅图像
SUN	899 类/130 519 幅图像
TinyImage	75 062 类/14 197 122 幅图像

表 7-4　有关视频跟踪的数据集

数据集	视频数目
OTB-50	50 个
VOT-2015	60 个
OTB-50	100 个
ALOV-300	314 个

表 7-5　有关人脸识别的数据集

数据集	图像/视频数目
ORL	40 人，每人 10 张人脸图像
Georgia Tech	50 人，每人 15 张人脸图像
IJB-A	5 712 幅图像和 2 085 个视频
COX	1 000 个主题的 4 000 个视频
AFLW	约 25 000 幅图像
YouTube Faces	3 425 个视频，1 595 个人
IJB-C	11 000 个视频

表 7-6　有关深度学习的数据集

数据集	图像/视频数目
CIFAR-10	10 类，60 000 幅图像
CIFAR-100	20 类
ImageNet	21 841 类
CIFAR-10	10 类，60 000 幅图像
Open Images（谷歌）	9 011 219 幅图像，5 000 个标签
COCO（微软）	330 000 幅图像

7.3　基于卷积神经网络的超分辨率复原

本章主要介绍基于深度的卷积神经网络的图像超分辨复原（Super-Resolution

Convolutional Neural Network，SRCNN）方法、基于高效的亚像素卷积神经网络（Efficient Sub-Pixel Convolutional Neural Network，ESPCN）超分辨复原方法和基于深度递归卷积网络（Deeply-Recursive Convolutional Network，DRCN）的超分辨复原方法，最后介绍基于ESPCN的超分辨复原方法在车辆牌照识别中的应用。

7.3.1　基于深度的卷积神经网络的超分辨复原方法

1.　深度卷积神经网络方法介绍

香港中文大学Dong等[12-13]率先提出基于深度卷积神经网络的图像超分辨复原方法（简称SRCNN方法），对LR、HR图像对进行训练，利用三层卷积层将LR图像直接映射到HR空间内，实现了一个端到端地学习一系列滤波核参数来进行超分辨复原的架构。SRCNN方法在一个深度卷积神经网络框架中，设计划分了图像块提取和特征表示、非线性映射、图像重构 3 个层级，并在分析基于深度学习的超分辨复原与传统稀疏编码的超分辨复原两者关系的基础上，实现由LR图像到HR图像之间的端到端学习。三层结构的卷积神经网络使用的卷积核尺寸分别为9×9、1×1、5×5，卷积核个数分别为 64 个、32 个、1 个，最后的单一卷积核的卷积结果即为最终输出的图像。SRCNN的结构如图 7-18 所示。

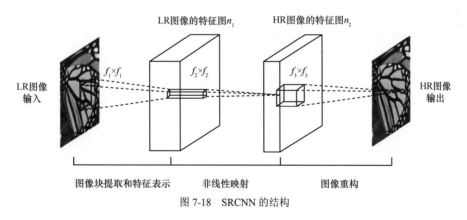

图 7-18　SRCNN 的结构

基于稀疏编码的超分辨率复原可以看作一个类似于基于卷积神经网络的超分辨率复原。假设 $f_1 \times f_1$ 大小的LR图像块是从输入图像中提取的，这一小块减去均值（减去均值是一个线性操作），然后投影到一个LR字典，如果这个字典大小为 n_1，则等价于对输入图像使用 n_1 个 $f_1 \times f_1$ 大小的线性滤波器。

稀疏编码器将 n_1 个系数投影输出 n_2 个系数，通常 $n_1 = n_2$，这 n_2 个系数代表HR块，从这个角度看，稀疏编码器近似于一个非线性映射操作，但这个稀疏编码器不是前反馈形式，而是一个迭代算法。相反，SRCNN的非线性映射操作是前反馈形式，而且计算高效，可以认为是一个全连接层。n_2 个系数被投影到另一个HR字典，产生一个HR块，所有重叠的块取平均，这等价于对 n_2 个特征映射的线性卷积。假设这些用于重建的HR块大小为 $f_3 \times f_3$，则线性滤波器也是 $f_3 \times f_3$ 的大小。

因此，基于稀疏编码的超分辨率复原方法可以看成是一种与非线性映射不同的卷积神经网络，但在稀疏编码的方法中，不是所有的操作都是经过优化的。相反，在SRCNN方法中，LR字典、HR字典、非线性映射、减去均值和平均值都经过了卷积核的优化。

2. 训练策略与损失函数

训练样本。训练集主要有Timofte、ImageNet数据集等。制作训练样本时，首先将训练集中的图像（通常从选定的训练集库中取出部分样本图像）按规划设计的缩放比例进行降采样等退化降质处理，得到对应的LR图像，然后设置子图像大小，并按一定的步长进行裁剪，裁剪成一系列的子图像作为训练样本，也可以通过缩放和旋转等方式对训练样本数量进行扩充。

训练策略。网络训练学习的目标是获得LR、HR图像之间最佳的映射关系 F，确定模型优化的参数，当网络训练结果与对应的真实图像（原始图像）X 之间的损失达到最小时，即为最佳的映射状态。网络训练通常采用梯度下降法或其他改进的优化方法。

神经网络模型的效果以及优化的目标是通过损失函数来定义的。通常情况下，损失函数以真实HR图像 X 与生成的超分辨率LR图像 Y 之间的均方误差来表示。在SRCNN方法中，学习端到端的映射函数 F 需要估计参数 $\Theta = \{W_1, W_2, W_3, B_1, B_2, B_3\}$，它是通过最小化重构图像 $F(Y; \Theta)$ 和真实的HR图像 X 间的损失函数计算实现的。

给定HR图像 $\{X_i\}$ 和相应的LR图像 $\{Y_i\}$，使用均方误差为损失函数，作为训练网络的依据，即

$$L(\Theta) = \frac{1}{n} \sum_{i=1}^{n} \left\| F(Y_i; \Theta) - X_i \right\|^2 \tag{7.24}$$

其中，n 是训练样本数。本章使用随机梯度下降法进行最小化损失函数。

3. 基于 SRCNN 模型的算法仿真实验和超分辨性能分析

基于SRCNN模型的超分辨算法仿真实验环境是基于图形处理器（GTX 770 GPU）、支持超流畅的游戏体验级高速运行系统。

基于SRCNN模型的算法仿真实验中，训练集采用Timofte数据集（91 幅图裁剪为约 24 800 幅子图）和ImageNet数据集（395 909 幅图裁剪为约 5 000 000 幅子图）对SRCNN模型进行训练。

测试集采用 Set5 和 Set14 数据集对训练出的 SRCNN 模型做超分辨率性能评估测试。Set5、Set14 是低复杂度单图像超分辨与图像修复的数据集，Set5 数据集包括婴儿（baby）、鸟（bird）、蝴蝶（butterfly）、头像（head）、女子（woman）5幅标准图像。Set14 数据集包括狒狒（baboon）、桥（bridge）、海岸警卫队员（coastguard）、喜剧演员（comic）、花（flowers）、斑马（zebra）、莱娜（Lena）、辣椒（pepper）等 14 幅标准图像。

图像退化降质过程为，将原始图像任意裁剪成 32×32 大小的子图像，采用高斯核对子图像进行模糊操作，然后做双三次插值，第一次双三次插值是下采样，第二次双三次插值是上采样，得到与 HR 目标图像相同大小尺寸（32×32）的 LR 图像。3 个卷积层使用的卷积核大小分别为 9×9、1×1、5×5，前两个卷积核的输出特征个数分别为 64 和 32。

训练过程均在 YCbCr 图像的亮度通道下进行，其他两个色度通道利用双三次插值进行上采样。每个卷积层的权重初始化设置为均值为 0、方差为 0.001 的高斯分布，前两层卷积层的学习率为 10^{-4}，最后一层卷积层的学习率为 10^{-5}。损失函数的最小化采用随机梯度下降法，以获得卷积层的最优权重和偏置。

将 SRCNN 方法与双三次插值法、基于稀疏编码的算法、基于快速实例的锚定邻域回归算法进行对比分析，并利用峰值信噪比（PSNR 越大越好）对复原结果进行客观的定量化评价。

不同超分辨率算法在缩放因子分别为 2、3、4 的情况下进行实验。实验表明，Dong 等[12-13]提出的 SRCNN 方法的平均 PSNR 值均是最优的，这说明了 SRCNN 方法优于双三次插值法、基于稀疏编码的算法[19]和基于快速实例的锚定邻域回归算法[20]。

7.3.2　基于高效的亚像素卷积神经网络超分辨率复原方法

SRCNN 及其扩展的方法尽管在重构精确度和计算性能上都取得了很大成功，但需要将 LR 图像进行升级，即通过上采样插值得到与 HR 图像相同大小的尺寸，再馈入网络中。由于要在 HR 空间上进行操作运算，会使计算复杂度增加。为此，Shi 等[14]提出了一种高效的亚像素卷积神经网络（ESPCN）超分辨率图像/视频复原方法。下面对 Shi 等提出的 ESPCN 进行介绍。

ESPCN 是一种直接在 LR 图像空间尺寸上提取特征映射、复原 HR 图像的方法，通过构建新型的 ESPCN 结构，并引入亚像素卷积层，学习一组尺度扩展滤波器，以便将最终的 LR 特征映射放大到 HR 输出中。以往的超分辨率重构和复原过程中采用双三次插值滤波器，ESPCN 针对每个特征图的训练设计滤波器，在降低计算复杂度和明显缩短计算时间的同时，提升了超分辨率复原的性能。

ESPCN 主要体现了以下两方面的优点。网络的亚像素层使图像的放大在最后的亚像素卷积层完成，间接实现了图像的放大过程，其好处在于可将 LR 图像直接送入网络进行学习或者重构，同时由于输入图像分辨率的降低，即便使用更小的卷积核，也能提取到与大尺度卷积核相同的信息，随着输入图像和卷积核的同步缩小，计算复杂度大幅下降，显著降低了计算量和内存资源，这也使针对高清视频的实时超分辨率成为可能。由于没有对图像进行插值预处理，使网络的学习效果更好，同样也使浅层网络能够完成从LR图像到HR图像更复杂的映射。

在ESPCN模型及超分辨率算法仿真实验中，图像退化降质过程为，将原始图像（真实图像）裁剪成 $17r \times 17r$ 大小的子图像（r 为缩放因子），用高斯核对子图像进行模糊操作，再利用双三次插值对子图像进行下采样，得到 17×17 大小的LR图像。

训练集是从Timofte数据集（91 幅图）或ImageNet数据集（50 000 幅图）中选出部分训练ESPCN模型。测试集采用的是Set5、Set14、BSD300（100 幅图）、BSD500（200 幅图）和纹理类数据集Super Texture。3 个卷积层使用的卷积核大小分别为 5×5、3×3 和 3×3，前两个卷积层的输出特征个数分别为 64 和 32。训练过程均在亮度通道下进行，其他两个色度通道利用双三次插值进行上采样。初始学习率设为 0.01，最终学习率设为 0.000 1，并在损失函数小于阈值 μ 时进行更新。损失函数的最小化采用随机梯度下降法。

对ESPCN模型的超分辨方法和SRCNN模型的方法，采用不同的训练集和测试集进行实验。经实验表明，ESPCN方法优于SRCNN方法[14]。

7.3.3 基于深度递归卷积网络的超分辨率复原方法

在超分辨率复原中，大的感受野有利于复原高频信息。随着卷积神经网络深度的增加，其感受野也会随之减小，通常的办法是通过增加卷积或池化操作来提高感受野，但带来的问题是增加操作运算的同时必然会增加新的权值参数（网络运算负担增加）。另外，为提升图像去噪和图像细节的保持，加大网络深度会导致模型过于复杂，且易缺乏层间信息反馈及上下文信息关联。为解决此类问题，Kim等[15]提出了一种深度递归卷积网络（DRCN）方法。该方法的主要思想是，首先在极深网络的各层建立预测信息的监督层，然后将各层的预测信息通过"跳跃连接"到重构层，最后在重构层完成图像复原。下面对DRCN方法进行介绍。

1. DRCN 基本结构

Kim等提出的DRCN是在网络中加入了递归卷积神经网络层，根据设定的次数重复使用一个同样的卷积层，经多次循环、递归也不会增加参数，相比SRCNN的 13×13 感受野，DRCN的感受野提升到 41×41，明显优于SRCNN。尽管DRCN具有较好的性质，但由于梯度消失或爆炸问题所带来的影响，使用诸如随机梯度下降等常规方法优化时很难收敛，造成训练DRCN的困难，为此在训练策略上，提出递归监督和跳跃（跃层）连接两种方式，由推理层得到各层递归，再由跳跃连接与重构层直接连接，加深网络层间联系并加快收敛速度。

DRCN 的基本模型结构包含嵌入式网络、推理网络和重构网络 3 个部分。嵌入式网络将输入图像表示为一系列的特征映射并馈送给推理网络；推理网络有多个递归层，每个递归层有相同的卷积网络和线性整流单元（ReLU 激活函数）。推理网络使用 3×3 的卷积，主要用于完成超分辨率任务。展开推理网络后，相同的滤波器递归地应用于特征映射，展开模型能在没有增加新参数的前提下利用更多的上下文信息。重构网络将来自推理网络的多通道特征映射转换成原始的图像空间（1 或 3 通道）。在连接方式上，深度递归网络可实现所有递归层共享一个重建层，还可通过跳跃连接来构建递归层与重构层的联系。

给定输入矢量 x，嵌入式网络输入 $f_1(x)$，计算输出矩阵 H_0，作为推理网络 f_2 的输入矩阵，隐含层值表示为 H_{-1}，嵌入式网络的计算式为

$$H_{-1} = \max(0, W_{-1} * x + b_{-1}) \tag{7.25}$$

$$H_0 = \max(0, W_0 * H_{-1} + b_0) \tag{7.26}$$

$$f_1(x) = H_0 \tag{7.27}$$

其中，$*$ 是卷积操作运算，$\max(0, \cdot)$ 是 ReLU 激活函数，W_{-1}、W_0 和 b_{-1}、b_0 分别表示网络权重和偏置。

展开的推理网络中，特征映射递归使用相同的滤波器 W，可以在超大上下文中不引入新的权重参数。

推理网络 f_2 取输入矩阵 H_0 并计算输出矩阵 H_D，对所有的操作使用相同的权重 W 和偏置 b，$g(H) = \max(0, W * H + b)$ 表示递归层的一个递归函数，递归关系为

$$H_d = g(H_{d-1}) = \max(0, W * H_{d-1} + b) \tag{7.28}$$

其中，$d = 1, \cdots, D$。推理网络 f_2 是函数 g 的组合，即

$$f_2(H) = (g \circ g \circ \cdots) g(H) = g^D(H) \tag{7.29}$$

其中，上标 $\circ$ 是运算符，表示函数组合；g^D 表示函数 g 的 D 个折积。

重构网络 f_3 取输入隐含层状态 H_D，并输出预测的 HR 目标图像 $\hat{y}$，计算式为

$$H_{D+1} = \max(0, W_{D+1} * H_D + b_{D+1}) \tag{7.30}$$

$$\hat{y} = \max(0, W_{D+2} * H_{D+1} + b_{D+2}) \tag{7.31}$$

$$f_3(H) = \hat{y} \tag{7.32}$$

在递归监督下，每个中间预测可表示为

$$\hat{y}_d = f_3(x, g^{(d)}(f_1(x))) \tag{7.33}$$

其中，$d = 1, \cdots, D$。重构网络 f_3 取自两个输入，其中一个来自跳跃连接，跳跃连

接的重构网络可以有多种功能形式。

DRCN模型的特点为采用了重构网络和跳跃连接，重构网络共享用于递归预测，使用中间递归的所有预测结果得到最后的输出；采用深度监督，使用不同的重构网络用于递归，参数也更多；没有参数共享（没有递归），权重参数的数量与深度的平方成正比。

2. 递归监督

监督所有的递归过程来减小梯度消失或爆炸对网络训练的影响，这里的"递归"与用于分类的递归网络不同，没有使每个递归部分生成一个输出，也不舍弃中间的预测结果。

3. 跳跃连接

使用跳跃连接是基于如下的考虑，即在超分辨率中，输入数据与输出数据是高度关联的。首先，所有的递归都是受监督的，每次递归结束后的特征图均用于重构HR图像；然后，再使用跳跃连接，将输入连接到各个层级以进行输出重构。递归网络与跳跃连接方法的结合能够实现图像层间信息反馈及上下文信息关联，对网络层间连接的建设提供有效指导。

4. 通过训练确定 DRCN 模型的优化参数

训练的目的是找到准确预测值 $\hat{y} = f(x)$ 的最佳模型 f。给定训练数据集 $\{x^i, y^i\}_{i=1}^N$，有 $D+1$ 个目标要优化，即 D 个递归监督和 1 个最终输出。对于中间输出，其损失函数可表示为

$$l_1(\theta) = \sum_{d=1}^{D} \sum_{i=1}^{N} \frac{1}{2DN} \left\| y^{(i)} - \hat{y}_d^{(i)} \right\|^2 \tag{7.34}$$

其中，θ 是参数集 $\hat{y}_d^{(i)}$ 第 d 个递归的输出。对于最后一个递归输出，其损失函数可表示为

$$l_2(\theta) = \sum_{i=1}^{N} \frac{1}{2N} \left\| y^{(i)} - \sum_{d=1}^{D} w_d \hat{y}_d^{(i)} \right\|^2 \tag{7.35}$$

训练是依据权重衰减的正则化，L_2 依 β 而惩罚倍增，最终的损失函数 $L(\theta)$ 计算式为

$$L(\theta) = \alpha l_1(\theta) + (1-\alpha)l_2(\theta) + \beta \|\theta\|^2 \tag{7.36}$$

其中，α 表示伴随目标对中间输出的重要程度，β 表示权重衰减倍数。

5. DRCN 模型的超分辨率方法仿真实验和算法性能分析

在DRCN模型及超分辨率方法的仿真实验中，训练集使用Timofte数据集，测试集使用Set5、Set14、BSD100 和 Urban100 数据集。仿真实验中，图像退化过程为首先将原始图像任意裁剪成 41×41 大小的子图像，然后高斯核对子图像做模糊

操作，最后利用缩放因子进行两次双三次插值，第一次是下采样，第二次是上采样，以获得与HR目标图像相同大小（41×41）的LR图像。

在缩放因子相同的情况下，经实验表明，Kim等提出的DRCN方法[15]的平均PSNR值及平均SSIM值是最优的，SelfEx算法[21]、SRCNN算法[12]是次优的，相比较而言，双三次插值法的复原效果是最差的。

参考文献

[1] HUBEL D H, WIESEL T N. Receptive fields, binocular interaction and functional architecture in the cat's visual cortex[J]. Journal of Physiology, 1962, 160(1): 106-154.

[2] FUKUSHIMA K, MIYAKE S. Neocognitron: a new algorithm for pattern recognition tolerant of deformations and shifts in position[J]. Pattern Recognition, 1982, 15(6): 455-469.

[3] KRIZHEVSKY A, SUTSKEVER I, HINTON G E. Imagenet classfication with deep convolutional neural networks[C]//Advances in Neural Information Processing Systems. Cambridge: MIT Press, 2012: 1097-1105.

[4] YUE L, SHEN H, LI J, et al. Image super-resolution: the techniques, applications, and future[J]. Signal Processing, 2016, 128: 389-408.

[5] DONG C, LOY C C, HE K, et al. Image superresolution using deep convolutional networks[J]. IEEE Transactions on Pattern Analysis and Machine Intelligence, 2016, 38(2): 295-307.

[6] ROMANO Y, ISIDORO J, MILANFAR P. RAISR: rapid and accurate image super resolution[J]. IEEE Transactions on Computational Imaging, 2017, 3(1): 110-125.

[7] SHEN Y L, HE X D, GAO J F, et al. A Latent semantic model with convolutional-pooling structure for information retrieval[C]/Proceedings of the 23rd ACM International Conference on Information and Knowledge Management. New York: ACM Press, 2014: 101-110.

[8] GIRSHICK R, DONAHUE J, DARRELL T, et al. Rich feature hierarchies for accurate object detection and semantic segmentation[C]//IEEE Conference on Computer Vision and Pattern Recognition. Piscataway: IEEE Press, 2014: 580-587.

[9] 李现国, 孙叶美, 杨彦利, 等. 基于中间层监督卷积神经网络的图像超分辨率重建[J]. 中国图象图形学报, 2018, 23(7): 984-993.

[10] HU X C, MU H Y, ZHANG X Y, et al. Meta-SR: a magnification-arbitrary network for super-resolution[C]//2018 The IEEE Conference on Computer Vision and Pattern Recognition. Piscataway: IEEE Press, 2018.

[11] 张顺, 龚怡宏, 王进军. 深度卷积神经网络的发展及其在计算机视觉领域的应用[J]. 计算机学报, 2019, 42(3): 453-482.

[12] DONG C, LOY C C, HE K M, et al. Image super-resolution using deep convolutional networks[J]. IEEE Transactions on Pattern Analysis and Machine Intelligence, 2016, 38(2): 295-307.

[13] DONG C, LOY C C, HE K, et al. Image super-resolution using deep convolutional networks[J]. IEEE Transactions on Pattern Analysis & Machine Intelligence, 2016, 38(2):295-307.

[14] SHI W, CABALLERO J, HUSZAR F, et al. Real-time single image and video super-resolution using an efficient sub-pixel convolutional neural network[C]//The 29th IEEE Conference on Computer Vision and Pattern Recognition. Piscataway: IEEE Press, 2016: 1874-1883.

[15] KIM J, LEE J K, LEE K M. Deeply-recursive convolutional network for image super-resolution[C]//Proceedings of the 2016 IEEE Conference on Computer Vision and Pattern Recognition. Piscataway: IEEE Press, 2016: 1637-1645.

[16] LEDIG C, THEIS L, HUSZÁR F, et al. Photo-realistic single image super-resolution using a generative adversarial network[C]//2017 IEEE Conference on Computer Vision and Pattern Recognition. Piscataway: IEEE Press, 2017: 105-114.

[17] WANG X, YU K, WU S, et al. ESRGAN: Enhanced super-resolution generative adversarial networks[C]//Proceedings of the European Conference on Computer Vision. Berlin: Springer, 2018.

[18] 睿享智能联盟. 卷积神经网络基本原理和公式推导[R]. (2019-09-19)[2020-01-10].

[19] YANG J C, WRIGHT J, HUANG T S, et al. Image super-resolution via sparse representation[J]. IEEE Transactions on Image Processing, 2010, 19(11): 2861-2873.

[20] TIMOFTE R, DE V, GOOL L V. Anchored neighborhood regression for fast example-based super-resolution[C]//2013 IEEE International Conference on Computer Vision. Piscataway: IEEE Press, 2013: 1920-1927.

[21] HUANG J B, SINGH A, AHUJA N. Single image super-resolution from transformed self-exemplars[C]//IEEE Conference on Computer Vision and Pattern Recognition. Piscataway: IEEE Press, 2015: 5197-5206.

第8章 ESPCN超分辨率技术在车辆牌照识别中的应用

本章主要介绍通过采用基于高效的亚像素卷积神经网络（ESPCN）模型，对单帧的车辆牌照图像进行超分辨率复原的技术方法，以及在交通车辆牌照识别中的应用。针对车辆牌照识别系统中监控图像采集过程中，受复杂应用场景和设备及系统性能不佳等影响，监控图像严重退化而造成车辆牌照识别正确率降低的情况，提出并介绍一种基于ESPCN模型的单帧车辆图像超分辨率复原方法（简称ESPCN-VI方法），构造了车辆–牌照样本图像数据集LPI-1000，经采用峰值信噪比（PSNR）、结构相似性（SSIM）、车辆牌照识别正确率（Vehicle License Plate Recognition Accuracy, VLPRA），以及重构计算时间（CTR）4种定量指标评价，相比基于稀疏字典学习的方法、基于深度的卷积神经网络的超分辨率复原（SRCNN）方法，仿真实验验证了ESPCN-VI方法的优越性，且该方法能够为车辆牌照识别系统性能的提升提供支撑。

8.1 引言

1. 车辆牌照识别系统中超分辨率复原技术的应用

道路交通视频监控系统是保障交通行车组织和安全的重要手段，车辆牌照识别（Vehicle License Plate Recognition，VLPR）也是现代智能交通系统中视频监控系统的重要功能之一。车辆牌照识别系统是计算机视频图像识别技术在车辆牌照识别中的一种应用，是指能够检测到受监控的车辆并自动提取车辆牌照信息（含汉字、英文字母、阿拉伯数字等字符以及号牌颜色）进行信号与信息处理的技术，已广泛应用于公路收费、停车管理、交通诱导、交通执法、公路稽查、车辆调度、车辆检测等场合[1-8]。车辆牌照识别系统的应用示例如图8-1～图8-3所示。

车辆牌照识别首先要看清楚车辆牌照，在车辆牌照图像质量较高的基础上，再进行车辆牌照识别才会有正确的判读效果。在安装高清摄像机和理想的监控场景情况下，目前车辆牌照识别技术实现的识别正确率可达到95%，在某些限制性场景下甚至更高，已能满足大部分的实际应用需求。但对于恶劣天气（如暴雨、浓雾）、人工光照强度剧烈变化、远距离摄像、车辆目标运动及运动方向的快速改变等复杂应用场景，以及使用价格低廉的 **LR** 摄像设备、系统传输带宽严重受限等情况，尤其是抓拍的高速行驶车辆模糊不清图像，其识别正确率会显著降低，甚至造成识别失败。

图 8-1　道路交通车辆的车辆牌照识别系统应用示例

图 8-2　路边违章停车的车辆牌照识别系统应用示例

图 8-3　违法行驶车辆的车辆牌照识别系统应用示例

在车辆牌照识别系统中，超分辨率复原技术应用的任务是针对道路交通中监控摄像机等成像设备在采集车辆监控图像（自然场景图像）过程中，受复杂应用场景和设备及系统性能不佳等影响，而造成的监控图像降质化严重的情况，可通过采用基于信号与信息处理算法的方式（即软件的方式），恢复和重构出高分辨率目标图像，为车辆牌照识别提供清晰化图像，进而能够为车辆牌照识别正确率的提升提供支撑。目前应用于车辆牌照识别系统的超分辨率复原技术，大多采用基于重建的技术和基于浅层学习的技术（如基于稀疏字典学习的技术方法等），而基于深度学习的超分辨率复原技术正在发展成应用研究的热点[8-10]。

车辆牌照识别系统中超分辨率复原技术应用方案如图 8-4 所示。车辆牌照识别系统主要包括超分辨率复原、车辆牌照检测和车辆牌照信息识别等几个环节，其中超分辨率复原环节既可以设置在车辆牌照检测环节之前，也可以设置在车辆牌照检测环节之后（即车辆牌照检测与车辆牌照信息识别环节之间），更复杂的设计还可以是超分辨率复原环节受控于车辆牌照检测和车辆牌照信息识别环节。超分辨率复原使监控图像及车辆、车辆牌照清晰化；车辆牌照检测对包含车辆牌照的监控图像进行处理分析，提取出车辆牌照图像块；车辆牌照信息识别实现对车辆牌照图像块的字符等车辆牌照信息的识别。

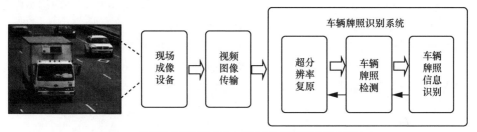

图 8-4　超分辨率复原技术在车辆牌照识别系统中的应用方案

2. 单帧车辆图像超分辨率复原的技术路线

目前应用于车辆牌照识别系统的超分辨率复原方法，大多采用基于重建的方法和基于浅层学习的方法，近年来发展的基于深度学习的超分辨率复原方法，在车辆牌照识别系统中的应用研究还未进入实用阶段[7-11]。为使基于重建的方法和基于浅层学习的方法在实际应用中使图像重构质量、重构计算时间等超分辨率复原性能指标进一步提升，本章提出和介绍一种基于 ESPCN 模型的单帧车辆图像超分辨率复原方法（简称 ESPCN-VI 方法），通过专门构造车辆–车辆牌照样本图像训练集 LPI-1000/train以训练 ESPCN，并专门构造车辆–车辆牌照样本图像 LPI-1000/test 测试集用于测试。ESPCN-VI 方法采用峰值信噪比（PSNR）、结构相似性（SSIM）、车辆牌照识别正确率（VLPRA）3 种定量指标评价，相比基于稀疏字典学习的方法、基于 SRCNN 的方法，仿真实验验证了 ESPCN-VI 方法具有优越性。

相比参考多帧低质 LR 图像重构出一帧 HR 图像的多帧图像超分辨率，单帧图像超分辨率只参考当前 LR 图像，不依赖其他相关图像。在一定条件下，单帧图像超分辨率通常比复杂的多帧图像重构过程简单，且重构速度较快，这有助于超分辨率技术的实际应用。本章介绍的单帧车辆图像超分辨率复原是基于 ESPCN深度学习模型的技术方法，其技术路线（总体思路）如图 8-5 所示。

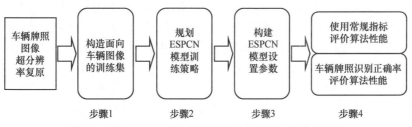

图 8-5　基于 ESPCN 的单帧车辆图像超分辨率复原技术路线

技术路线主要包括 4 个步骤，介绍如下。

步骤 1 筛选车辆图像样本，构造面向车辆–车辆牌照图像的训练集（Training Set of License Plate Image，LPI 训练集），用于训练单帧车辆图像的 ESPCN 应用模型，简称 ESPCN-VI 模型。

步骤 2 规划制定使用车辆–车辆牌照图像训练集的 ESPCN-VI 模型训练策略。

步骤 3 构建车辆图像超分辨率的 ESPCN-VI 模型，训练 ESPCN-VI 模型，优化设置和确定批量大小、时期、学习率、裁剪步长等参数。

步骤 4 基于常规的定量指标（峰值信噪比、结构相似性和重构时间）和基于车辆牌照识别正确率指标对超分辨率方法性能进行评价。

8.2 基于 ESPCN 的单帧车辆图像超分辨率复原

8.2.1 构造车辆–车辆牌照图像数据集和训练集及测试集

基于 ESPCN 的超分辨率复原使用的训练集是 Timofte 和 ImageNet 数据集，测试集是 Set5、Set14、BSD300、BSD500 和 Super Texture 数据集[12]。这些包含有平滑、高频细节、锐利边缘、阴影和纹理等部分的图像样本数据集，显然是有助于卷积神经网络的学习和训练，以及测试网络模型的有效性和稳健性。但对于应用于车辆牌照识别系统的超分辨率复原技术来说，标准的 Timofte、ImageNet 等训练集并不一定是最优的。

深度神经网络模型的训练、参数优化等在很大程度上取决于所选择的训练集。以深度神经网络在图像识别中的应用为例，对于文字识别的深度神经网络模型，多使用文本/文字类图像样本进行训练；对于目标检测的网络模型，多使用相对应目标物体的图像样本进行训练。标准的训练数据集中，如高质量、高光照的图像/图片训练集所包含的信息较丰富，对网络模型的训练能够兼顾到最一般的 HR 图像重构。但对于诸如遥感影像或医学影像等特定应用的超分辨率重构和复原，并不一定能取得最优的重构效果。

现场监控摄像机等成像设备采集的车辆图像，绝大多数并不像一般自然场景下采集的图像那样有着丰富的色彩和复杂的细节信息，如果网络模型使用一般自然场景下的图像样本数据集进行训练，对于车辆或车辆牌照图像的超分辨率来说，会使网络模型学习到过多的冗余信息。另一方面，车辆牌照识别系统最关注的信息是车辆牌照的轮廓、边缘、字符、颜色等，如果超分辨率能够使这些最关注的信息得到有效增强，就有助于后续的车辆牌照分割和字符、颜色识别。

因此构造专门的车辆–车辆牌照图像样本数据集（LPI-1000 数据集）是必要

的。构造的 LPI-1000 数据集共有 1 000 幅车辆–车辆牌照图像样本数据，划分了不同车型、拍摄角度、距离远近、模糊程度、白天/夜间和雨雾天气、图像尺寸和分辨率、图像亮度和色度共 7 类图像样本数据，尽可能体现各类别/型车辆牌照图像块/视频帧所具有的特征信息。

将 LPI-1000 数据集各划分出一部分，分别作为训练集和测试集，训练集简称 LPI-1000/train，测试集简称 LPI-1000/test。LPI-1000/train（500 幅图像）用于训练 ESPCN-VI 模型，LPI-1000/test（500 幅图像）用于评估基于 ESPCN-VI 模型的车辆图像超分辨率方法的性能及泛化能力。

8.2.2　单帧车辆图像超分辨率的 ESPCN-VI 模型

1. ESPCN 深度学习的集成运行环境

基于 ESPCN 的超分辨率复原，使用深度学习的集成运行环境，即 OS+GPU+Python +CUDA+ Cudnn + TensorFlow。所搭建的深度学习环境是基于 GPU 计算的环境，GPU 已不仅仅是图形处理器，更是 CUDA、CUDNN、Python、TensorFlow 所有应用程序均可使用的通用并行处理器。使用深度学习的集成运行环境描述如下。

（1）操作系统 OS

操作系统 OS 安装 Windows 10。

（2）图形处理器 GPU

GPU 配置型号为 GeForce GTX1050，是一款基于帕斯卡（Pascal）架构的入门级 GTX 系列显卡产品，由美国 NVIDIA 公司（全球图形技术和数字媒体处理器行业的著名产商）生产。GPU 引擎核心芯片型号为 GP107-300，带有 640 个流处理器、32 个光栅处理单元，核心基准频率为 1 354~1 455 MHz，显存类型为 GDDR5，显存频率为 7 000 MHz，不需要外接供电。

（3）CUDA 并行计算平台

统一计算设备架构（Compute Unified Device Architecture，CUDA）安装 CUDA10.0，是由美国 NVIDIA 公司推出的一种运算平台。有别于仅使用 CPU 的"中央处理"计算模式、CPU 与 GPU 并用的"协同处理"计算模式，CUDA 编程模型采用了 CUDA 计算模式，能够在应用程序中充分利用 CPU 和 GPU 各自的优点，以更快的运算速度解决复杂计算问题。

（4）Cudnn 深度神经网络库

Cudnn 安装 Cudnn7.5.1，软件安装顺序为先装 CUDA，再装 Cudnn。Cudnn 是由美国 NVIDIA 公司发布的一种工具软件，用于深度神经网络学习的库，可进一步提升 CUDA 性能，能够在 GPU 上实现更高性能的并行计算，使网络模型训练速度显著提高，进一步优化模型的性能（如卷积、池化、归一化、激活层等）。Cudnn 使研发人员将精力集中在训练神经网络和开发应用软件本身，避免在底层

GPU 性能调试方面花费时间，且 Cudnn 具有很强的兼容性，可对 CAFFE（Convolutional Architecture for Fast Feature Embedding）、TensorFlow（可用于加速 ESPCN 网络运算的开源软件库）、Theano（一个深度学习框架使用的库）、PyTorch（支持编程语言为 Python 的深度学习框架）以及 CNTK（微软开发的深度学习软件包）等当前热门的深度学习框架实现加速。

（5）Python

Python 安装 Python3.5.2，是一种面向对象的解释型计算机程序设计语言（编程语言），具有丰富和强大的库，可以说 Python 是继 Java 编程语言、C++编程语言之后的第三大语言。

（6）TensorFlow

TensorFlow 是一款采用数据流图用于数值计算的开源软件库，通过 GPU 版的 TesnorFlow 训练 ESPCN 模型，并用于加速卷积神经网络运算。

使用深度学习的集成运行环境如图 8-6 所示。

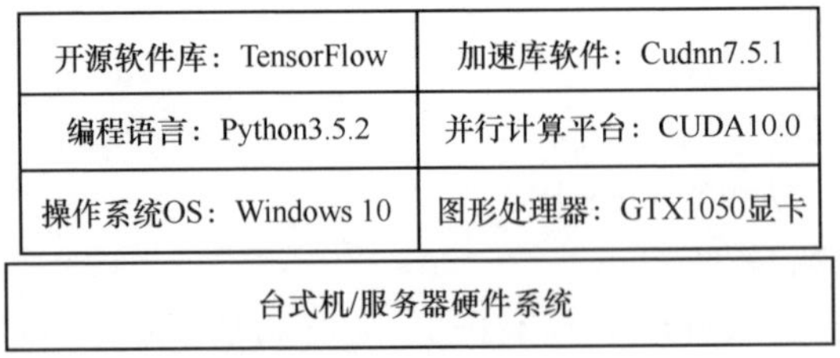

开源软件库：TensorFlow	加速库软件：Cudnn7.5.1
编程语言：Python3.5.2	并行计算平台：CUDA10.0
操作系统OS：Windows 10	图形处理器：GTX1050显卡
台式机/服务器硬件系统	

图 8-6　使用深度学习的集成运行环境

2. 基于 ESPCN 的方法介绍

单帧图像超分辨率的任务是从给定一幅由相应原始 HR 图像 I^{HR} 的下采样得到的 LR 图像 I^{LR} 来估计超分辨率图像 I^{SR}。下采样操作是确定性的且是已知的。为了从 I^{HR} 产生 I^{LR}，首先使用高斯滤波器卷积 I^{HR} 模拟相机的点扩展函数，然后将图像下采样放大 r 倍。一般来说，I^{LR} 和 I^{HR} 都有 C 个颜色通道，因此它们分别表示为大小为 $H \times W \times C$ 和 $rH \times rW \times C$ 的真值张量。

基于 SRCNN 的方法采用的策略是从 I^{LR} 的放大和内插版本中估计并复原 HR 图像，而不是从 I^{LR} 中复原。为避免 I^{LR} 在馈入网络之前进行上采样操作和降低计算复杂度，Shi 等提出的 ESPCN 采用了与 SRCNN 不同的策略，网络结构由普通卷积层和亚像素卷积层两部分组成[12]，通过构建一种三层卷积网络的新颖网络结构，以避免在将 I^{LR} 馈入网络之前对其进行升级。首先将 l 层卷积神经网络直接应用于 LR 图像，然后利用亚像素卷积层对 LR 特征映射进行尺度放大以产生超分辨率图像 I^{SR}。对于一个由 L 层组成的网络，前 $L-1$ 层可以表示为

$$f^1(I^{LR}; W_1, b_1) = \phi(W_1 * I^{LR} + b_1) \tag{8.1}$$

$$f^l(\boldsymbol{I}^{\text{LR}}; W_{1:l}, b_{1:l}) = \phi(W_l * f^{l-1}(\boldsymbol{I}^{\text{LR}}) + b_l) \tag{8.2}$$

其中，W_l 和 b_l 分别是 ESPCN 的权值和偏置，$l \in (1, L-1)$，W_l 是大小为 $n_l \times k_l$ 的二维卷积张量，n_l 是 l 层的特征数量，$n_0 = C$，k_l 是 l 层的卷积大小，b_l 是长度为 n_l 的向量偏置，ϕ 是非线性函数（或激活函数），最后一层 f^L 将 LR 特征映射转换为 HR 图像 $\boldsymbol{I}^{\text{HR}}$。

Shi 等[12]提出的 ESPCN 结构包括反卷积层与高效的亚像素卷积层。从最大值池化和其他图像下采样层来恢复分辨率，添加反卷积层是常选择的方法。反卷积层可以看作每个输入像素乘以滤波器元素与步幅 r，并且在得到的输出窗口上求和。反卷积也称为向后卷积。

ESPCN 的核心是亚像素卷积层，与常规的卷积层不同的是其输出的特征通道数为 r^2。实现亚像素卷积的数学表达式为

$$\boldsymbol{I}^{\text{SR}} = f^L(\boldsymbol{I}^{\text{LR}}) = \text{PS}(W_L * f^{L-1}(\boldsymbol{I}^{\text{LR}}) + b_L) \tag{8.3}$$

其中，PS 为周期性筛选（Periodic Shuffling，PS）操作。通过 PS 操作，可以将 LR 特征"组装"成 HR 图像。

PS 操作的数学表达式为

$$\text{PS}(T)_{x,y,c} = T_{\lfloor \frac{x}{r} \rfloor, \lfloor \frac{y}{r} \rfloor, Cr \bmod(y,r) + C \bmod(x,r) + c} \tag{8.4}$$

针对重构复原的超分辨率图像和对应原始的 HR 图像，网络逐像素计算均方误差（Mean Squared Error，MSE）作为训练网络的依据，计算式为

$$l(W_{1:L}, b_{1:L}) = \frac{1}{r^2 HW} \sum_{x=1}^{rH} \sum_{x=1}^{rW} (\boldsymbol{I}^{\text{HR}}_{x,y} - f^L_{x,y}(\boldsymbol{I}^{\text{LR}}))^2 \tag{8.5}$$

由于采用了新的混排序算法，亚像素卷积层比普通卷积层快了 $\text{lb}\, r^2$ 倍，比传统的先插值放大然后再学习的深度学习方法快了 r^2 倍。

3. ESPCN-VI 模型的构建

一般来说，神经网络层次越多，提取的图像信息也越多，越有利于提升图像复原质量，同时也会增大计算量而影响重构效率。考虑到兼顾单帧车辆牌照图像超分辨率应用的复原质量和计算效率，参考 ESPCN 架构，ESPCN-VI 模型设计为四层网络结构，分为三层卷积层和一层亚像素卷积层[10-11]，ESPCN-VI 模型的网络结构如图 8-7 所示。

输入图像为 3 通道的 JPG 图像格式，训练前先做预处理，将图像从 RGB（红、绿、蓝）颜色空间转换为 YCbCr（一种国际视频标准）色彩空间。第一层使用 5×5 的卷积核共 64 个，卷积后输出 64 通道的特征图像；第二层使用 3×3 的卷积核共 32 个，对第一层的 64 通道特征图进行卷积，输出图像为 32 通道；第三层使用 3×3 的卷积核共 $3 \times r^2$ 个，卷积后输出 $3 \times r^2$ 通道的特征图像；第四层使用亚像素卷积

层从特征图像重构复原出超分辨率图像[10-12]。

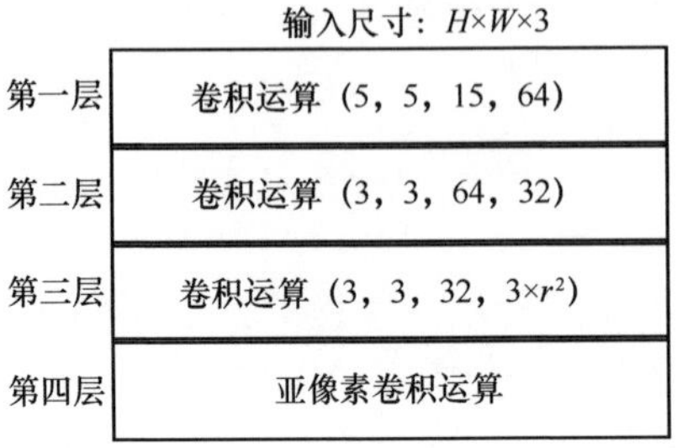

输入尺寸: $H \times W \times 3$

第一层	卷积运算 (5, 5, 15, 64)
第二层	卷积运算 (3, 3, 64, 32)
第三层	卷积运算 (3, 3, 32, $3 \times r^2$)
第四层	亚像素卷积运算

图 8-7 ESPCN-VI 模型的网络结构

ESPCN-VI 模型的构建基于 GPU 版的 TesnorFlow 深度学习框架，使用 Python3.5.2 程序设计语言编程。ESPCN-VI 模型参数设置如表 8-1 所示。

表 8-1 ESPCN-VI 模型参数设置

参数	参数值
批尺寸	32
期（epoch）	100
图像尺寸预处理：裁剪步长	9
学习率	0.001
子图像大小	17×17
边缘	8

4. 训练策略

训练集选取公共标准的 Timofte 训练集和车辆图像的 LPI-1000/train 训练集，对于 Timofte 训练集，选择其全部的 91 幅图像用作训练；对于 LPI-1000/train 训练集，在 1 000 幅样本图像中，从 7 类车辆–车辆牌照样本图像（车型类、拍摄角度类、距离远近类、模糊程度类、白天/夜间和雨雾天气类、图像尺寸和分辨率类、亮度和色度类）中各选取有代表性的若干幅图像，共选取 500 幅不同类别/型图像用作 ESPCN-VI 模型的训练。

规划 4 种训练策略，即采用不同训练集的组合进行多种训练，表 8-2 列出了 4 种训练策略。训练结束后对这 4 种策略形成的 ESPCN-VI 模型进行对比分析，通过采用 PSNR 定量指标评价，比较不同训练策略下所训练的 ESPCN-VI 模型对于车辆图像的超分辨率性能，以此确定最佳的训练策略[10-11]。

ESPCN-VI 模型在 epoch=100 期之前，训练过程已收敛到稳定状态，使用 PSNR 指标，在不同训练策略下，车辆图像超分辨率性能的定量评价结果如表 8-3 所示。

表 8-2　ESPCN-VI 模型的训练策略

训练策略	技术方案
策略 A	使用标准 Timofte 训练集，选择其全部的 91 幅样本图像进行训练
策略 B	使用 LPI-1000/train 训练集和 Timofte 训练集组合训练，LPI-1000/train 是从 LPI-1000 数据集中选取的 500 幅样本图像，Timofte 中选取 60 幅样本图像，共 500+60 幅图像
策略 C	使用 LPI-1000/train 训练集和 Timofte 训练集组合训练，从 LPT-1000 中选取 500 幅样本图像作为 LPI-1000/train 训练集，Timofte 中选取 20 幅样本图像，共 500+20 幅图像
策略 D	仅使用 LPI-1000/train 训练集进行训练（500 幅图像）

表 8-3　不同训练策略下基于 ESPCN-VI 的超分辨率性能

测试集	策略 A/dB	策略 B/dB	策略 C/dB	策略 D/dB
LPI-1000/test（500 幅图像）	23.52	26.78	27.14	28.50
Set5（5 幅图像）	27.47	31.43	30.80	30.72
Set14（14 幅图像）	26.72	28.31	27.83	27.44
Urban100（100 幅图像）	27.94	29.32	28.37	28.05
平均值	26.41	28.96	28.35	28.68

LPI-1000 数据集共有 1 000 幅样本图像，其中 500 幅图像作为 LPI-1000/train，另外的 500 幅图像作为 LPI-1 000/test。从表 8-3 中可以看出，训练策略 A 使用公共标准的 Timofte 训练集中 91 幅样本图像对 ESPCN-VI 进行训练，采用 LPI-1000/test 做测试集，经测试，平均 PSNR 为 23.52 dB。训练策略 B 使用 LPI-1000/train 和 Timofte（500+60 幅图）进行训练，经测试，平均 PSNR 为 26.78 dB。训练策略 C 使用 LPI-1000/train 和 Timofte（500+20 幅图）进行训练，经测试，平均 PSNR 为 27.14 dB，ESPCN-VI 模型训练随着使用 Timofte 训练集中样本图像数量的减少，平均 PSNR 值不断增加（超分辨率性能在提升）。训练策略 D 仅使用 LPI-1000/train（500 幅图）进行训练，平均 PSNR 为 28.50 dB，是最大的。这说明经训练策略 D 训练的 ESPCN-VI 模型是最优的，更加适于单帧车辆图像的超分辨率复原[10-11]。

需要说明的是，对于训练策略 D 所训练的 ESPCN-VI 模型，在使用 Urban100 测试集时平均 PSNR 为 28.05 dB，低于训练策略 C 下的 28.37 dB，但不能说训练策略 C 好于训练策略 D，因为 ESPCN-VI 模型最终是用于车辆图像的超分辨率，因此使用 LPI-1000/test 测试评价超分辨率性能的优劣更可信。

8.3　车辆图像超分辨率复原算法的性能评价

8.3.1　使用常规定量指标的算法性能评价

1. 仿真实验中采用的对比算法

通过仿真实验，对基于 ESPCN 的单帧车辆图像超分辨率复原算法的性能进行评价，并分别与双三次插值、基于稀疏字典学习（Sparse Dictionary Learning，SDL）[13]、基于卷积神经网络的超分辨率复原算法[14]这 3 种超分辨率复原算法进行对比。4 种算法的简称如表 8-4 所示。

表 8-4   仿真实验对比分析的 4 种超分辨率算法

序号	算法名称	简称
1	双三次插值	BIC 算法
2	基于稀疏字典学习的算法	SDL 算法
3	基于卷积神经网络的超分辨率复原算法	SRCNN 算法
4	基于 ESPCN 的单帧车辆图像超分辨率复原算法	ESPCN-VI 算法

2. SDL 算法介绍

SDL 算法即基于稀疏表示（或稀疏编码）的单帧图像超分辨率复原算法，是由 Yang 等[13]在 2010 年提出的。基本思想是通过对 HR 超完备字典和 LR 超完备字典进行联合训练以保证它们稀疏表示系数的一致性，这种方法使局部和全局的相邻图像块之间的兼容性均得到了加强。实验结果表明，这种基于图像块先验知识的稀疏表示对普通图像和人脸图像都有很好的效果。

3. SRCNN 算法介绍

Dong 等提出的 SRCNN 方法设计了一层卷积神经网络即可将 LR 图像映射到 HR 字典，这与传统的超分辨率方法不同。稀疏编码的方法是将原始图像分割成若干个小图像块，并进行预处理（归一化），这种分割是密集的，块与块之间有重叠。然后将其投影到 LR 字典中，最后通过使用 HR 字典结合稀疏系数复原图像。SRCNN 的第一层网络表示为

$$F_1(Y) = \max(0, W_1 * Y + b_1) \tag{8.6}$$

其中，Y 是 LR 图像，W_1 和 b_1 分别是卷积核和网络偏置。设 f_1 为卷积核尺寸，n_1 为卷积核的个数，c 为输入图像的维度，那么 W_1 的大小即为 $f_1 \times f_1 \times n_1 \times c$，$b_1$ 是一个长度为 n_1 的向量。该层使用多卷积核对图像进行卷积操作，输出特征图数量为 n_1，该层的激活函数使用线性整流 ReLU 函数（ReLU，$\max(0, x)$）。

非线性映射。第一层卷积网络可以从每个 LR 图像块中提取 n_1 张特征图，在网络中的数据表示为一个 n_1 维的向量。第二层为非线性映射层，将 n_1 维向量投影到 n_2 维向量，使用 n_2 个 1×1 大小的卷积核，再对 n_1 张特征图像进行卷积，这个步骤在稀疏编码的重构方法中对应的是 HR 稀疏字典的生成，公式为

$$F_2(Y) = \max(0, W_2 * Y + b_2) \tag{8.7}$$

其中，W_2 的大小为 $f_2 \times f_2 \times n_2 \times n_1$，$b_2$ 是长度为 n_2 的向量，该层所输出的向量维度为 n_2，n_2 维向量用于图像重构中 HR 图像块的特征表达。SRCNN 允许引入更

多层的非线性映射，但必然会增加计算负担，这里，使用单层的非线性映射也能够实现最优良的学习性能和重构的高效。

图像重构。使用稀疏编码方法在最终重构的阶段，需要对 HR 图像块进行平均，以形成超分辨率图像。平均操作可以看作单一卷积核对特征图像的卷积操作。因此，定义一层卷积网络，对重构的 HR 图像进行输出，公式为

$$F(Y) = W_3 * F_2(Y) + b_3 \tag{8.8}$$

其中，W_3 的大小为 $f_3 \times f_3 \times n_2$，共有 c 个，这里代表了复原出的超分辨率图像的 c 个通道需要与原始图像通道数相对应，b_3 是一个 c 维的向量，三层卷积神经网络内的参数可通过训练进行优化。

4. 车辆图像超分辨率实验对比

从 LPI-1000 数据集中选取 9 幅 HR 样本图像进行仿真实验，图像降质的过程为首先对样本图像进行高斯模糊，然后再进行两倍的下采样。

从 BIC、SDL、ESPCN-VI 的超分辨率实验结果可以看出，在车辆牌照字符边缘上，BIC 的超分辨率结果有较明显的锯齿和模糊；SDL 重构效果有一定的提升，但对高频细节的恢复依旧不够突出，能比较清楚地看到图像边缘的模糊细节；与之相比，经过 LPI-1000/train 训练集训练的 ESPCN-VI 模型所重构和复原的图像更清晰。

进一步的超分辨率仿真实验则从 LPI-1000 数据集 7 类中（车型、拍摄角度、距离远近、模糊程度、白天/夜间和雨雾天气、图像尺寸和分辨率、图像亮度和色度）每类各选取 3 幅样本图像，共 21 幅车辆图像。

使用常规的定量指标对各超分辨率算法性能进行评价，实验得到的平均 PSNR、平均 SSIM 和平均 CTR 如表 8-5 所示。仿真实验中，SRCNN[14]和 ESPCN-VI 均采用 LPI-1000/train、LPI-1000/test 数据集进行训练和测试[10-11]。

表 8-5　不同算法重构车辆图像的平均 PSNR、平均 SSIM 和平均 CTR

算法	平均 PSNR/dB	平均 SSIM	平均 CTR/s
BIC 算法	25.82	0.918 2	0.650
SDL 算法	27.40	0.942 3	183.0
SRCNN 算法	28.27	0.943 3	0.386
ESPCN-VI 算法	28.46	0.944 5	0.020

以评价 BIC 算法作为基准，SDL 算法（平均 PSNR=27.40 dB，平均 SSIM=0.942 3）、SRCNN 算法（平均 PSNR=28.27 dB，平均 SSIM=0.943 3）、ESPCN-VI 算法（平均 PSNR=28.46 dB，平均 SSIM=0.944 5）依次优于 BIC 算法。相比较，ESPCN-VI 算法是最优的。

在单帧图像的重构计算速度方面，BIC 算法的平均 CTR 为 0.65 s，SDL 算法

的平均 CTR 为 183 s，SRCNN 算法的平均 CTR 明显得到提高，时间为 0.386 s，ESPCN-VI 算法的平均 CTR 更快，耗时仅 0.02 s，相比较，ESPCN-VI 算法的平均 CTR 是最快的。

SRCNN 算法首先使用 BIC 算法将输入的一幅 LR 图像放大至目标尺寸，然后利用一个三层的卷积神经网络去拟合 LR 图像与 HR 图像之间的非线性映射，最后将网络输出的结果作为重构后的 HR 图像。SRCNN 算法尽管在重构精确度和计算速度上优于 SDL 算法，但由于需要在 HR 空间上进行操作运算，相比 ESPCN-VI 算法仍然有较高的计算复杂度。ESPCN-VI 算法在将 LR 图像送入网络之前，不需要对给定的 LR 图像进行一个上采样过程来得到与目标 HR 图像相同大小的 LR 图像，而是通过引入一个亚像素卷积层来间接实现图像的放大过程，极大地降低了 SRCNN 算法的计算量。单帧车辆图像的 ESPCN-VI 算法正是采用了 ESPCN 算法的基本架构，所以能够在提升重构精确度的同时，明显降低计算复杂度，缩短计算时间。

8.3.2　使用车辆牌照识别正确率指标的算法性能评价

诸如 PSNR、SSIM 等常规的客观定量指标对重构性能做出的评价结果，并不一定是合理的或符合应用实际的。PSNR 和 SSIM 是最常用的两种图像质量评估指标，PSRN 通过比较两帧图像对应像素点的灰度值差异来评估图像的好坏，SSIM 则从亮度、对比度和结构这 3 个方面来评估两帧图像的相似性，但这与人类视觉的主观评价似乎不同（尤其是 PSNR 的度量）。例如，近年来发展的基于生成对抗网络的单帧图像超分辨率（SRGAN）方法，重构图像质量的 PSNR 和 SSIM 度量值并不出众，但 SRGAN 能生成符合人类视觉习惯的逼真图像[15-16]。

SRGAN 方法是以追求视觉体验为目标驱动的度量来评价图像的视觉质量，这种以应用目标驱动的度量应是合理客观的。车辆或车辆牌照图像超分辨率是服务于车辆牌照识别系统的，图像质量的评价也应以提高车辆牌照识别正确率为目标。为此，使用车辆牌照识别正确率（VLPRA）作为定量评价指标，并在 EasyPR 中文车辆牌照识别实验系统中进行验证。

1. EasyPR-SR 中文车辆牌照识别实验系统

EasyPR（Easy to do Plate Recognition）是一款开源的车辆牌照识别软件系统，使用 C++语言开发，基于开源的 OpenCV（Open Computer Vision）计算机视觉库，由国内的团队人员开发，具有交互图形界面，支持中文车辆牌照识别，支持批量图像的车辆牌照目标识别。EasyPR 系统实现车辆牌照识别分为车辆牌照检测和字符识别两个流程，分别如图 8-8 和图 8-9 所示。

EasyPR 系统的第一步是车辆牌照检测，以避免直接对整帧图像进行字符识别，耗费计算力。车辆牌照检测包括车辆牌照定位、SVM 训练、车辆牌照判断 3 个过程。在输入待识别车辆图像后，EasyPR 系统先截取整幅图像中车辆牌照所在的图像窗口，截取的窗口可能有若干个，均疑似车辆牌照图像块，使用支持向量机（Support Vector Machine，SVM）算法来判别真实的车辆牌照图像块之后再进行下一步的字符识别。

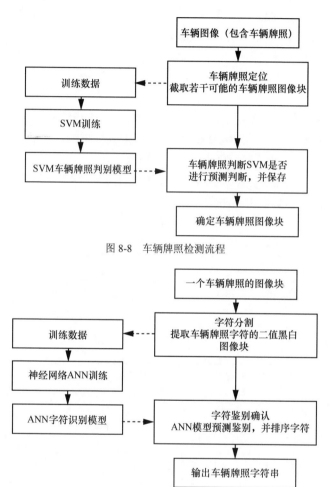

图 8-8　车辆牌照检测流程

图 8-9　字符识别流程

字符识别过程是根据真实的车辆牌照图像块，生成一个车辆牌照号字符串的过程，对截取的车辆牌照图像块进行光学字符识别（Optical Character Recognition，OCR）。首先对车辆牌照图像块做二值化处理，然后经训练好的神经网络模型来预测每个图块所表示的具体字符。系统能识别的车辆牌照字符包括数字 0～9、字母 A～Z、省市自治区简称汉字京津晋冀蒙辽吉黑沪苏浙皖闽赣鲁豫鄂湘粤桂琼川贵云藏陕甘青宁新渝。

EasyPR-SR 中文车辆牌照识别实验系统是专门为评价超分辨率算法性能而开发

的。EasyPR-SR 实验系统中开发了单帧图像识别软件模块和批量识别软件模块。其中单帧图像识别模块可针对单一车辆牌照进行字符识别，给出车辆牌照字符分割示意以及最终的目标识别结果；批量识别模块可实现对需要识别图像集文件夹的选定，同批次识别多幅车辆牌照并列出车辆牌照的识别效果和总识别正确率等信息[10-11]。

2. 仿真实验和超分辨率算法性能的评价

从 LPI-1000/test 测试集中选取 120 幅可以被 EasyPR-SR 实验系统完全正确识别的原始图像，也就意味着送入 EasyPR-SR 实验系统，经过识别处理后的VLPRA=100%。

首先对这 120 幅图像进行高斯模糊和两倍的下采样降质，得到降质退化图像，然后分别采用 BIC、SDL、SRCNN、ESPCN-VI 进行重构，经各个算法重构复原后的图像再送入 EasyPR 实验系统进行识别和统计。

系统界面展示的 EasyPR-SR 运行结果如图 8-10～图 8-15 所示。EasyPR-SR 运行结果的统计信息如表 8-6 所示。

识别指标			
平均用时/ms：	217.511 2	完全正确比例：	100%
误差≤1比例：	100%	中文错误比例：	0%

图 8-10　原始图像被送入 EasyPR-SR 实验系统的运行结果

识别指标			
平均用时/ms：	127.897 6	完全正确比例：	70.476 19%
误差≤1比例：	77.142 86%	中文错误比例：	21.904 76%

图 8-11　降质退化图像被送入 EasyPR-SR 实验系统的运行结果

识别指标			
平均用时/ms：	128.847 7	完全正确比例：	74%
误差≤1比例：	79.5%	中文错误比例：	18%

图 8-12　经 BIC 算法重构图像被送入 EasyPR-SR 实验系统的运行结果

识别指标			
平均用时/ms：	97.174 53	完全正确比例：	77.083 33%
误差≤1比例：	80.729 17%	中文错误比例：	17.187 5%

图 8-13　经 SDL 算法重构图像被送入 EasyPR-SR 实验系统的运行结果

识别指标			
平均用时/ms：	96.608 09	完全正确比例：	79.144 38%
误差≤1比例：	83.957 22%	中文错误比例：	14.973 26%

图 8-14　经 SRCNN 算法重构图像被送入 EasyPR-SR 实验系统的运行结果

识别指标			
平均用时/ms:	110.431 8	完全正确比例:	79.459 46%
误差≤1比例:	84.864 87%	中文错误比例:	14.054 05%

图 8-15　经 ESPCN-VI 算法重构图像被送入 EasyPR-SR 实验系统的运行结果

表 8-6　不同算法下 EasyPR-SR 实验系统的平均 VLPRA 指标值

车辆牌照识别评价指标	VLPRA	中文字符识别错误率
原始图像	100%	0
降质图像	70.48%	21.91%
BIC 算法	74.00%	18.00%
SDL 算法	77.08%	17.19%
SRCNN 算法	79.14%	14.97%
ESPCN-VI 算法	79.46%	14.05%

　　由表 8-6 可以看出，EasyPR-SR 对于送入的原始图像的 VLPRA=100%。降质退化图像的 VLPRA=70.48%，中文字符识别错误率为 21.91%，因为图像的降质退化，识别效果明显低于原始图像。经 BIC 算法重构图像的平均 VLPRA=74.00%，中文字符识别错误率为 18.00%。经 SDL 算法重构图像的 VLPRA=77.08%，中文字符识别错误率为 17.19%，相对 BIC 算法有一定的提升。SRCNN 算法的平均 VLPRA=79.14%，中文字符识别错误率为 14.97%。ESPCN-VI 算法的平均 VLPRA=79.46%，中文字符识别错误率降到 14.05%。这说明 ESPCN-VI 算法与 SDL 算法、SRCNN 算法相比，更有助于提高车辆牌照识别系统的车辆牌照识别正确率[10-11]。

　　通过多组仿真实验和 EasyPR-SR 系统实验验证，并经 PSNR、SSIM、VLPRA、CTR 这 4 种定量指标评价，相比 SDL 算法和 SRCNN 算法，ESPCN-VI 算法具有优越性。特别是 ESPCN-VI 算法重构计算耗时仅 0.02 s，能够满足视频监控系统前端装置/设备的嵌入式应用，VLPRA 评价指标也是最优的，能够为车辆牌照识别系统性能的提升提供支撑。

　　需要指出的是，对于 EasyPR-SR 系统来说，并不能将通过改善降质图像的分辨率来提升车辆牌照识别正确率作为唯一手段，对于单帧或单一视频帧降质图像的车辆牌照正确识别，直接采用新发展的深度神经网络进行识别处理，也是近年来研究的热点方向。

参考文献

[1]　DU S, IBRAHIM M, SHEHATA M, et al. Automatic license plate recognition (ALPR): a

state-of-the-art review[J]. IEEE Transactions on Circuits and Systems for Video Technology, 2013, 23(2): 311-325.

[2] BUCH N, VELASTIN S A, ORWELL J. A review of computer vision techniques for the analysis of urban traffic[J]. IEEE Transactions on Intelligent Transportation Systems, 2011, 12(3): 920-939.

[3] ASHTARI A H, NORDIN J, FATHY M. An Iranian license plate recognition system based on color features[J]. IEEE Transactions on Intelligent Transportation Systems, 2014, 15(4): 1690-1705.

[4] KE R, LI Z, TANG J, et al. Real-time traffic flow parameter estimation from UAV video based on ensemble classifier and optical flow[J]. IEEE Transactions on Intelligent Transportation Systems, 2019, 20(1): 54-64.

[5] ENGEL J I, MARTÍN J, BARCO R. A low-complexity vision-based system for real-time traffic monitoring[J]. IEEE Transactions on Intelligent Transportation Systems, 2017, 18(5): 1279-1288.

[6] 史忠科, 曹力. 交通图像检测与分析[M]. 北京: 科学出版社, 2007.

[7] LI H, WANG P, SHEN C. Toward end-to-end car license plate detection and recognition with deep neural networks[J]. IEEE Transactions on Intelligent Transportation Systems, 2019, 20(3): 1126-1136.

[8] 刘保. 基于神经网络深度学习的车牌识别算法[J]. 中国交通信息化, 2019(8): 122-126.

[9] 骆立志, 吴飞, 曹琨, 等. 图像超分辨率在模糊车牌识别系统中的应用[J]. 软件导刊, 2019, 18(5): 177-180.

[10] 杜心宇. 基于深度学习的超分辨率重构方法研究[D]. 南京: 河海大学, 2019.

[11] XU M, DU X, WANG D. Super-resolution restoration of single vehicle image based on ESPCN-VISR model[C]//2019 2nd International Conference on Communication, Network and Artificial Intelligence. [S.n.:s.l.], 2019: 712-716.

[12] SHI W, CABALLERO J, HUSZAR F, et al. Real-time single image and video super-resolution using an efficient sub-pixel convolutional neural network[C]//The 29th IEEE Conference on Computer Vision and Pattern Recognition. Piscataway: IEEE Press, 2016: 1874-1883.

[13] YANG J C, WRIGHT J, HUANG T S, et al. Image superresolution via sparse representation[J]. IEEE Transactions on Image Processing, 2010, 19(11): 2861-2873.

[14] DONG C, LOY C C, HE K, et al. Image superresolution using deep convolutional networks[J]. IEEE Transactions on Pattern Analysis and Machine Intelligence, 2016, 38(2): 295-307.

[15] LEDIG C, THEIS L, HUSZÁR F, et al. Photo-realistic single image super-resolution using a generative adversarial network[C]//2017 IEEE Conference on Computer Vision and Pattern Recognition. Piscataway: IEEE Press, 2017: 105-114.

[16] WANG X, YU K, WU S, et al. ESRGAN: Enhanced super-resolution generative adversarial networks[C]//Proceedings of the European Conference on Computer Vision (ECCV). Berlin: Springer, 2018.

第 9 章　光流法结合 ESPCN 的视频超分辨率方法

本章通过介绍有关光流法的基本概念、计算方法及光流法的应用，首先分析视频超分辨率复原与单帧图像超分辨率复原的关系与区别，构建并介绍光流法帧间运动估计与高效的亚像素卷积神经网络（ESPCN）模型（简称 ME+ESPCN）；然后介绍基于 ME+ESPCN 模型的视频帧超分辨率复原方法，通过仿真实验，对视频帧超分辨率性能做出评价与分析；最后针对视频分辨率与帧率的扩增，介绍和讨论视频帧超分辨率及插帧技术，介绍光流法插帧结合 ME+ESPCN 视频帧重构的视频超分辨率方法，通过多组仿真实验给出了视频复原质量、重构运行时间等性能指标值，并分析和讨论了光流法插帧结合 ESPCN 重构的视频扩增技术的优缺点。

9.1　关于光流法

1. 基本概念

光流的概念，最初是由 Gibson 于 1950 年在他的《视觉世界的感知》一书中提出的[1]。在计算机视觉中，对于目标对象的分割、识别、跟踪、机器人导航以及形状信息恢复等研究，光流法扮演着重要角色。

从人眼成像的原理来说，当人们观察环境或者物体时，人眼摄取的光会形成连续的动态图像，可以将这种连续的图像变换视为一种以时间为推进单位的信息流，这种信息流流过视网膜就形成了视觉，也就是光组成的"流"。光流是由于场景中前景目标本身的移动、相机的运动，或者两者的共同运动所产生的。简单来说，光流是空间运动物体在观察成像平面上像素运动的瞬时速度。光流法是直接计算视频中相邻两帧中物体运动信息的方法，需要在视频的两帧之间寻找对应关系，所利用的信息是视频的帧像素在时间轴上的改变以及帧与帧之间的联系程度。图 9-1 给出了三维空间的物体在运动时产生的光流映射到二维成像平面上的过程。光流表示的是图像中物体运动的速度和方向，光流在二维平面上的坐标系中以矢量（向量）表示，单位为灰度瞬时变化率，该矢量被称为光流矢量（光流向量）。

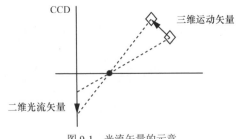

图 9-1　光流矢量的示意

　　三维运动矢量会在成像后转变为二维光流矢量，基于瞬时速度的定义，如果运动距离很小，我们可以将其视为在很小的时间内产生的物体运动，描述为物体瞬时速度 u，定义为光流矢量。若用光流矢量来表示二维平面上的物体的运动，而三维空间中的物体运动可以使用运动场来描述。在一个图像平面上，物体的运动往往是通过图像序列中不同图像灰度分布的不同体现的，空间中的运动场转移到图像上就表示为光流场。光流场携带了有关物体运动和景物三维结构的丰富信息，它是三维运动场在二维图像上的速度投影，所以光流场又称为速度场。在图像处理中，通过视频序列中的灰度分布来体现二维图像中的物体运动，所以将灰度像素点在二维平面上运动产生的瞬时速度场称作光流场。为描述物体在三维真实世界中的运动，将光流场认为是运动场在二维平面上（人的眼睛或者摄像头）的投影。

　　2. 光流计算方法

　　光流法的基本思想是利用图像序列中像素在时间域上的变化以及相邻帧之间的相关性来找到上一帧与当前帧之间存在的对应关系，从而计算出相邻帧之间物体（目标）的运动信息。常见的光流计算方法包括基于梯度的方法、基于特征或区域匹配的方法、基于能量的方法、基于相位的方法、神经动力学的方法等[2-6]。

　　① 基于梯度的方法又称为微分法，是利用时空梯度函数，使全局能量泛函达到最小化来计算像素的速度矢量。假设光流是连续的，再附加一定的约束条件，将光流的计算问题转化成最小化泛函能量的数学极值问题，例如 Horn-Schunck 全局平滑方法和 Lucas-Kanade（LK）局部平滑方法。

　　② 基于特征或区域匹配的方法，是通过对目标主要特征或块匹配进行定位和跟踪计算光流值。假设有相邻帧图像 A 和图像 B，对于图像 A 中的每个像素点，以此像素为中心建立一个大小为 $N×N$ 的相关窗口，再围绕图像中对应点，建立一个图像搜索窗，通过搜索算法来确定相似性度量的误差函数到最小值的位移，即可求出近似的光流值。

　　③ 基于能量的方法也称为基于频率的方法，需要对输入的图像进行时空滤波

处理，利用调谐滤波器的输出能量达到最大来计算光流。

④ 基于相位的方法是基于图像的相位比亮度信息更加可靠的考虑，而将相位信息用于光流计算的一种方法。

⑤ 神经动力学的方法是模拟自然界生物视觉系统功能与结构建立的人工神经网络模型，用于光流场计算。例如，近年来发展的基于深度学习的方法，可通过深度神经网络，学习出相邻帧之间的光流场。

3. 光流的基本假设和约束方程

光流的基本假设如下。

① 亮度恒定，即目标在视频中运动过程中，帧间的亮度不发生改变（灰度值不变）。

② 时间连续或运动是"小运动"，即运动必须是较缓和的，相邻帧之间的位移不能太大，时间的变化不会引起目标位置的剧烈变化。

③ 空间一致，一个场景上邻近的点投影到图像上也是邻近点，且邻近点速度一致。这是 Lucas-Kanade 光流法特有的假设。

光流的约束方程考虑像素 $I(x,y,t)$ 从某一帧到下一帧产生了 dt 的时间移动，即移动了 (dx,dy) 的距离，假设亮度保持不变，像素的运动则可以被描述为

$$I(x,y,t) = I(x+dx, y+dy, t+dt) \tag{9.1}$$

式（9.1）两边进行泰勒展开后得

$$I(x,y,t) = I(x,y,t) + \frac{\partial I}{\partial x}dx + \frac{\partial I}{\partial y}dy + \frac{\partial I}{\partial t}dt + \varepsilon \tag{9.2}$$

其中，ε 为二阶无穷小项。将式（9.1）和式（9.2）合并，并对 t 微分，有

$$\frac{\partial I}{\partial x}\frac{dx}{dt} + \frac{\partial I}{\partial y}\frac{dy}{dt} + \frac{\partial I}{\partial t}\frac{dt}{dt} = 0 \tag{9.3}$$

设 u 为光流沿 X 轴的光流矢量，v 为光流沿 Y 轴的光流矢量，I_x、I_y、I_t 分别表示像素的灰度沿着 X、Y、T 方向的偏导数，表达式为

$$u = \frac{dx}{dt}, \quad v = \frac{dy}{dt}, \quad I_x = \frac{\partial I}{\partial x}, \quad I_y = \frac{\partial I}{\partial y}, \quad I_t = \frac{\partial I}{\partial t} \tag{9.4}$$

式（9.4）可变换为

$$I_x u + I_y v + I_t = 0 \tag{9.5}$$

其中，I_x、I_y、I_t 可通过图像数据求得；(u,v) 为光流矢量，可通过设计合适的约束方程加以求解。以帧为序列，计算两帧之间的光流矢量，形成对两帧之间的运动估计。

4. 光流法的应用

（1）光流法用于目标检测

首先设置图像中的每个像素点的速度矢量，形成运动矢量场，在某一特定时刻，通过投影计算得到图像上的点与三维物体上点的对应关系，根据各个像素点的速度矢量（运动物体的速度矢量与背景的速度矢量不同）计算出运动物体的位置[2]。

（2）光流法用于目标跟踪

针对一个连续的视频序列，利用目标检测方法，检测可能出现的前景目标；如果某一帧出现了前景目标，设法找到其具有代表性的关键特征点，对该帧的任意两个相邻视频帧，寻找上一帧中出现的关键特征点在当前帧中的最佳位置，从而得到前景目标在当前帧中的位置坐标，如此迭代进行，以实现目标的跟踪[5]。

（3）光流法用于超分辨率

多幅（帧）图像超分辨率中，采用光流法可实现图像配准并结合重构算法完成超分辨率复原。例如，视频超分辨率中，通过 HR 光流估计学习视频超分辨率[7-10]。

9.2 光流法帧间运动估计与 ESPCN 模型

9.2.1 视频超分辨率复原过程

视频超分辨率技术是图像处理相关问题中的关键技术之一，重点解决的问题包括主观视觉效果、传输带宽、计算力和运行时间等受到的限制。广义上说，视频超分辨率可以通过单帧图像超分辨率算法或多帧图像超分辨率算法实现。但由于单帧图像超分辨率算法忽略了运动信息，无法利用多帧信息得到保真度更高视频超分辨率结果，而基于多帧图像的方法可以利用帧间互补信息，增强超分辨率的质量。因此在相关文献中，视频超分辨率更多的是指多帧图像超分辨率技术[11-12]。

视频序列由多帧图像在时间轴上顺序排布所形成。相邻帧之间含有较多的相似信息。在对某一视频帧的超分辨率重构中，引入相邻帧有助于提升重构质量。使用深度学习的方法重构视频帧，添加帧间的信息也能使神经网络学习到更多帧间的附加信息。视频超分辨率复原过程，即帧分辨率与帧率扩增过程如图 9-2 所示。有别于单帧图像的超分辨率，视频超分辨率的输入是多帧连续帧，对相邻帧生成运动估计，然后将多帧运动估计的信息进行融合，送入帧重构模型重构 HR 帧。帧的超分辨率重构采用 ESPCN 模型[13]，在重构视频帧前对相邻帧进行光流法帧间运动估计。

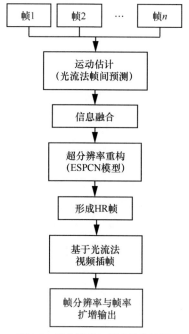

图 9-2　帧分辨率与帧率扩增过程

　　光流法利用视频帧间的光流信息进行运动估计，能够有效地预测图像在时间上的变化与景象中物体结构及其运动的关系，即所谓的光流法视频帧间运动估计技术。例如，钟文莉等[14]提出一种加速的 SRCNN 深度学习方法，并在此基础上针对光流法运动估计耗时较多的情况，引入基于深度卷积神经网络的光流估计方法用于运动补偿，进而提出一种加速的视频超分辨率深度卷积神经网络模型。在重构的 HR 帧基础上，利用计算帧与帧之间的图像光流生成运动补偿帧，对视频进行补帧，增加视频的信息量，这种基于光流法的视频插帧技术在娱乐视频处理中已实际应用，如使用光流法插帧技术对视频做慢放处理，在每秒帧率不变的情况下增加视频的帧数来延长视频的时间。

　　ESPCN 模型是一种高效的亚像素卷积神经网络模型，使用大小为 k_s 的卷积核 W_s 进行步长为 $\dfrac{1}{r}$ 的卷积，可以激活 W_s 的不同部位，其在像素之间的权重不需要计算。被激活的"像素"取决于它们的位置，最多有 $\left[\dfrac{k_s}{r}\right]^2$ 的权重被激活。当卷积核在逐步扫过整个特征图像空间时，依据不同亚像素的位置周期性地激活，通过 $\mathrm{mod}(x,r)$ 和 $\mathrm{mod}(y,r)$ 实现这种周期性筛选操作，x 和 y 是与 HR 空间相对应的输出像素。上述过程的表达式为

$$I^{\mathrm{SR}} = f^L(\boldsymbol{I}^{\mathrm{LR}}) = \mathrm{PS}(W_L * f^{L-1}(\boldsymbol{I}^{\mathrm{LR}}) + b_L) \tag{9.6}$$

其中，PS 是一个周期性筛选操作运算符，它将大小为 $H \times W \times Cr^2$ 的特征图像映射到 $rH \times rW \times Cr^2$ 的 HR 图像中，PS 的作用可用数学公式表示为

$$\mathrm{PS}(T)_{x,y,c} = T_{\left\lfloor \frac{x}{r} \right\rfloor, \left\lfloor \frac{y}{r} \right\rfloor, Cr\,\mathrm{mod}(y,r)+C\,\mathrm{mod}(x,r)+c} \tag{9.7}$$

在卷积网络的最后一层不使用非线性映射，卷积核的维度大小为 $n_{L-1} \times r^2 C \times k_L \times k_L$，可以看出，当 $k_L = \dfrac{k_s}{r}$，且 $\mathrm{mod}(k_s, r) = 0$ 时，相当于在 LR 特征图像上使用卷积核 W_s 做"亚像素"卷积，因此该层被称为亚像素卷积层。网络的最后一层对每一帧 LR 特征图像进行亚像素卷积，直接重构出 HR 图像。

亚像素卷积层使输入网络的图像不再需要插值放大到原始大小，在获得重构质量提升的情况下极大地加快了训练与重构速度。这种网络结构尤其适合需要逐帧重构的视频超分辨率情况，使深度学习的超分辨率可以应用于实际高清超分辨率复原。

文献[13]对基于 ESPCN 模型的超分辨率算法与其他算法进行了比较，图 9-3 给出了各算法的 PSNR 值和运行时间。

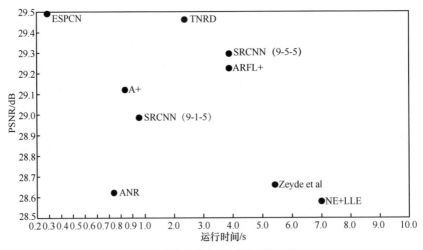

图 9-3　各算法的 PSNR 值和运行时间

图 9-3 中对比了 SRCNN、利用三维卷积网络学习时空特征 ANR（Learning Spatiotemporal Feature with 3D Convolutional Network）、简单特征的优化级联 A+（Boosted Cascade of Simple Feature）、可训练的非线性反应扩散 TNRD（Trainable Nonlinear Reaction Diffusion）、邻域嵌入 NE+LLE（Neighbor Embedding）等算法。各算法使用的是 Set14 数据集，缩放因子为 3，并在单核 CPU、主频 2.0 GHz 上

运行。从图 9-3 中可以看出，基于 ESPCN 模型的重构时间明显低于其他算法的重构运行时间。可见，ESPCN 模型用于视频超分辨率在运行速度上具有优势。

9.2.2　光流法相邻帧间运动估计结合 ESPCN 的模型结构

基于光流法进行相邻帧间运动估计，并结合 ESPCN 的模型（简称 ME+ESPCN）结构如图 9-4 所示。

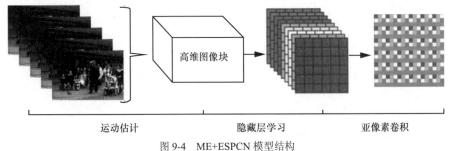

运动估计　　　　　　　隐藏层学习　　　　　　亚像素卷积

图 9-4　ME+ESPCN 模型结构

ME+ESPCN 的模型结构为四层结构，分为三层卷积层和一层亚像素卷积层，输入图像为 3 通道的 JPG 图像，网络训练前，需先将图像从 RGB 颜色空间转换为 YCbCr 色彩空间。ESPCN 模型的第一层使用 5×5 的卷积核共 64 个，卷积后输出 64 通道的特征图像；第二层使用 3×3 的卷积核共 32 个，对第一层的 64 通道特征图卷积，卷积后输出 32 通道的特征图像；第三层使用 3×3 的卷积核共 $3 \times r^2$ 个，卷积后输出 $3 \times r^2$ 的特征图像；第四层使用亚像素卷积层来从特征图像重构 HR 图像。

假设单个视频帧图像的分辨率为 $H \times W$，H 为视频帧的高度，M 为视频帧的宽度。对于单个帧图像的神经网络模型，因为输入帧为 RGB 三通道彩色图像，所以图像维度为 $H \times W \times 3$。在光流法运动估计结合 ESPCN 的模型中，生成的含有运动估计的相邻帧以及基准帧共有 5 个，这些帧所形成了一个 $H \times W \times (3 \times 5)$ 的输入图像块。引入光流法帧间运动估计后的模型会带来卷积核尺寸的变化。通常情况下，单帧图像卷积神经网络第一层的滤波器尺寸为 $f_1 \times f_1 \times 3$，引入连续帧的运动估计后，滤波器尺寸变为 $f_1 \times f_1 \times 15$（$f_1 = 5$）。经过第一层卷积后的特征图像尺寸不变，依旧为 64 通道。经过四层隐含层的卷积，形成 $H \times W \times r^2$ 的特征图像，最终通过亚像素卷积层还原出 HR 中心帧图像。

以输入图像选取连续的 5 个视频帧为例，以第三帧图像标记为第 n 帧，则前两帧分别为 $n-2$、$n-1$ 帧，后两帧分别为 $n+1$、$n+2$ 帧，在输入 ESPCN 之前对这 5 帧图像进行运动估计。具体的做法是，以中心帧第 n 帧作为基准帧，对其余 4 帧使用光流法进行运动估计，然后将这 4 帧运动估计后的帧图像与基准帧组合为高维图像块，送入深度卷积网络进行重构，最终使用亚像素卷积层还原出基准帧的超分辨率图像[15-16]。

本节介绍的 ME+ESPCN 模型与单帧图像超分辨率重构的 ESPCN 模型的区别主要在于，单帧图像超分辨率的输入为 RGB 图像，因此，用于单帧图像的 ESPCN 模型第一层只需要对单帧图像的三通道进行卷积，卷积核大小为 5×5，维度为 3。而新的 ME+ESPCN 模型首先要对相邻的 5 帧连续图像进行运动估计后组合成图像矩阵，然后再送入深度网络进行训练，因此 ME+ESPCN 所使用的深度网络第一层卷积核大小为 5×5，但维度为 5×3 即 15。

9.3　视频帧的超分辨率性能评价与分析

9.3.1　数据集及参数设置

仿真实验采用的训练集来自 Xiph.Org 基金会公开的 Xiph.org Video Test Media 视频数据集，其中包含 10 个视频序列共 2 695 幅图像。所有图像的分辨率都为 144×176。训练集中包含人像、景物、物体等不同的内容场景。图 9-5 是训练集的部分视频帧示例。

　(a) 橄榄球赛　　　　(b) 汽车　　　　(c) 巡逻艇　　　　(d) 花园
图 9-5　训练集的部分视频帧示例

提取视频序列，将图像进行高斯模糊后再进行 2 倍下采样，生成 LR 图像，然后将 LR、HR 图像对送入 ME+ESPCN 中的模型进行训练，仿真实验中，去除每个序列的前后各两帧，从第三帧开始每一帧都可以作为基准帧进行运动估计。

需要说明的是，用于训练的输入图像是由 5 帧（前两帧+基准帧+后两帧）连续图像进行运动估计后所构成的图像块，最终深度网络生成一张 HR 图像，并且与基准帧产生误差，更新网络。这样逐帧逐视频进行运动估计、图像块构建、深度网络学习，最终使 ME+ESPCN 收敛[15]。

测试集使用公开的测试数据集 VideoSet4[14,17]，视频数据集都以视频序列的形式给出，用于评价模型/算法的性能。VideoSet4 视频数据集含有 4 段视频序列，分别为城市视频、日历牌视频、街道视频、行人视频，分别如图 9-6～图 9-9 所示。

图 9-6　城市视频序列

图 9-7　日历牌视频序列

图 9-8　街道视频序列

图 9-9　行人视频序列

①　城市视频序列是视频压缩学会提供的，视频内容为美国纽约曼哈顿区的航拍影像，其视频分辨率为 704×576，帧数 34 帧，用于视频超分辨率重构的指导性数据集。

② 日历牌视频序列是由近及远的日历牌拍摄序列画面，分辨率为 720×576，帧数 41 帧，视频中含有很多的文字以及规则的直线，用于测试超分辨率算法对字符边缘的还原。

③ 街道视频序列中包含行驶的汽车，分辨率为 720×480，帧数 49 帧，是一种常用的标准分辨率视频序列，视频中以近距离的树叶和远处运动的汽车作为主体，景物的图像复杂多变，可以测试超分辨率算法的综合重构效果。

④ 行人视频序列为近景人物步行序列图像，分辨率为 720×480，帧数 47 帧，包含了人物的缓慢及快速运动的图像，用于检验算法/模型对于人像视频序列的重构效果。

ME+ESPCN 的输入帧为 15 通道的添加运动估计的组合图像。ME+ESPCN 模型结构如图 9-10 所示。ME+ESPCN 参数设置如表 9-1 所示。

ME+ESPCN		
网络结构	1	卷积（5，5，5，64） 卷积（3，3，64，32） 卷积（3，3，32，3×r^2）
	2	亚像素卷积
输入尺寸		$H×W×15$

图 9-10　ME+ESPCN 模型结构

表 9-1　ME+ESPCN 模型参数的设置

参数	数值
批尺寸	32
期（epoch）	100
学习率	0.001
子图像大小	17×17
边缘	8
图像尺寸裁剪步长	9

ME+ESPCN 的第一层卷积使用 5×5×15 的卷积核共 64 个，卷积后输出 64 通道的特征图像；第二层使用 3×3 的卷积核共 32 个，对第一层的 64 通道特征图卷积，卷积后输出 32 通道的特征图像；第三层使用 3×3 的卷积后核共 3×r^2 个，卷积后输出 3×r^2 的特征图像；第四层使用亚像素卷积层从特征图重构出 HR 视频帧图像。

9.3.2　算法性能的评价

1. 使用光流法相邻帧间运动估计对视频帧超分辨率性能的提升

在相同的 Xiph.org Video Test Media 视频训练集训练 ME+ESPCN 模型和

ESPCN 模型[13]情况下，缩放因子为 2，使用 VideoSet4 的 4 段视频测试，在训练和测试时，都将跳过视频序列中的前两帧和后两帧。表 9-2 列出了各个视频超分辨率算法的平均 PSNR 值。从表 9-2 中可以看出，基于 ME+ESPCN 模型的算法和基于 ESPCN 模型的算法，其平均 PSNR 值均高于 BIC 算法。ME+ESPCN 模型由于添加了光流法运动估计，对 PSNR 值的提升有贡献，所以 ME+ESPCN（有运动估计）又优于 ESPCN（无运动估计），经 4 段视频测试的 PSNR 值，ME+ESPCN 比 ESPCN 平均高 0.12 dB。这是因为在对某一基准帧进行重构的过程中引入了该帧前后共 5 帧（前两帧+基准帧+后两帧）的运动估计，运动估计帧相对于基准帧含有一些微小的差异，这种差异对基准帧进行了一定的信息补充的缘故[14-16]。

表 9-2　不同算法的平均 PSNR 值

算法	街道/dB	日历牌/dB	城市/dB	行人/dB
BIC 算法	24.13	20.30	25.84	26.47
ESPCN 算法	28.83	23.56	30.29	32.49
ME+ESPCN 算法	29.01	23.59	30.44	32.61

图 9-11 和图 9-12 是采用光流法帧间运动估计对视频帧超分辨率性能提升的实验结果。图 9-11（a）是街道视频序列的第 19 帧原图，图 9-11（b）是该帧的降质。图 9-11（d）中运动的黑色汽车（画面的中景处）产生了较明显的畸变和晕染，而使用 ME+ESPCN 的图 9-11（e），黑色汽车的边缘较平直且清晰，这是因为 ME+ESPCN 模型考虑到了该帧前后的运动信息，相对于信息单一的单帧图像能够更好地体现视频时间上的连贯性。这说明，对于运动的物体，光流法帧间运动估计对视频超分辨率性能提升的贡献是明显的。

(a) 第 19 帧原图　　　　　　　　(b) 降质的 LR 帧

(c) BIC 算法　　　(d) ESPCN 算法（无运动估计）(e) ME+ESPCN 算法（有运动估计）

图 9-11　街道视频第 19 帧的超分实验结果

图 9-12（a）是日历牌视频的第 31 帧原图，图 9-12（b）是该帧的降质。图 9-12（c）是 BIC 算法的实验结果，日历牌中的字符已有些模糊。ESPCN 算法（无运动估计）的图 9-12（d），虽然字符边缘的清晰度有一定的提升，但在较小的英文字符间存在一定程度的错位。结合了运动估计的 ME+ESPCN，由于使用了光流法对帧间进行运动估计，能够有效地预测相邻帧中物体的运动趋势，其实验结果（图 9-12（e））显示了小的英文字符边缘较清晰、分界线明显、形变程度也较低。

(a) 第 31 帧原图　　　　　　(b) 降质的 LR 帧

(c) BIC 算法　　(d) ESPCN 算法（无运动估计）(e) ME+ESPCN 算法（有运动估计）

图 9-12　日历牌视频第 31 帧的超分实验结果

街道视频和日历牌视频所不同的是，街道中物体（汽车）是自身运动，日历牌视频中是镜头移动形成的物体（日历牌字符）相对运动，对于这两种运动的估计，ME+ESPCN 均有良好的表现。

2. 仿真实验以及对不同算法的视频帧超分辨率性能评价

选择 BIC 算法、POCS 算法、SC 算法[18]、SRCNN 算法[19]、ME+ESPCN 算法[15-16]进行视频帧超分辨率实验，测试集为 VideoSet4 的 4 段视频序列。表 9-3 列出了不同算法的平均 PSNR 值。

表 9-3　不同算法的平均 PSNR 值

算法	街道/dB	日历牌/dB	城市/dB	行人/dB
BIC 算法	24.13	20.30	25.84	26.47
POCS 算法	26.94	21.87	28.04	29.98
SC 算法	27.33	22.09	28.53	30.58
SRCNN 算法	28.78	23.39	30.23	32.43
ME+ESPCN 算法	29.00	23.59	30.44	32.61

从表 9-3 中可以看出，相比其他算法，ME+ESPCN 算法对城市、日历牌、街道、行人 4 段视频超分辨率实验的 PSNR 值是最高的。这是因为在对视频序列的信息提取上，相比 POCS 和 SC 算法，深度学习网络能够更好地学习和提取图像信息，不再仅仅依靠图像的先验信息或稀疏表示，能够在重构过程中复原图像的高频部分，又由于结合了视频帧间的运动估计，使对于单帧图像的重构加入了前后帧的额外运动信息，能够对运动中的物体做出很好的复原。

POCS 是针对多帧图像的超分辨率方法，在凸集投影的生成中，需要先对多帧图像进行配准，配准和运动估计的作用是类似的，但 POCS 是对多帧图像之间关联并不紧密、非连续性质的图像序列的多帧图像配准，不能使视频帧间的信息补偿最大化。

基于深度学习的 SRCNN 和 ME+ESPCN 算法优于基于浅层学习的 SC 算法，SC 的 PSNR 值比 SRCNN、ME+ESPCN 的 PSNR 值低，而 ME+ESPCN 的 PSNR 值又高于 SRCNN，说明 ME+ESPCN 算法是最优的。

图 9-13 给出了对城市视频序列的视频帧超分辨率实验结果。目视分析，BIC、POCS、SC 算法均不如 SRCNN 和 ME+ESPCN 算法，而 ME+ESPCN 算法又是最优的。从图 9-13 中可以看出，美国纽约曼哈顿区影像画面中后景的大厦窗户，由于堆叠较密集，在机载镜头随飞行移动拍摄过程中，图 9-13（c）～图 9-13（f）中堆叠密集的窗口会显现出周期性的斜纹，而图 9-13（g）中这种现象有明显的缓解。这是因为传统方法以单帧为基准进行重构，而视频序列中的单帧只记录了该帧的瞬时信息。在增加了运动估计后，ME+ESPCN 对视频序列的任意一帧都会获取前后几帧的额外信息，对单帧的重构不是独立的，避免了传统方法产生的畸变。

(a) 第 8 帧原图   (b) 经降质的 LR 帧   (c) BIC 算法   (d) POCS 算法

(e) SC 算法   (f) SRCNN 算法   (g) ME+ESPCN 算法

图 9-13　城市视频序列的视频帧图像超分辨率实验结果

图 9-14 给出了对行人视频序列的视频帧图像超分辨率实验结果。目视分析，ME+ESPCN 算法是最优的，图 9-14（g）中的人像轮廓和婴儿车纹理等更清晰。

(a) 第 13 帧原图　　　(b) 经降质的 LR 帧　　　(c) BIC 算法　　　(d) POCS 算法

(e) SC 算法　　　(f) SRCNN 算法　　　(g) ME+ESPCN 算法

图 9-14　行人视频序列的视频帧图像超分辨率实验结果

3. 视频帧在运动补偿和超分辨上计算效率的性能评价

以 CTR 作为定量指标，表 9-4 列出了 SC 算法[18]、SRCNN 算法[19]、ME+ESPCN 算法在运动补偿和帧超分辨率步骤上计算效率的表现。

表 9-4　不同算法的 CTR

算法	街道/s	日历牌/s	城市/s	行人/s	平均/s
SC 算法	197.0	212.0	231.0	214.0	213.5
SRCNN 算法	0.437	0.363	0.388	0.332	0.380
ME+ESPCN 算法	0.067	0.062	0.068	0.066	0.066

从表 9-4 中可以看出，SC 算法运行耗时最长，一般都在 3 min 以上，因为 LR 图像在进行重构时需要实时地形成 LR 字典，所以 SC 算法消耗了大量的算力和时间。SRCNN 算法要比 SC 算法优秀得多，平均运行时间约 0.38 s，由于使用了端到端的重构，其并不需要对输入的 LR 图像做过多的处理，节省了算力和时间。相比 SC 和 SRCNN 算法，ME+ESPCN 算法计算效率最高，平均耗时不到 0.07 s。

9.4　帧分辨率与帧率的扩增

基于学习的方法在单帧图像超分辨率重构中，相比基于重建的多帧超分辨率方法具有优势，特别是基于深度学习的方法，对于单帧图像或单视频帧的超分辨率，在重构质量等性能上有着更优良的表现。但单帧图像或多帧静态序列图像与动态视频序列不同，实现动态视频序列的超分辨率复原，不仅需要处理当前帧信息，还需要估计相邻帧之间的运动。大多数的视频超分辨率是由静态图像超分辨率方法演变而来的。例如，经典的核回归方法[20]、基于像素流和时间特征先验的最大后验概率（MAP）方法[21]、基于稀疏表示的字典学习方法[22]、基于卷积神经网络模型的方法[12,14,23-25]等，已成功地应用于视频超分辨。但这些方法对于平衡运动补偿精度、计算复杂度、重构质量等方面仍然面临很大挑战。

对于视频序列进行超分辨率重构，实际上是对视频帧分辨率和帧速率在所谓的两个维度上都进行扩增，即在增强视频帧分辨率的同时，提升帧速率（扩帧）。这需要重构算法解决的问题是如何利用相邻帧对视频帧实现高质量重构，如何生成运动补偿帧对视频进行补帧，如何提升重构计算效率并控制运行耗时。本节介绍的光流法结合 ESPCN 模型的帧分辨率和帧率扩增方法，通过构建相邻帧间 ME+ESPCN 的模型，实现视频帧超分辨率；设计先超分后插帧（先增强后扩帧）的技术策略，通过图像光流生成运动补偿帧，完成帧速率的提升。

9.4.1 视频帧超分辨率与插帧技术

视频超分辨率的目标是生成一系列 HR 帧，解析图像和光流可以提供 LR、HR 精确的对应和更好的超分辨率结果。视频超分辨率采用的光流法有两种方式，分别是基于局部平滑光流计算方法做帧间运动估计[7]，光流法对帧间进行运动估计，结合 ME+ESPCN 模型完成视频帧的超分辨率重构；光流法做视频插帧，通过计算帧与帧之间的图像光流生成运动补偿帧，对视频进行补帧，完成帧速率的提升[14-16]。

对视频序列进行帧图像的超分辨率和插帧，实际上是对视频帧分辨率和帧速率在所谓的两个维度上都进行扩增，即在增强视频帧的分辨率的同时提升视频帧率（扩帧），但扩增的先后顺序自然会影响到最终的视频超分辨率复原质量。在两个维度上都进行扩增，通常有先插帧后超分（先扩帧后增强），以及先超分后插帧（先增强后扩帧）两种扩增技术策略，分别如图 9-15 和图 9-16 所示[14-16]。

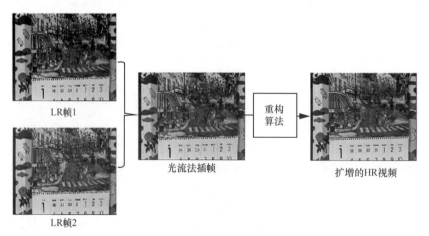

图 9-15 先插帧后超分（先扩帧后增强）

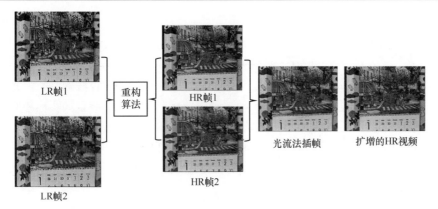

图 9-16　先超分后插帧（先增强后扩帧）

　　先插帧后超分（先扩帧后增强），即先插帧后视频帧超分辨率，先提升帧率后增强分辨率。首先对 LR 视频帧序列进行光流法生成插帧图像，再将扩帧（提升帧率）后的视频序列进行超分辨率重构，相当于将帧率扩增后的视频序列再进行帧超分辨率。先超分后插帧（先增强后扩帧），即先视频帧超分辨率后插帧，先增强分辨率后提升帧率。首先对 LR 视频帧序列进行超分辨率重构，获得 HR 视频帧图像后，再对 HR 视频帧计算相邻帧的光流，生成插帧图像，这是在重构的帧图像间进行光流法生成插帧。

　　下面的实验中将采取先插帧后超分和先超分后插帧两种扩增技术策略，以确定扩增的最优方案[15-16]。

9.4.2　视频超分辨率实验与分析

1. 实验设计

　　训练集、测试集 VideoSet4 和原始视频序列的降质同上述 ME+ESPCN 的视频帧超分辨率实验。视频帧超分辨率采用 ME+ESPCN 模型，并采用光流法对视频帧间进行补帧操作（即插帧），通过实验研究，并经 PSNR 和 CTR 定量评价，分析视频帧超分辨率与插帧的结合，同时完成视频分辨率和帧速率扩增的有效性。

2. 实验结果与分析

　　选择街道视频序列的超分辨率实验结果作为示例，如图 9-17 所示，分别给出了街道的原始视频示例、双三次插值、视频扩增的实验结果。

　　图 9-17（a）是原始视频示例，街道视频帧既有静态的近景、远景，也有行驶的汽车，中景中的物体相对运动较突出，且视频帧细节特征丰富。图 9-17（b）是经降质后的 LR 视频示例。图 9-17（c）是 BIC 算法的实验结果，虽然提升了视频帧的分辨率，但是帧图像边缘模糊，细节缺失较严重，不能很好地补充降质的视频帧图像中丢失的信息。图 9-17（d）和图 9-17（e）是基于 ME+ESPCN 模型的视频扩增实验

结果，显示了光流法对相邻帧的插帧结果。图 9-17（d）是先插帧后超分的实验结果，图 9-17（e）是先超分后插帧的实验结果，可以看出，光流法能够准确地对视频中的物体做出运动趋势的估计。例如，视频帧中前景的树叶与远景景物基本保持静止，光流法没有对静止固定的景物图像添加多余的信息；对于中景中行驶的汽车，光流法做出了很好的补偿估计，汽车的车头位置处于前后两帧之间，并且如实地还原了相邻帧中车头的细节，图像边缘也较清晰，几乎分辨不出该插帧是由光流法生成的"虚拟"图像。另外，由于采用了 ME+ESPCN 模型，视频帧超分辨率重构质量明显优于BIC 算法，目视分析，视频帧图像中的树叶、枝干和行驶汽车的轮廓等细节得到很好的复原。

(a) 街道视频原图示例

(b) 降质的 LR 视频示例

(c) BIC 算法

(d) 先插帧后超分

(e) 先超分后插帧

图 9-17　街道视频序列的超分辨率实验结果

　　图 9-18 给出了 BIC 算法及其局部放大图像。图 9-19 和图 9-20 给出了不同扩增策略生成的视频帧示例图像。图 9-19 是先超分后插帧生成的视频帧和局部放大图像。图 9-20 是先插帧后超分生成的视频帧和局部放大图像。

(a)　BIC 算法　　　　　　　　　(b)　局部放大图像

图 9-18　BIC 算法及其局部放大图像

(a)　先插帧后超分生成的视频帧　　　　(b)　局部放大图像

图 9-19　先插帧后超分生成的视频帧和局部放大图像

(a)　先超分后插帧生成的视频帧　　　　(b)　局部放大图像

图 9-20　先超分后插帧生成的视频帧和局部放大图像

　　图 9-19 是先使用光流法进行视频插帧，再对插帧后的图像使用 ESPCN 进行重构，通过目视分析，扩增后的图像虽然分辨率提高，重构质量也得到一定保证，但会产生一些类似锯齿或噪点的多余信息。图 9-20 是先对视频帧使用 ME+ESPCN 进行重构，再使用光流法进行插帧所生成的 HR 视频帧，其清晰度高、边缘保持较好、帧图像也更平滑自然。相比较而言，先超分后插帧优于先插帧后超分的策略。

　　通过目视分析还可以看出，ME+ESPCN 模型输入的不管是原始视频帧还是经光流法的插帧,都能有效地提升帧图像的高频细节信息。而先超分后插帧和先插帧后超分两种策略存在一定差别,在先超分后插帧中,黑色汽车车头、车顶与周围环境的像素区分明显,背景中白色静止的汽车边缘也显锐利;在先插帧后超分中,黑色车头的像素点与周围产生了混淆,也生成了一些原始视频所没有的边缘形变和噪点。

导致先超分后插帧稍优于先插帧后超分策略的可能原因是,光流法所生成的帧图像其实是依据原始视频帧生成的"虚拟"图像,在相邻帧计算光流的过程中引入了较多原始视频帧所没有的边缘特征,之后再对插帧图像进行重构,ME+ESPCN 模型就会针对这些多余的特征进行增强,反而导致了先插帧后超分策略最终重构的结果较差。先超分后插帧策略的重构是基于原始视频帧生成的,不会引入多余的图像信息,然后再进行光流法的插帧,此时光流法所参考的相邻帧都是原始视频帧图像的信息,生成帧忠实于原始视频帧,得到的帧图像质量相对较高。

实验中,先将原始视频序列进行光流法插帧,将其生成的插帧 HR 图像作为实验中的对照组,比较两种视频扩增技术策略的实际效果[14-16]。以 PSNR 为定量评价指标,表 9-5 中列出了 VideoSet4 的 4 段视频序列经 BIC 算法、SRCNN 算法,以及视频扩增的平均 PSNR 值。从表 9-5 可以看出,相比 SRCNN,采用先超分后插帧的扩增方法的 PSNR 值平均提升约 0.32 dB。

表 9-5　不同算法/方法下平均 PSNR 值

算法		前一帧/dB	光流法生成插帧/dB	后一帧/dB
BIC 算法		24.07	24.71	24.01
SRCNN 算法		28.73	28.32	28.54
视频扩增	先插帧后超分	28.90	28.60	28.68
	先超分后插帧		29.97	

综上分析,对于视频序列进行超分辨率重构,实际上是对视频帧分辨率和帧速率在两个维度上都进行扩增,即在增强视频帧分辨率的同时,提升帧速率(扩帧)。本章介绍的光流法结合 ESPCN 模型的帧分辨率和帧率扩增方法,经仿真实验验证,基于 ME+ESPCN 模型的算法与 SDL、SRCNN 算法相比,重构运行加速显著,具有较高的实时性。且 ME+ESPCN 评价帧复原质量的平均 PSNR 值高于ESPCN(无运动估计)。此外,与 SRCNN 算法相比,所设计的先超分后插帧的扩增技术策略的 PSNR 值也得到提升。

需要指出的是,对于视频超分辨率,光流法帧间运动估计具有一定的局限性,对于高速运动的物体不能够对相邻帧做出更有效的信息补偿。基于深度学习的帧间运动估计，以及结合快速卷积神经网络等模型提升重构质量是进一步的研究方向。例如，结合局部–全局信息和变分的光流方法，使用运动补偿模块和极深双向循环卷积层，基于非同时全循环卷积网络的视频超分辨率技术。将运动估计和像素合成这两个步骤组合到一个过程中的基于深度学习的视频帧插值方法，即将内插帧的像素合成视为两个输入帧的局部卷积，卷积核捕获输入帧之间的局部运动和像素合成的系数，采用深度全卷积神经网络来估计每个像素的空间自适应卷积核，其训练可以在视频数据端到端进行，不需要难以获得的诸如光流等基础数据。

参考文献

[1] HETHERINGTON R. The perception of the visual world[M]. Cambridge: Riverside Press, 1950.

[2] 陈震. 图像序列光流计算技术及其应用[M]. 北京: 电子工业出版社, 2012.

[3] HORN B K P, SCHUNCK B G. Determining optical flow[J]. Artificial Intelligence, 1981, 17: 185-203.

[4] LUCAS B D, KANADE T. An iterative image registration technique with an application to stereo vision[C]//Proceedings of International Joint Conference on Artificial Intelligence. [S.n.:s.l.], 1981: 674-679.

[5] BEAUCHEMIN S S, BARRON J L. The computation of optical flow[J]. ACM Computing Surveys, 1995(27): 433-466.

[6] DOSOVITSKIY A, FISCHER P, ILG E, et al. FlowNet: learning optical flow with convolutional networks[C]//2015 IEEE International Conference on Computer Vision. Piscataway: IEEE Press, 2015: 2758-2766.

[7] BRADSKI G, KAEHLER A. 学习 OpenCV（中文版）[M]. 于仕琪, 刘瑞祯, 译. 北京: 清华大学出版社, 2009.

[8] DRULEA M, NEDEVSCHI S. Total variational regularization of local-global optical flow[C]//Proceedings of the IEEE International Conference on Intelligent Transportation Systems. Piscataway: IEEE Press, 2011: 318-323.

[9] WANG L, GUO Y, LIN Z, et al. Learning for video super-resolution through HR optical flow estimation[C]//Asia Conference on Computer Vision (ACCV 2018). [S.n.:s.l.], 2018: 514-529.

[10] 邵晓芳, 叶灵伟, 李大龙. 基于光流的运动图像分析研究进展[J]. 人工智能与机器人研究, 2017, 6(1): 9-15.

[11] NASROLLAHI K, MOESLUND T B. Super-resolution: a comprehensive survey[J]. Machine Vision and Applications, 2014, 25(6): 1423-1468.

[12] 李定一. 基于深度学习的视频超分辨率算法研究[D]. 合肥: 中国科学技术大学, 2019.

[13] SHI W, CABALLERO J, HUSZAR F, et al. Real-time single image and video super-resolution using an efficient sub-pixel convolutional neural network[C]//The 29th IEEE Conference on Computer Vision and Pattern Recognition (CVPR). Piscataway: IEEE Press, 2016: 1874-1883.

[14] 钟文莉. 卷积神经网络在视频超分辨率中的应用研究[D]. 成都: 电子科技大学, 2018.

[15] 杜心宇. 基于深度学习的超分辨率重构方法研究[D]. 南京: 河海大学, 2019.

[16] XU M, WANG D, DU X. A video frame resolution and frame rate amplification method with optical flow method and ESPCN model[C]//2020 3rd International Conference on Image and Graphics Processing. Piscataway: IEEE Press, 2020: 91-95.

[17] LIU C, SUN D Q. A Bayesian approach to adaptive video super resolution[C]//IEEE Conference on Computer Vision and Pattern Recognition. Piscataway: IEEE Press, 2011: 209-216.

[18] YANG J C, WRIGHT J, HUANG T S, et al. Image superresolution via sparse representation[J]. IEEE Transactions on Image Processing, 2010, 19(11): 2861-2873.

[19] DONG C, LOY C C, HE K M, et al. Image super-resolution using deep convolutional networks[J]. IEEE Trans-actions on Pattern Analysis and Machine Intelligence, 2016, 38(2): 295-307.

[20] TAKEDA H, FARSIU S, MILANFAR P. Kernel regression for image processing and reconstruction[J]. IEEE Transactions on Image Processing, 2007, 16(2): 349-366.

[21] XU F, XU M, JIANG D, et al. Temporal super-resolution based on pixel stream and featured prior model for motion blurred single video[J]. Journal of Electronic Imaging, 2016, 25(5): 053011.

[22] DAI Q, YOO S, KAPPELER A, et al. Dictionary-based multiple frame video super-resolution[C]// IEEE International Conference on Image Processing. Piscataway: IEEE Press, 2015: 83-87.

[23] GUO J, CHAO H. Building an end-to-end spatial-temporal convolutional network for video super-resolution[C]//Proceedings of the AAAI Conference on Artificial Intelligence. Palo Alto: AAAI Press, 2017.

[24] CABAIIERO J, LEDIG C, AITKEN A, et al. Real-time video super-resolution with spation-temporal networks and motion compensdtion[C]//Proceedings of IEEE Conference on Computer Vision and Pattern Recognition. Piscataway: IEEE Press, 2017: 4778-4787.

[25] YANG W, FENG J, XIE G, et al. Video super-resolution based spation-temporal recurrent residual networks[J]. Computer Vision and Image Understanding, 2018, 168: 79-92.